대한민국 순례길 여행

역사와 종교, 그리고 사람을 찾아가는 순례의 여정

대한민국

역사와 종교, 그리고 사람을 찾아가는 순례의 여정

순례길

여행

이준휘 지음

ⓒⓓ덕주

우리나라에도 산티아고 순례길 못지않은 멋진 곳이 있을 것이라
는 믿음에서 시작된 여정이었다. 순례는 단순히 아름다운 경관을 보
고 땀을 흘리기 위해 걷는 것만은 아니다. 육체적 고행은 내면으로의
집중을 도와주는 도구일 뿐, 궁극적으로는 삶의 열정으로 충만한 자
신을 되찾아가는 과정이다. 순례巡禮의 사전적인 의미는 예를 갖춰 의
미 있는 곳을 돌아보는 행위를 총칭한다. 여기서 '순巡'은 돌아본다는
뜻이다. 순찰과 순방 같은 단어에 쓰이는 것은 물론이고 술래잡기의
술도 여기에서 유래되었다. 이 말에는 물이 흘러가듯 천천히 주위를
둘러본다는 순행이라는 뜻도 지니고 있다.

순례라 하면 종교 성지를 돌아보는 성지聖地 순례를 가장 먼저 떠
올리겠지만 우리가 부여하는 의미에 따라 성지는 종교라는 틀을 벗
어나 다양한 영역으로 확장될 수 있다. 답사를 시작하면서 성지라는
단어에 어울릴 만한 장소들을 찾아 걷기 시작했다. 가톨릭과 불교의
성지는 물론이요, 조선 시대의 유배길, 건국 신화의 장소, 임진왜란과
정유재란의 전적지를 찾아다녔다. 옛 순례자의 영이 깃들어 있는 길
을 따라 걸을라치면 어김없이 그들의 이야기가 들려오기 시작했다.

무엇인가 마치 파편처럼 튀어올라 가슴속으로 파고들어 깊숙한 곳에 자리 잡은 내면을 울리는 체험이었다. 순례자의 시선으로 바라보니 모든 길에는 의미가 담겨 있었다. 신과 선지자뿐만 아니라 평범한 사람과 익숙해 보이는 자연 속에서도 위대한 서사는 존재하는 것이다. 이 여정들은 각각 마을 순례와 녹색 순례라 이름 붙였다.

순례길을 걸을 때는 속도에 연연해서는 안 된다. 길이 품고 있는 영과 마주하기 위해서는 여유를 가지고 걸어야 한다. 멈춤과 느림의 여백 속에서 비로소 사색의 공간은 자리 잡을 수 있기 때문이다. 같은 맥락에서 파울로 코엘료는 《순례자》에서 속도 훈련을 제안했다. 이는 두 배 이상 느린 속도로 걸으며 익숙하지 않은 속도에서 즐거움을 찾아가는 방법이다. 그는 이렇게 해야만 긴장감 속에서 저항하던 상상력이 호의적으로 작동한다고 설파한다. 한탄강 위 부표교에서 바라보는 거대한 주상절리는 결코 두 눈과 머리만으로는 온전히 이해할 수 없다. 사색의 공간에서 자유롭게 뛰어노는 상상력을 보태야 주상절리길은 온전히 완주할 수 있는 것이다. 이런 경험이 반복되고 쌓이다 보면 의식하지 못하는 사이에 직관이라는 능력이 날카롭게 빛을 발하고 있는 것을 깨닫게 될 것이다.

순례를 통해 얻게 된 경험은 또 다른 감각도 예민하게 개화시킨다. 금강소나무숲길을 걸을 때는 미인송의 아름다움을 알아볼 수 있는 심미안이 깨어날 것이며, 경주 남산의 못난이 소나무에게는 고태미를 끄집어낼 수 있는 안목도 갖추게 될 것이다. 유배지로 향하는 어린 왕과 함께 배알치고개를 넘을 때면 수백 년의 세월을 뛰어넘어 연민의 감정이 솟구침을 느낄 수 있을 것이고, 만덕산에서는 친구와 차담을 나누러 가는 대학자의 들뜬 설렘을 알게 될 것이다. 걷는다는 것만으로 차오르는 내적 충만감은 힘겹게 성지를 찾아나선 순례자에게 주어지는 신의 축복이자 선조에게서 전해지는 크나큰 선물이다.

순례를 통해 얻고자 하는 것은 각자 갈구하는 바에 따라서 천차만별일 것이다. 가톨릭 신자는 성지 순례를 통해서 예수의 부활과 같은 거듭남을, 이를 통한 삶의 변화를 꿈꿀 것이다. 불자는 고행의 여정을 통해서 영적인 탐구와 깨달음을 얻으려 할지도 모른다. 이런 맥락 속에서 이 책이 독자들에게 삶의 열정을 되찾게 되는 마중물이 되었으면 하는 바람이다. 여행이 일상에서 벗어나 설렘을 찾아가는 과정이라면 순례의 여정은 여기서 한 걸음 더 나아간다. 낯선 길을 걸을 때면 어린아이라도 된 것 같은 호기심이 번뜩거린다. 이를 통해 주변에 의미를 부여하고 해석함으로써 자신의 내면과 끊임없이 대화를 시도하는 성찰의 과정을 거치게 되는 것이다.

"왜 순례길을 걷는가?"

한 권의 책을 마무리하는 시점이지만 여전히 순례라는 주제를 단순 명료하게 설명하는 것은 어려운 일이다. 그럼에도 이렇게 난해하고 심지어 무의미해 보이기까지 하는 여정은 지난 십수 세기의 세월 동안 끊이지 않고 이어져왔다. 과거에는 목숨을 걸어야 할 만큼 위험을 감수해야 하는 일이었지만 선답자들은 이를 아랑곳하지 않았다. 이제는 수행을 위협하던 약탈자도, 이를 무찌르던 성전기사단도 모두 사라진 평화의 시대다. 독자들에게 이 길을 마음 놓고 걷고 또 가슴으로 느껴보라 권하고 싶다.

이 책에서는 종교, 역사, 녹색 그리고 마을까지 네 개의 주제에 대한 50개의 순례길을 소개하고 있다. 이는 단지 편의에 따른 구분일 뿐 각 주제는 완벽하게 구분되고 나누어지는 것이 아니다. 종교와 역사, 자연과 사람은 길 위에서 서로 얽히고설키기 마련이다. 그래도 굳이 주제에 따라 길을 구분한 것은 순례자의 집중력을 높이기 위한 나름의 배려였다. 신앙과 믿음으로 충만한 사람들은 종교길을, 역사적 사건과 위인에게 가깝게 다가서고 싶다면 역사길을, 나무와 꽃 그리고 바위와 습지의 신비에 대해 좀 더 알아보고 싶다면 녹색길을, 오지의 마을과 그곳에 살았던 사람들의 치열했던 삶의 자취가 궁금하다면 마을길을 걸어보면 되겠다. 이 여정을 통해 독자들의 삶이 탐색과 모험이 주는 기쁨으로 충만해지기를 기원한다.

2024년 9월, 서래마을에서 이준휘

Thanks for

3년간 순례의 여정에 동행해 준 아내에게 감사함을 전한다. 출간을 위해 노력해 주신 도서출판 덕주 이연숙 대표님, 안영배 편집주간님께 감사의 인사를 드린다. 편집과 진행을 맡아준 김민영 에디터와 정해진 디자이너께도 진심 어린 감사를 드린다. 가진 것이 별로 없는 미천한 지식을 밑천 삼아 순례라는 난해한 주제를 다루다 보니 주변의 도움을 참 많이 받았다. 순례란 무엇인가에 대한 근원적인 질문에 영감을 불어넣어 주신 이경훈 바르톨로메오, 신종호 분도 두 분의 신부님께도 감사의 인사를 드린다. 책의 콘셉트에 대해 아낌없는 조언을 해준 문주미 에디터, 이 책의 구성에 직언을 마다하지 않았던 조용식 국장님, 저작과 출간 과정에 물심양면의 지원을 아끼지 않았던 박정웅 부장, 조선 건국 신화의 코스 발굴과 답사에 도움을 주신 선윤숙 대표님, 그리고 항상 관심과 응원을 보내주신 김영준, 노근태 대표께도 감사하다. 이외에도 취재와 출간을 위해 도와주신 모든 분께 지면을 빌려 다시 한번 감사의 인사를 드린다.

인도자들에
관하여

성지로 가는 순례의 여정에는 신비로운 인도자들이 등장한다. 사람들을 성 야고보 무덤으로 안내한 것도 별들의 들판 위에 떠 있던 은하수였다. 자장율사를 봉정암으로 인도한 것은 한 마리 봉황이었고, 태조 이성계를 성수산으로 이끈 사람은 무학대사였다. 이렇듯 의미를 찾아 떠나는 여정에서 인도자들의 역할은 절대적이다. 그들은 열정으로 가득 찬 당신을 성지로 이끌어주는 안내자요, 조력자다.

현실에서 이런 기연을 맺지 못했더라도 실망할 필요는 없다. 오늘날 순례길 주변에는 우리를 이끌어줄 인도자들이 존재하고 있기 때문이다. 항시 성지 주변에 머물며 순례자들을 기다리고 있는 이들을 오늘날에는 해설사라는 이름으로 부른다. 해설사들은 대부분 자원봉사자의 신분이다. 이들은 특정 지역에 대한 진심 어린 애정과 전문적인 지식을 바탕으로 방문자들의 이해와 감상, 체험의 기회를 높이는 역할을 한다. 언뜻 비슷해 보이지만 해설사도 소속과 전문 영역에 의해서 구분될 수 있다. 문화체육관광부 소속의 문화관광해설사, 환경부 소속의 자연환경해설사, 지질공원 소속의 지질공원해설사, 산림청 소속의 숲해설사까지 크게 네 그룹으로 분류할 수 있다. 이외에도 유네스코세계유산센터 소속의 해설사와 마을해설사까지 그들은 정말 다양한 영역에서 활동하고 있다.

이 책에서는 각 순례길의 후반 정보 부분, 탐방가이드라는 파트에서 이들을 만나는 방법에 대해서 상세하게 안내하고 있다. 예약 없이 방문하더라도 반갑게 맞아주겠지만 가이드 해설이나 체험 프로그램에 참여하기를 원한다면 사전에 예약하고 문의하는 것이 좋겠다. 순례의 전 과정을 해설자와 함께 동행하지 못하더라도 아쉬워할 필요는 없다. 현장에서의 짧은 오리엔테이션만으로도 그들은 여정에서 집중해야 할 주제를 명확하게 일깨워줄 것이며 이는 당신이 순례길에서 발견해야 할 유일한 대상을 찾아내는 데 큰 도움이 될 것이다.

탐방가이드

겨울철 한시적으로 열리
2023년 10월부터 20
09:00에 시작해서 매
인 10,000원, 이

이 파트에서 해설사의 집 위치, 문의와 예약을 위한 홈페이지와 연락처, 그리고 그들의 근무 시간을 안내한다.

8

순례길 여행에서 만난 해설사분들은 다음과 같다.

철원 김선희 지질공원해설사, 청송 홍영숙 지질공원해설사, 무등산 강재운 지질공원해설사, 대암산용늪 이원춘 자연환경해설사, 대암산용늪 한수철 자연환경해설사, 우포늪 김경애 문화관광해설사, 운곡습지 박래홍 자연환경해설사, 동백동산 김숙이 마을해설사, 거문오름 현경숙 세계자연유산해설사, 진도 장제호 문화관광해설사, 경주 남산 김경옥 문화유산해설사, 금강소나무숲길 강동구 숲해설사, 왕피천 유역 심현자 자연환경해설사, 덕풍계곡 엄기환 마을해설사, 괴산산막이옛길 자연환경해설사, 대흥 슬로시티 마을해설사, 강진 김경순 문화관광해설사, 태안솔향기길 차윤천 회장, 흰여울문화마을 마을해설사, 삼척시 이정숙 문화관광해설사, 임실 이완우 문화관광해설사, 진안 심태형 문화관광해설사, 동래구 김호연 문화관광해설사, 한산도 이다효주 문화관광해설사, 순천 장진배 문화관광해설사, 울산병영성 이상용 문화관광해설사, 울산 서생포 진경림 문화관광해설사, 영월 청령포 김원식 문화관광해설사, 제주추사관 고정매 문화관광해설사, 당진 솔뫼 이영화 문화관광해설사, 마재성지 전호성 라파엘라, 남양주 다산 박은주 문화관광해설사, 해남 대흥사 박용태 문화관광해설사, 해남 대흥사 임선현 숲해설사, 고창 김범준 문화관광해설사, 월정사 엄기성 문화관광해설사, 통도사 강미경 문화관광해설사, 가야산 송명희 문화관광해설사, 선암사 장현주 문화관광해설사, 송광사 박소현 문화관광해설사(이상 목차순)

다시 한번 이들의 헌신과 노고에 감사드린다.

차례

PART 1

걸으면서 만나는 초록의 대지
녹색 순례길

PART 2

길에서 만나는 삶의 풍경들
마을 순례길

PART 3
역사를 따라 걷는 길
역사 탐방 순례길

PART 4

길에서 만나는 믿음과 성찰
종교 성지 순례길

고행에
관하여

"삼보일배는 세 걸음 걷고 한번 절하는 행위를 반복하는
불교의 수행법이다. 이는 불보, 법보, 승보의 삼보에 귀의한다는 뜻을
담고 있다. 오체투지는 온몸을 던져서 절을 하는,
신을 향한 최고의 경배법이다. 오체는 신체의 다섯 부분,
머리와 두 팔과 두 다리를 의미한다."

티베트 사람들은 신의 땅, 성지 라싸의 조캉사원과 성산 카일라
스로 순례를 떠나는 것을 평생의 소원으로 여긴다. 그들은 수백, 수천
킬로미터에 달하는 대장정을 삼보일배, 오체투지의 발걸음으로 시작
한다. 이는 출발에서 도착까지 짧게는 몇 달에서 길게는 몇 년이 걸리
는 장거리 여정이다. 이마에 굳은살이 박힐 정도로 절을 반복하는 그
들의 모습은 고행을 넘어 기행으로까지 보이기도 한다. 순례자들이
이렇게 힘든 고행을 자초하는 이유는 이를 통해 육체적 욕망을 억제
하고 정신적인 깨달음을 얻기 위함이다.

영적인 깨달음을 얻기 위한 수도자들의 노력은 예로부터 이어져
왔다. 그리스도교 신자들은 십자가를 메고 예루살렘의 골고다언덕으
로 향하던 예수의 고통을 체험하기 위해 노력해 왔으며, 만해 한용운
은 백담사와 오세암을 거쳐 봉정암으로 향하는 거친 산길을 오가며
수행정진했다. 오늘날 성지로 떠나는 순례에 삼보일배, 오체투지 같
은 극단적인 고행은 필요 없겠으나 몸을 움직이고 발걸음을 떼는 수
고로움은 어느 정도 각오해야 한다. 이는 단순한 노역이 아니라 내면
으로의 집중을 도와주는 훌륭한 도구로서 기능할 것이다.

이 책에서는 고행의 크기를 발걸음 수, 총 소요 시간, 고강도 운동 시간이라는 세 가지 지표로 표현했다. 이 정보들은 각 순례길을 소개하는 첫 장에 아이콘과 함께 표시되어 있다. 독자들은 수치를 통해서 순례길을 답사하기 위해서 필요한 최소한의 육체적인 수고로움과 그 크기를 미리 가늠해 볼 수 있을 것이다. 이 지표들은 종합적으로 판단해야 한다. 발걸음 수가 많을수록 고강도 운동 구간이 늘어나고 시간이 많이 걸리겠으나 항상 정비례하는 것은 아니다. 각각의 수치는 상대적인 개별성을 지니고 있기 때문이다. 걸음 수가 많은데 고강도 운동 시간이 짧은 경우는 체력보다는 지구력을 요구하는 코스일 것이다. 걸음 수가 적지만 시간이 오래 걸렸다면 이는 잠시 멈춰 서서 보고 듣고 생각할 시간이 필요하다는 것일 수도 있다. 그렇기에 숫자가 주는 의미를 절대적인 기준으로 여기지 말기를 바란다. 또한 숫자의 크기에 압도당하지 않기를 바란다. 결국 이 모든 것은 순례자들이 참고할 만한 작은 부분일 뿐 가장 중요한 것은 성지를 향해 나아가고자 하는 의지와 열정이기 때문이다.

모두 **22,113보**를 걷게 되며

순례길을 완주하기 위한 총 걸음 수를 의미한다. 순례길을 걷기 위해서는 트레킹화 착용을 기본으로 하나 별도의 중등산화나 스틱이 필요할 경우 추가로 표시했다.

발걸음 수는 말 그대로 해당 순례길을 돌아보는 데 필요한 걸음 수를 의미한다. 이 책에서 제공하는 걸음 수는 순례길 답사 시 작가가 측정한 만보기의 데이터를 기본으로 한다. 물론 개인마다 신장, 인심(inseam)의 길이가 다르기 때문에 차이가 있을 것이다. 일반적으로 건강을 위해서 일상생활에서 권장되는 걸음 수는 하루에 8,000보에서 10,000보 사이다. 이를 넘어서 걸음 수가 10,000보에서 20,000보 사이라면 중거리 정도의 코스에 해당하겠고 20,000보를 넘어선다면 꽤나 고난한 여정이 될 것이라 예측하고 마음을 가다듬으면 되겠다. 이 책에서 소개하는 코스 중 가장 많은 걸음 수를 필요로 하는 순례길은 하루 종일 42,997보를 걸어야 했던 봉정암 순례길이다.

116분간의 고강도 운동 구간이
포함된 고난한 여정

고강도 운동 구간을 분 단위로 표시했다. 이 수치는 주로 오르막길과 관련이 있다. 숫자와 별도로 오르막 구간에 관해서도 짧게 언급한다.

걸음 수가 고행의 양적인 크기를 말한다면 고강도 운동 구간은 그 세기를 표현하는 수치다. 일반적으로 운동의 강도를 표현하는 지표로는 산소포화도와 심박수가 사용된다. 이 책에서는 그중 심박수를 이용해서 산출한 고강도 운동 구간이라는 지표를 사용했다. 이 단어를 이해하기 위해서는 먼저 최대 심박수를 알아야 한다. 이는 220에서 자기 나이를 빼면 나온다. 본인이 50세라면 220-50=170이 본인의 최대 심박수가 된다. 순례길을 걸을 때 최대 심박수의 90% 이상으로 맥박이 오르는 구간을 고강도 운동 구간이라 말한다. 이는 작가가 착용했던 스마트 워치의 로그데이터 값을 기본으로 하며 개인마다 측정값은 달라질 수 있다. 고강도 운동 구간이 길수록 숨이 턱밑까지 차오르는 험한 구간을 많이 포함하고 있다고 보면 되겠다.

6시간 **25**분이 걸리고

순례길 완주에 걸리는 시간을 분 단위로 표시했다. 이는 차량 이동을 제외하고 순수하게 걷는 시간만을 의미한다.

총 소요 시간은 해당 순례길을 완주하는 데 걸린 시간을 말한다. 차량으로 출발지까지 이동하거나 복귀하는 시간은 포함하지 않았으며 여정 중간에 식사, 휴식 등의 시간은 포함하고 있다. 비슷한 거리의 코스라도 이런 이유에 따라 시간은 달라질 수 있으며 개인의 상황에 따라서도 소요 시간은 차이가 날 수 있다. 총 걸음 수와 함께 상대적인 코스의 길이를 가늠하는 지표로 사용하면 되겠다.

상징에
관하여

"산티아고 순례길의 상징은 가리비다.
성 야고보의 시신이 스페인 이베리아반도에 도착했을 때
조개껍데기들이 시신에 달라붙어 보호했던 것에서 연유되었다.
사람들은 자신의 배낭에 가리비를 매달아 자신이 순례 중임을 알린다."

성 베드로의 무덤이 있는 로마와 예수님의 묘소가 있는 예루살렘은 산티아고와 함께 가톨릭 3대 성지 순례지로 꼽힌다. 로마로 가는 순례길은 여러 루트가 있었지만 그중 영국에서 출발하는 비아 프란치제나Via Francigena가 대표적이며 오늘날에도 수많은 순례자가 이용한다. 이 길의 상징은 괴나리봇짐을 메고 지팡이를 든 순례자의 모습으로 형상화되었다. 과거 예루살렘으로 향하던 순례길의 상징은 종려나무 가지였던 걸로 알려져 있다. 당시 순례자들은 '종려나무 가지를 든 이들'이라 불렸다. 종려나무 가지가 이 길의 상징이 된 것은 예수님이 예루살렘으로 입성할 때 환호하는 이들이 종려나무 가지를 꺾어 길바닥에 깔았기 때문인데, 이는 성경 문구(마태복음 21장8절)에서 기원한 것이다. 가장 유명한 산티아고 순례길은 별들의 들판이라는 불리는 콤포스텔라Compostela로 향해가는 여정이다. 가리비 표식은 순례길 곳곳에 배치되어 하늘 위에 떠 있는 별과 같이 순례자들을 인도하는 이정표의 역할을 수행하고 있다. 일본 시코쿠섬에는 88개 사찰을 돌아보는 1,200km 길이의 오헨로 순례길이 있다. 이 길의 시작은 9세기경으로 거슬러 올라가며 이 길을 걷는 사람들

은 오헨로상お偏路さん이라 불린다. 이들은 흰 옷에 삿갓과 지팡이를 든 순례자의 모습으로 순례길을 걷는다.

상징은 이렇게 안내표지로써의 역할은 물론이고 순례자의 신분을 나타내는 역할도 수행한다. 길을 걷는 내내 순례자와 동행하며 경로에서 벗어나려는 이들을 다시 열정의 길로 이끌어주는 것이다. 이렇듯 순례자에게 있어 상징이 주는 의미는 지대하지만 이 책에서 소개하고 있는 국내 순례길 중에서 제대로 된 상징을 만든 곳은 손에 꼽을 정도다. 당진 버그내 순례길의 경우 물고기 모양의 상징을 사용하고 있다. 물고기는 그리스어로 ΙΧΘΥΣ(익투스)라 불리는데 '예수 그리스도 하느님의 아들 구세주'라는 그리스어 문장의 두음과 발음이 같기에 예로부터 그리스도교의 상징으로 사용되었다. 특히 그리스도교가 박해받던 시절 신자들은 바닥에 물고기 모양을 그려서 서로 신자임을 확인했다 한다. 이는 조선 시대에 비밀교회가 있었던 내포 성지의 상황과도 부합되는 것이다.

그렇다면 상징이 존재하지 않는 날것 같은 우리의 성지 순례길은 어떻게 찾아다닐 것인가? 이 간극을 메워보고자 이 책에서는 각 순례길의 뒷부분에서 코스를 기술적으로 안내하는 정보를 집중적으로 제공하고 있다. 이는 크게 세 개 부분으로 나뉘어진다. 이 정보들을 숙지하면 순례자들은 별 어려움 없이 순례의 여정을 마칠 수 있을 것이다.

길머리로 들고 나는 법에서는 순례길의 출발점까지 가기 위한 이동 정보를 제공한다. 자가용과 대중교통을 이용한 접근 방법을 제공하는데 종주길의 경우에는 대중교통을 이용한 이동 방법을 우선적으로 안내하고 있다. 고속버스, 시외버스, KTX는 물론이고 현지에서 이용 가능한 간선버스도 시간표와 함께 최대한 자세하게 안내하려고 노력했다. 연계 교통수단을 이용할 시에는 환승 정보 또한 놓치지 않고 담아냈다.

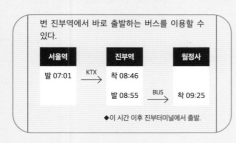

KTX에서 군내버스로 환승이 필요한 경우에는 '궁리하다' 편에 별도로 환승 방법을 정리했다.

길라잡이에서는 순례길 개요는 물론이고 난이도, 길이, 주의사항까지 일반적인 답사 전 오리엔테이션 정보를 담고 있다. 특히 해당 코스가 네이버지도앱이나 두루누비(한국관광공사 운영 걷는길 정보 시스템)에 검색되어 경로가 표시되는 경우, 해당 앱과 검색어 정보 또한 빠짐없이 담아놓았다. 경로를 찾을 때 안내표지를 보고 따라가는 경우도 있지만 헷갈릴 경우 코스 경로와 현재 위치를 대조해 보면 보다 정확한 경로 탐색이 가능할 것이다. 이와는 별도로 해당 순례길의 안내표지 이미지를 담아놓았다. 이는 현장에서 보다 익숙하게 경로를 찾아가는 데 도움이 될 것이다.

경로 안내도와 고도표는 실측 로그데이터를 기반으로 작성했다. 이를 통해 순례길의 물리적인 스케일을 파악하는 데 도움을 받을 수 있을 것이다. 안내도에는 총 거리와 상승 고도 그리고 해당 코스의 최고 지점을 강조해 전체적인 난이도를 파악할 수 있도록 구성했으며 고도표에는 각 경유지까지 걸리는 시간을 표시해 답사 시 소요되는 시간을 보다 쉽게 이해할 수 있도록 했다.

걷는 거리는 총 13.5km이고

상승 고도는 499m로 삼성산을 오르는 것과 비슷하며

그중 가장 높은 곳은 해발 850m의 방동안내센터.

걷는 거리는 코스 전체의 길이를 의미하고 **상승 고도**는 전체 오르막의 수직적인 높이의 합을 말한다.
최고 고도는 순례길에서 가장 높은 지점의 해발고도를 나타낸다.

걸으면서 만나는 초록의 대지

녹색 순례길

PART 1

용암이 만든 신비로운 길
주상절리 순례

겨울 한철 공개되는 주상절리 탐방로,
한탄강 물윗길

한국의 카파도키아를 걷다,
주왕계곡 지질탐방로

진경산수가 탄생한 비경 속으로,
내연산 12폭포길

주상절리의 일생과 마주하는,
무등산 지오트레일 1구간

겨울 한철 공개되는 주상절리 탐방로,

한탄강 물윗길

태봉대교에서   고석정을 거쳐   순담계곡까지

한탄강 물윗길에서는 주상절리대가 손에 잡힐 듯 가깝게 보인다.

"추운 날에는 낮은 곳으로 임하라. 그러면 그곳에서 고귀한 존재들과 마주할 것이다. 왕과 도둑이 들고 났던 협곡을 따라간다. 용암이 빚고 물길이 다듬어놓은 거대한 작품이 혼을 쏙 빼놓는다."

모두 **12,636보**를 걷게 되며

2시간 35분이 걸리고

6분간의 고강도 운동 구간이 포함된 여정

주상절리는 지질공원을 대표하는 이미지이자 화산이 남기고 간 가장 정교하면서도 기하학적인 볼거리다. 용암이나 화산재가 굳으면서 생겼던 이 미세한 틈새들은 비록 그 시작은 미미했으나 그 끝은 창대한 작품으로 남았다. 주상절리는 돌기둥 모양의 석주가 다발 모양을 이루는 것이 일반적이지만 그 위치가 산꼭대기인지 아니면 바닷가인지 혹은 깊은 계곡인지에 따라 그 형태와 분위기는 천차만별이다.

한탄강 유역은 우리나라 최초로 강을 중심으로 형성된 지질공원이다. 평강고원에서 흘러 내려온 용암이 굳으면서 철원평야를 만들었고 그 위를 흐르는 한탄강은 용암대지를 침식하며 현무암 절벽, 주상절리, 폭포같이 다른 강에서는 볼 수 없는 독특한 풍경을 창조했다. 한탄강의 장대한 협곡을 걸으며 만나는 이 용암대지의 흔적들은 잠시도 지루할 틈이 없을 만큼 연속적이고 변칙적이다. 한탄강에는 그 길이만큼이나 다양한 탐방로가 존재한다. 한탄강주상절리길이라고 아예 노골적으로 메인 주제를 내걸고 있는 탐방로도 있고 한여울이라는 한탄강의 옛이름을 달고 있는 길도 있다. 그중 물윗길이라 불리는 탐방로는 이름만큼이나 직관적이다. 겨울철에만 한시적으로 열리며 이 시기 낮아질 때로 낮아진 한탄강의 수면 위에 부표교를 띄워 만든 탐방로다. 겨울이라는 계절은 수목에 의해 가려졌던 협곡의 민낯을 보기에 가장 좋은 시기인지라 지질트레일을 걷기에는 의외의 적기인 셈이다.

언뜻 보기에 황량해 보이는 절벽에는 세월과 물길 그리고 작은 틈새들이 뒤엉키며 빚어놓은 복잡한 흔적이 담겨 있다. 탐방로는 직탕폭포 인근 태봉대교 아래에서 시작한다. 종종 오고 가며 내려다보았던 협곡의 심연 속으로 한발 더 가깝게 내디딘 것이다. 걸을 때마다 반동을 일으키며 살짝살짝 흔들리는 부표교에 어느 정도 적응되

1 물 위의 부표교.

2 방사형으로 퍼져나간 모습이라 민들레꽃 주상절리라 부른다.

3 현무암과 화강암이 공존하는 중간 지대를 통과한다.

4 마당바위는 넓게 펼쳐져 있는 화강암 암반이다.

5 승일교 주변으로 빙폭을 만들어놓았다.

6 물윗길 중심의 고석정.

면 그제야 주변의 풍경이 눈에 들어온다. 이곳에서부터 은하수교가 놓여 있는 송대소까지 구간은 짧지만 주상절리로 가득한 전형적인 현무암 협곡 지대다. 시작과 동시에 이 코스에서 가장 화려한 장면과 마주하는 셈이다. 가지런히 도열해 있을 줄만 알았던 절리대의 모습은 예상을 뒤엎는다. 이글거리며 불길이 타오르는 듯한 형상을 이루기도 하고 방사형으로 펼쳐지며 꽃이 피어난 것 같은 모습도 보여준다. 반듯해 보이는 절벽을 올려다보면 갈라진 두께도 높이에 따라 제각각이며 색상 또한 그러하다. 누군가는 이런 모습을 보고 알록달록한 물감을 짜놓은 팔레트가 펼쳐져 있는 것 같다고 말하기도 했다. 물길과 맞닿아 있는 마찰에서는 딱 한 꺼풀 정도 두께로 쪽이 떨어져나간 듯 파여 있으니 억겁의 시간을 두고 진행되었을 침식의 작용이 바로 눈앞에서 실시간으로 벌어지고 있는 듯한 착각마저 든다. 좌우로 절도 있게 펼쳐지던 현무암 지대가 끝나면 현무암에 덮여 있던 화강암이 중간중간 드러나면서 검은색과 회색이 교차하는 구간이 반복적으로 이어진다. 매끈매끈하게 깎인 넓적한 마당바위 위로 구멍 숭숭 뚫린 거친 현무암이 굴러다니는 식이다. 협곡 위쪽에 만들어져 있는 한여울길은 고석정에 닿기 전에 끊어져버려 못내 아쉬웠지만 물길을 따라가는 이 탐방로는 끊임없이 이어진다.

고석정은 한탄강 유역의 손꼽히는 절경이자 중심이기도 하지만 현무암 계곡이 화강암 계곡으로 전환하는 일종의 변곡점이기도 하다. 한탄강 한복판에 불쑥 솟아 있는, 외로운 돌이라 불리는 매끈한 바위 탑 위로는 과거에 정자가 하나 있었다던데 신라의 진평왕이 풍류를 즐겼다고도 하고 조선의 임꺽정이 이곳에 숨어들었다고도 한다. 자연스럽게 대도가 숨어 있던 자리는 어디인지 두리번거리며 찾게 된다. 이리저리 갈라져 있는 수많은 바위틈을 살펴보고 있노라면 임꺽정이 산으로 들어가지 않고 한탄강협곡에서 은신한 이유를 알

1 사람 얼굴을 닮은 바위.

2 순담계곡에서부터는 잔도를 따라 걷는 주상절리길이 이어진다.

3 한탄강이 빚어놓은 기묘한 바위들.

4 송대소 전망대에서 내려다본 한탄강협곡.

것 같기도 하다.

　　고석정 주변의 부표교는 하절기 유람선이 돌아다녔던 물길이기도 하다. 배를 한번이라 타봤던 사람들에게는 거북이바위, 악어바위 그리고 돼지코바위까지 과거 선장에게 들었던 기암괴석의 설명이 희미하게 기억날 것이다. 그 코스를 두 다리로 걷게 되니 더욱 재미있게 느껴지는 구간이기도 하다. 이곳에서 순담계곡까지는 현무암은 사라지고 화강암으로 이루어진 협곡과 만나게 된다. 날카로운 수직의 갈라짐이 사라진 절벽에서는 훨씬 굵고 부드러운 수평 갈라짐이 도드라진다. 주변의 바위들은 떡시루를 쌓아놓은 것 같은 모습인데 이를 지질학에서는 판상절리 혹은 방상절리대라고 부른다. 이런 흔적이 오직 압력에 의해 만들어진 것인지 아니면 물길의 마찰에 의해서 다듬어진 것인지는 알 수 없으나 화강암 협곡의 유려한 풍광은 주상절리 못지 않게 매력적이다. 어느새 종착지인 순담계곡에 닿지만 걸음을 멈추고 싶지 않은 사람들은 여기에서 돌아가지 않아도 된다. 순담에서부터 절벽의 허리에 잔도를 놓아 만든 한탄강주상절리길이 이어지기 때문이다.

　　강을 따라 걷는 지질트레일의 매력에 흠뻑 빠져들게 되는 코스다. 끝없이 이어질 것만 같은 협곡의 스토리를 따라서 계속해서 맴돌고 싶은 곳이기도 하다. 높이가 다른 길에서 바라보는 협곡의 모습 또한 너무나 다르니 주상절리길과 한여울길을 연계해서 걸어보는 것도 한탄강 트레일에서 얻을 수 있는 큰 즐거움이 되겠다.

길머리에 들고 나는 법

◆ 자가용
직탕유원지 공공주차장(철원군 갈말읍 상사리522-13)에 주차. 주차비 무료. 물윗길 운영 기간 중 공휴일과 주말에는 출발지와 도착지를 오가는 셔틀버스가 운행. 운영 시간 10:00~17:30, 배차 간격 30분. 물윗길, 주상절리길 입장권 소지자는 무료. 평일에는 출발지로 되돌아가려면 걸어가든지 택시를 타야 한다. 택시 요금은 13,000원 정도.

◆ 대중교통
서울경부고속버스터미널에서 철원까지 2시간 간격으로 차편이 있다. 첫차는 07:20에 출발 2시간 소요. 철원동송터미널에서 물윗길 매표소까지 바로 가는 차편은 없다. 군내버스 2번, 5번, 2-1번을 타고 이평리(정한 약국 앞)에서 하차후 도보로 1.2km를 걷는다. 택시로 이동 시 9,000원 정도.

◆ 도착지인 순담계곡에서도 읍내로 가는 차편이 애매하다. 단, 고석정에서는 차편이 좋다.

궁리하다

철원 한탄강주상절리길 이어 걷는 방법
한탄강 물윗길이 끝나는 순담계곡에서는 바로 이어서 주상절리길이 시작된다. 두 코스를 이어 걸으면 편도 12.2km가 된다. 순담매표소에서 매표 후 진입하면 하류 쪽 드르니매표소(강원도 철원군 갈말읍 군탄리 산174-3)에서 코스가 종료된다. 별도 입장료 10,000원이 징수되고 5,000원을 지역 상품권으로 되돌려준다. 드르니매표소에서는 주말에는 셔틀버스, 평일에는 택시를 이용해 출발지로 복귀한다.

◆ 주상절리길 코스 정보: 총 거리 3.7km | 소요 시간 1시간 30분 | 총 상승 고도 131m | 최고 고도 170m

길라잡이

안내표지 있음, 네이버지도 경로 표시 있음. 반려견 동반 금지 직탕폭포에서 순담계곡 입구까지 연결되는 8.5km의 트레일이다. 직탕폭포-태봉대교-은하수교-마당바위-승일교-고석정-순담계곡 순서로 진행하며 각 지점마다 in/out도 가능하다. 물 위에 띄워놓은 부표교를 걷는 것은 맞으나 이는 전체 탐방로 중 50% 미만이며 나머지 구간은 한탄강 수변을 걷는다. 약간의 오르막과 내리막이 반복되는 구간이 있으나 전체적으로 상류에서 하류로 완만하게 내려가는 코스다. 외길이며 중간중간 진행요원이 배치되어 있어 길을 따라가기는 아주 쉽다. 10월 말부터 개통되는데 이때는 직탕폭포에서 은하수교까지 일부 구간만 탐방할 수 있다.

식사와 보급

직탕가든(033-455-6560, 철원군 동송읍 직탕길94) 출발지 인근 직탕폭포 건너편에 위치한 메기매운탕(40,000원/2인) 전문점. 이곳 외에 이동 경로상 보급이나 식사를 해결할 만한 곳이 전혀 없다. 고석정 주변으로 식당가가 형성되어 있지만 절벽을 오르내려야 하는 번거로움이 있다. **향토가든**(033-455-6357, 철원군 동송읍 태봉로1825-3) 고석정으로 내려가는 계단 바로 옆에 있다. 철원오대쌀로 만든 오대정식(22,000원/1인)이 정갈하다. **철원막국수**(033-452-2589, 철원군 갈말읍 명성로158길 13) **내대막국수**(033-452-3932, 철원군 갈말읍 내대1길29-10) 이 지역 막국수 터줏대감들이다.

탐방가이드

겨울철 한시적으로 열리는 트레일이다. 2023년 시즌에는 2023년 10월부터 2024년 3월까지 열렸다. 입장 시간은 09:00에 시작해서 매표 마감은 16:00다. 입장 요금은 성인 10,000원, 이 중 5,000원을 철원사랑상품권으로 되돌려준다. 인근 식당이나 시장에서 사용할 수 있다. 매주 화요일, 1월 1일, 설날, 추석 당일 휴무

걷는 거리는
총 **8.5**km이고

상승 고도는 **150**m로
응봉산 팔각정을
오르는 것과 비슷하며

그중 가장 높은 곳은
해발 **167**m의
출발 지점이다.

고도표

한국의 카파도키아를 걷다,

주왕계곡 지질탐방로

주왕산국립공원 주차장에서   용연폭포까지

| 바위가 가장 좁아지는 지점이 용추협곡이다.

"화강암의 마을에서 온 사람이
응회암으로 만들어진 별천지로
들어선다. 거친 듯 정교하며
미스터리한 풍경이 펼쳐진다.
주왕굴과 급수대에 서려 있는 왕의
전설과도 마주한다."

모두 **17,550보**를 걷게 되며

2시간 40분이 걸리고

18분간의 고강도 운동 구간이
포함된 여정

터키 중부에 위치한 카파도키아는 기묘한 모양의 바위와 박해를 피해 숨어든 기독교인들이 만들어놓은 지하 도시로 유명한 관광지다. 수백km에 달하는 기암 지대에는 버섯 모양의 바위를 비롯해 쐐기 모양, 낙타 모양 등 각양각색의 바위들로 가득하다. 이곳이 외계 행성 같은 독특한 풍경을 만들어내는 까닭은 대지를 이루고 있는 암석의 성질에 기인하는 바가 크다.

카파도키아 지역은 과거 화산 활동의 영향으로 화산재가 두껍게 쌓였다. 응회凝灰암은 화산재가 굳어 엉기면서 만들어진 바위다. 마그마에서 태어났기에 화성암이자 쌓이면서 굳은 퇴적암의 특성을 동시에 가진 아주 독특한 암석이다. 화강암보다 훨씬 무르기에 침식과 풍화의 과정을 거치며 극단적인 모양의 바위가 만들어졌다. 기독교인들은 어렵지 않게 절벽에 굴을 파고 교회와 집을 지을 수 있었고 더 나아가 지하 도시까지 건설할 수 있었다.

우리나라에도 응회암으로 이루어진 기암 지대가 존재한다. 일찍이 《택리지擇里志》를 썼던 조선의 실학자 이중환은 주왕산을 가리켜 "모두 돌로써 골짜기 동네를 이루어 마음과 눈을 놀라게 하는 산"이라 표현했다. 예로부터 설악산, 월출산, 주왕산을 한국의 3대 바위산으로 꼽는다. 설악과 월출은 화강암으로 이루어졌지만 주왕은 응회암으로 만들어졌다.

주왕周王이란 산 이름은 중국에서 피신 온 왕이 이곳에 은신했다는 데서 유래됐다. 중국 동진의 왕족 주도란 사람이 당나라에 맞서다 실패하자 주왕굴에 숨어 지냈다 한다. 왕과 관련된 야사는 이뿐만이 아니다. 신라의 왕족 김주원이 왕위 경쟁에서 밀려나자 주왕산 급수대 바위에 터를 잡고 살았다 전해진다.

독특하게 생긴 지형은 우리의 상상력을 자극하는 힘이 있다. 카파도키아의 버섯 바위에서 스머프 마을과 스타워즈 속 외계 행성

1 대전사 뒤로 기암단애의 모습이 보인다.
2 아들바위 위로 돌을 던져 올리면 아들을 낳는다는 전설이 있다.
3 연화굴은 망치와 정으로 한 땀한땀 파낸 것 같은 모양새다.
4 시루봉은 마치 사람의 얼굴 같다.
5 탐방로 주변은 기암괴석으로 가득하다.

이 탄생했다. 탐방로 초입에서 보이는 기암단애라 불리는 바윗덩어리들은 응회암의 세상에 들어온 것을 알리는 상징이자 경계석과도 같다. 기암단애는 계곡 초입에 있는 대전사를 앞에 놓고 배경으로 볼 때 가장 온전하게 시야에 들어온다. 산봉우리 위에 바위들이 올라 앉았는데 그 모습이 어찌 보면 뫼산^山 자로 보이기도 하고 달리 보면 왕관처럼 보이기도 한다. 왕과 관련된 야사들이 어디에서부터 유래된 것인지 이 바위들을 통해서 미루어 짐작해 볼 수 있다.

　　주왕산지질공원은 정상으로 오를 필요도 없이 주왕계곡 탐방로를 따라 걷는 것만으로도 충분하다. 응회암으로 이루어진 협곡은 상류를 향해 조금씩 고도를 높일 때마다 그 정체를 드러낸다. 계곡에는 아들바위라 불리는 공깃돌 모양의 바위가 굴러다닌다. 물이 흘러내리는 암반은 매끈하게 연마된 유려한 화강암이 아니라 콘크리트를 쏟아 부은 양 꾸덕하게 엉겨 붙어 있다. 연화굴은 누군가 정과 망치를 사용해서 한땀한땀 파낸 것 같은 모습이다. 급수대는 또 어떤가? 기암단애와 달리 거대한 바윗덩어리에 빗살무늬 같은 가늘고 얇은 절리대들이 정교하게 새겨져 있으니 이 또한 신묘할 따름이다. 아무리 봐도 떡 찌는 시루보다는 사람의 얼굴을 닮은 시루봉과 청학과 백학 한 쌍이 살았다는 학소대까지 주왕계곡의 선경은 갈수록 점입가경이다.

　　이곳의 피날레는 용추협곡에서 맞이한다. 계곡의 어느 한 지점에서 바위들이 사방에서 조여들기 시작하다가 마침내 사람 한 명이 간신히 지나갈 만한 너비만큼 좁아진다. 바위가 뜯겨나간 듯한 틈새 사이로 흐르는 물줄기는 좁은 수로를 따라가다 바위에 포트 홀이라 불리는 항아리 모양의 구멍과 폭호라 불리는 웅덩이를 만들며 이리저리 휘감아 내려간다. 이곳의 물줄기는 바위를 다듬으며 서로 타협한 것이 아니라 아예 부숴버렸다. 다시 걸음을 옮겨 협곡이 만들어

1　바위가 가장 좁아지는 지점이 용추협곡이다.

2　용연폭포 맞은편에는 3개의 하식동굴이 만들어져 있다.

3　주왕굴 내부의 모습.

내는 숨막힐 듯한 압박감을 벗어나면 용연이라 불리는 폭포에 도달한다. 2단으로 떨어지는 폭포의 모습은 별다를 게 없으나 맞은편에 뚫려 있는 세 개의 하식동굴이 다시 한번 머리를 갸우뚱하게 만든다. 폭포가 무너지면서 점점 뒤로 후퇴하기에 이렇게 여러 개의 동굴이 만들어진 것이라 한다. 폭포의 생성 원리를 머릿속에서 맞춰보려 하지만 이는 어디까지나 설명이 그렇다는 것일 뿐 눈앞에 마주하는 기이한 풍경이 마음으로 받아들여지는 것은 아니다.

주왕산은 높이 올라 위에서 내려다보는 것보다 아래에서 가깝게 들여다봐야 한다. 그래야 응회암과 주상절리가 만들어놓은 기기묘묘한 단면을 살펴볼 수 있기 때문이다. 산을 둘러보는 것에는 여러 방법이 있으나 적어도 이곳에서만큼은 주왕계곡 지질트레일을 걸어봐야 한다. 특히 화강암으로 이루어진 산과 계곡에 익숙한 사람이라면 이 협곡에 들어서는 순간 탄성 외에 그 어떤 단어도 떠오르지 않을 것이다.

길머리에 들고 나는 법

◆ 자가용

주왕산국립공원 소형주차장(청송군 주왕산면 상의리299)에 주차한다. 주차료 평일 4,000원, 주말 5,000원.

◆ 대중교통

서울동서울터미널에서 주왕산터미널까지 직통버스가 운행된다. 06:30, 08:40, 12:00, 15:30에 차편이 있으며 4시간 30분 소요된다. 이 중 06:30 버스는 금, 토, 일에만 운행한다.

궁리하다

주왕산에서 1박을 한다면 상의자동차 야영장을 이용하자.

야영장이 방문객주차장보다 상단에 위치하고 있어 탐방에도 용이하고 주차비도 절약할 수 있다. 오토캠핑용 데크 50개와 카라반 10대를 운영하고 있으며 전기와 온수샤워를 이용할 수 있다. 도보 거리에 식당가와 매점이 있어 보급에도 불편함이 없다. 국립공원공단 예약시스템reservation.knps.or.kr을 통해서 사전 예약해야 한다.

길라잡이

안내표지 있음, 네이버지도/두루누비상 경로 표시 있음(주왕계곡 탐방로). 국립공원 내 반려견 동반 금지

기본적으로 이 탐방로는 국립공원관리공단에서 안내하는 주왕계곡 탐방로를 따라간다. 차이가 있는 부분은 갈 때는 무장애 탐방로를 이용해 연화굴을 들린다. 이후 내연동까지 가지 않고 용연폭포에서 되돌아오는 것이다. 주왕굴과 급수대는 되돌아오는 길에 들린다. 이 코스 중 주차장에서

용연폭포까지는 무장애 탐방 구간으로 산책길을 걷듯 편안한 완경사의 오르막이다. 돌아올 때는 절구폭포를 들렸다가 학소교 조망 지점을 지나 시루교 방향으로 내려가지 말고 좌측의 등산로로 진입한다. 이후 급수대와 주왕굴을 보고 자하교를 건너 무장애 탐방로로 다시 합류한다. 주왕굴로 가는 길이 이 코스 최대 업힐이다.

식사와 보급

달기약수탕 인근의 닭 요리는 청송에 왔다면 꼭 한번 맛봐야 할 음식이다. **서울여관식당**(054-873-2177, 청송군 청송읍 약수길18-1) 토종불백(25,000원/1인)은 가슴살떡갈비, 염통구이, 다리살 백숙 등이 코스로 나온다. 사과동동주(10,000원)까지 곁들이면 좋다. 상의지구에서 차로 20분 거리다. **청송식당**(054-873-8808, 청송군 주왕산면 공원길164) 상의지구 식당가에 위치하고 있다. 중소벤처기업부 인증 백년가게로 대표 메뉴는 산채더덕구이정식(20,000원/1인)이다.

◆ 주왕산국립공원에서는 친환경 도시락 서비스를 운영하고 있다. 탐방로 입구에서 도시락을 수령한 뒤 하산길에 반납하는 시스템이다. 인근 식당과 연계해 제공되는 도시락은 방문 전날 카카오톡 '내도시락을부탁해'로 검색하면 국립공원별 채널을 확인할 수 있다.

탐방가이드

주왕산세계지질공원 탐방안내소(054-870-5352, 청송군 주왕산면 공원길146)에서 국립공원관리공단에서 진행하는 탐방 해설이 진행된다. 11:00, 14:00에 정기해설이 진행되고 30분 소요된다. 선착순으로 현장에서 신청하거나 국립공원관리공단 예약시스템>탐방프로그램 예약>해설생태관광에서 예약한다. 상의탐방지원센터 바로 옆 안내소에 지질해설사가 상주한다. 매일 오전 10시(하절기 6, 7, 8월 오전 9시 30분)에 정기 해설이 있으며 4인 이상은 청송세계지질공원 홈페이지csgeop.cs.go.kr에서 5일 전에 신청하면 동반 해설을 받을 수 있다. 매주 월요일 휴무.

걷는 거리는
총 **10**km이고

상승 고도는 **398m**로
인왕산을 오르는 것과
비슷하며

그중 가장 높은 곳은 해발
405m에 있는 주왕굴이다.

고도표

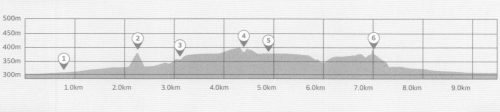

주상절리 순례

진경산수가 탄생한 비경 속으로,

내연산 12폭포길

보경사 주차장에서 　　　　　　　　　　　　　　　　　　　　은폭포까지 →

| 소금강 전망대에서 바라본 선열대의 모습.

"이곳에는 세상에서 가장 기이한
모습의 폭포가 있다.
이 난해한 피사체는 결국
청하 현감을 산수화의 대가로
만들어놓았다. 선열대에서는 우리도
겸재의 시선으로 화폭을 채워볼 수
있을 것이다."

모두 **15,620**보를 걷게 되며

3시간 **50**분이 걸리고

22분간의 고강도 운동 구간이
포함된 여정

41

포항에 이렇게 멋진 계곡이 있는지 정말 몰랐다. 산이 높아야만 계곡이 깊은 것이라 생각했다. 백두대간의 주요 능선을 이루는 깊은 산자락에 위치하고 있어야 가볼 만한 계곡이라 생각했다. 백두대간의 지선 낙동정맥, 그 메인 능선에서도 살짝 벗어나 있는 내연산 자락에는 이를 비웃기라도 하듯 독특한 풍광을 지닌 계곡이 자리 잡고 있다.

내연산과 천령산 사이의 협곡 일대를 예로부터 청하골 혹은 내연골이라 했다. 이곳에는 열두 개의 폭포가 있다고 해서 내연산 12폭포계곡이라고 부른다. 내연산과 천령산 정상의 높이가 700m 정도 되는 셈이니 그리 깊은 계곡도 아니다. 계곡의 길이는 대략 14km쯤 되는데 낙차와 길이를 감안했을 때 폭포의 밀집도가 높아도 너무 높다. 전국의 계곡을 통틀어서 한곳에 폭포가 열두 개나 모여 있는 곳은 이곳이 유일할 것이다.

계곡 탐방로는 입구에 있는 보경사에서 시작된다. 1폭 상생폭포를 시작으로 2폭 보현, 3폭 삼보 순서로 정상을 향해서 올라간다. 이 계곡의 백미로 치는 폭포는 6폭인 관음과 7폭인 연산이다. 이 두 곳의 폭포는 나란히 붙어 있는데 5폭인 잠룡까지 합쳐서 세 개의 폭포를 내연산 삼용추라 부른다. 그중 관음폭포는 우리나라 폭포 중에서도 가장 복잡하고 기묘하다. 물이 떨어지는 앞쪽은 물론이고 뒤쪽으로도 굴이 숭숭 뚫려 있다. 뒤쪽의 굴을 일컬어 관음굴이라 한다.

진경산수화의 대가 겸재 정선이 이곳 청하 현감으로 부임 온 것은 어쩌면 운명이었을 지도 모른다. 그는 이곳에서 2년간을 머무르며 내연산 폭포를 그린 그림 네 장을 남겼다. 같은 풍경이지만 그림은 조금씩 변화했다. 화법도 바뀌었고 크기도 달라졌다. 인왕산 자락에서 태어나 수성동계곡이 익숙했던 화가에게 관음폭포의 풍광은 고향에서는 본적도 없고 그리기도 아주 어려웠던 난해한 피사체였을 것이다. 그는 이곳 청하골에서 자신만의 화풍을 완성해 갔고

1 보경사 경내에는 소나무가 울창하다.
2 보경사 천왕문 뒤로 오층석탑이 보인다.
3 첫 번째 폭포인 상생폭포.
4 두 번째 폭포인 보현폭포는 탐방로에서 옆으로 보인다.
5 소금강 전망대에서 바라본 선열대.
6 여덟 번째 폭포인 은폭포.

〈내연산삼용추^{內延山三龍湫}〉를 완성한 시점에 그의 대표작 중 하나로 꼽히는 〈금강전도^{金剛全圖}〉를 완성시킨다. 이런 이유로 이곳 청하현을 진경산수화의 발현지로 이야기하기도 한다.

이 계곡의 진가를 알아보려면 아래에서 올려다보는 것뿐만 아니라 위에서도 한번 내려다봐야 한다. 겸재의 시선에서 이곳을 바라보려면 선열대에 올라야 한다. 그는 이곳에 올라 〈내연산삼용추〉를 그린 것으로 추측된다. 이곳에서 올라서면 연산폭포와 관음폭포의 구도가 그림과 동일한 각도로 잡힌다. 단, 그림 속 연산폭포의 물줄기는 이곳에서도 보이지 않는데 겸재는 상상으로 물줄기를 그려 넣었다.

선열대의 풍광을 제대로 관람하려면 맞은편에 있는 소금강 전망대에 서야 한다. 이곳에서 바라보면 맞은편 절벽과 정면으로 마주한다. 주상절리가 모여 하나의 거대한 돌기둥을 이루고 그 위에 정자가 세워져 있다. 바위의 생김새는 어찌 보면 대나무의 마디 같기도 하고 노송에 붙어 있는 나무 껍질 같기도 하다. 한국의 장가계를 무릉계

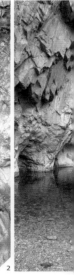

1
2

곡에 있는 배틀바위와 비교하는데 이곳의 풍경 또한 그에 못지 않다.

진경산수화를 탄생시킨 이곳의 독특한 지형은 계곡을 구성하는 암석의 성질에 기인한다. 내연산은 주왕산으로부터 직선거리로 불과 17km 떨어진 곳에 있다. 주왕산 일대의 화산이 폭발하며 대지가 요동치던 시기에 이곳의 풍경 또한 별반 다르지 않았을 것이다. 대지는 화산재로 뒤덮였고 마침내 식어가며 굳어졌다. 응회암 지대에 계곡이 만들어지면서 외계에 온 듯한 독특한 지형을 만들어냈다. 이곳에 생성된 주상절리들은 물길의 수평 압력을 오래 버티지 못하고 쉽게 부서지고 떨어져나갔다. 절벽 곳곳의 바위에 쪽이 떨어져나가듯 뜯긴 자국이 남아 있는 이유이며 유독 이곳에 폭포가 많은 까닭이기도 하다. 관음폭포 역시 주왕산 용추폭포처럼 폭포가 서서히 후퇴하며 하식동굴이 만들어졌다. 이 설명만으로는 관음굴의 정체가 여전히 미스터리하다. 관음굴은 물을 잘 흡수하는 이곳의 암석이 얼었다가 녹기를 반복하면서 무너져 내리고 다시 물살에 깎여나가면서 형성된 것으로 추측된다.

이런 독특한 풍광 탓에 내연산계곡은 많은 영화와 드라마에서 등장했다. 영화 〈남부군〉과 〈가을로〉에서는 잠룡폭포가, 드라마 〈대왕의 꿈〉에서는 연산폭포가 배경으로 등장한다. 이 계곡이 품고 있는 인문학적인 격과 지질학적인 가치에 비해 유명세가 덜했지만 근래에 와서야 재평가가 이루어지는 듯하다. 2021년이 되어서야 내연산 계곡의 일곱 개 폭포는 국가명승으로 지정되었다. 이외에도 내연산보경사시립공원, 경북동해안지질공원에 속해 있는 지질명소이기도 하다. 국립공원, 유네스코세계지질공원이라는 타이틀을 달고 있는 주왕산과 비교해서 언뜻 격이 떨어져 보이기도 하나 이 폭포 맛집의 진가는 결코 타이틀만으로 평가될 수 없다.

1 선열대의 모습.
2 다리에서 내려다본 관음폭포.
3 내연산 삼용추 중 한곳인 관음폭포의 전경.

길머리에 들고 나는 법

◆ 자가용

보경사 주차장(포항시 북구 송라면 중산리544-32)에 주차한다. 주차비, 입장료 무료.

◆ 대중교통

용산에서 포항까지 KTX가 운행한다. 첫차는 평일 05:37, 주말 05:02에 출발하며 2시간 30분 소요된다. 포항역에서 5000번 버스가 보경사까지 운행한다. 평일 배차 간격은 22분이며 약 50분 소요된다. 목적지까지 25km 거리다.

궁리하다

내연산 보경사 순례 코스의 개념도를 미리 알고 가자.

- 보경사
- 상생폭포
- 보현폭포
- 선열대/소금강 전망대 갈림길(우측 산길로)
- 보현암
- 삼보폭포
- 갓부처
- 잠룡폭포
- 관음폭포와 연산폭포
- 소금강 전망대
- 은폭포 하류 150m 지점 (계곡 건너편으로)
- 은폭포

길라잡이

안내표지 있음, 네이버지도(내연산 2코스)/두루누비(내연산 숲길 청하골코스)상 경로 표시 있음. 반려견 동반 금지 계곡을 따라 오르는 단순해 보이는 코스지만 몇몇 지점에서 코스를 이탈해서 길을 잘 찾아야 한다. 초행인 사람에게 안내표지와 안내지도는 별 도움이 되지 않는다. 지도 어플에서 안내하는 코스는 보경사에서 출발해서 계곡길을 따라 경상수목원까지 넘어가는

종주 코스다. 추천하는 루트는 은폭포에서 되돌아오는 것이다. 중간중간 소금강 전망대, 선열대도 올라갔다 와야 이곳을 제대로 보고 왔다 말할 수 있다.

식사와 보급

도립공원 매표소(현재 무료 입장)에서 주차장까지 거리에 식당가가 조성되어 있다. **천령산식당**(054-261-4330, 포항시 북구 송라면 보경로473) 식당 뒤쪽으로 넓은 야외자리가 있어 좋다. 산채더덕정식(20,000원/1인)을 시키면 콩국에 파전, 생선, 청국장까지 한 상 푸짐하게 나온다.

숙박

보경사 온천파크(010-2701-1159, 포항시 북구 송라면 보경로516) 매표소 맞은편에 위치해 편리하다. 카라반에서 일반 객실까지 다양한 형태의 숙소를 제공한다. 온천만 따로 이용할 수도 있다. 입장료 성인 7,000원.
보경사에서도 템플스테이 프로그램이 운영되고 있다. 문의 054-262-5354

탐방가이드

매표소 앞 **포항관광안내소**(054-262-2371, 포항시 북구 송라면 보경로523)에 문화관광해설사가 상주하고 있다. 해설 예약은 포항시문화관광홈페이지(꽝꽝여행www.pohang.go.kr/phtour)에서 신청한다. 내연산 일대는 국가지질공원 경북 동해안 권역에 포함된 지질명소이나 별도의 지질해설프로그램은 진행되지 않는다.

④ 은폭포

소금강 전망대
③

⑤ ⑥ 보현암
선열대 삼보폭포 ● 보현폭포
관음폭포/연산폭포 ② 상생폭포
잠룡폭포

① 보경사 적광전

출발/도착

보경사 주차장
P

걷는 거리는
총 **8.9**km이고

상승 고도는 **402**m로
삼성산을 오르는 것과
비슷하며

그중 가장 높은 곳은
해발 **300**m의
선열대다.

300m
250m
200m
150m
100m

1.0km 2.0km 3.0km 4.0km 5.0km 6.0km 7.0km 8.0km

START 보경사 주차장		① 보경사		② 상생폭포		③ 소금강 전망대		④ 은폭포		⑤ 선열대		⑥ 삼보폭포		FINISH 보경사 주차장
	0:46m		1:14m		1:44m		2:10m		2:35m		3:15m		3:50m	

주상절리의 일생과 마주하는,

무등산 지오트레일 1구간

원효사 지구에서 　　　　　　　입석대를 거쳐 　　　　　　　광석대까지

해발 1,100m의 서석대 주변으로 구름이 끼어 있다.

"신성한 돌기둥은 모두 무등산에 모여 있다. 이 주상들은 상서롭게 서 있으며 크기 또한 굵은 것이다. 이 돌들이 지나온 억겁의 시간을 빠르게 감아서 한나절 만에 둘러본다."

등산화 필수

모두 **22,113보**를 걷게 되며

6시간 25분이 걸리고

116분간의 고강도 운동 구간이 포함된 고난한 여정

2023년 5월 6일 거행된 찰스 3세의 대관식에 운명의 돌이라 불리는 152kg의 적색 사암이 등장했다. 과거 예수의 제자였던 야곱이 베고 잤던 것으로 알려진 이 돌은 스코틀랜드의 왕권을 상징하며 영국에 대관식이 있을 때마다 그 모습을 나타냈다. 찰스 3세는 이 운명의 돌이 깔려 있는 대관식 의자에 앉아 성에드워드왕관을 머리에 썼다. 특별한 의미가 담겨 있는 돌은 그 특유의 영속성과 동일성으로 21세기가 된 오늘날까지도 성물로 대접을 받는다.

돌로 만들어진 석조물 중에서도 특히 기둥 모양을 한 것은 신과 왕의 권위를 상징하는 존재로서 경외시되었다. 돌기둥은 주상柱狀 혹은 석주石柱라 불리는데 고대 이집트에서는 태양신을 상징하는 오벨리스크를 곳곳에 세웠고 인도에서는 아소카 황제의 칙령이 새겨진 돌기둥을 전역에 세웠다. 우리나라에서도 고갯마루마다 성황당에 돌탑을 쌓아 올려 공동체의 안녕과 소원을 빌었으니 이 돌들은 인간과 하늘을 연결해 주는 일종의 매개체였던 셈이다.

광주의 진산이자 유네스코세계지질공원으로 지정된 무등산 정상 부근은 주상이라 불리는 돌기둥 모양의 바위로 가득하다. 한두 개도 아니고 수백 개의 돌기둥이 무리 지어 서 있으니 그 장엄함이란 말로 표현할 수 없을 정도다. 이런 까닭에 무등산은 오랜 세월 성스러운 산으로 신성시되었다. 무진악, 서석산, 무당산, 무돌, 무덤산, 무정

산 등 부르는 이름도 다양했을 뿐 아니라 품고 있는 설화도 명칭만큼 이나 다채롭다.

대표적으로는 이성계와 관련된 설화가 있다. 태조가 조선 건국을 허락받기 위해 무등산을 찾아가 기도했으나 무등산 산신만은 이를 거부했다 전해진다. 이를 두고 역성혁명을 인정하지 않은 호남 사람들의 기질에 빗댄 이야기라고도 해석하지만 무등산은 왕권을 거부할 만큼 강력한 신권을 가진 산이라는 의미도 있다. 이 신령한 권위가 서석, 입석, 광석대라 불리는 주상절리대에서 부여됐다는 것은 너무도 자명한 것이다. 명칭에서 알 수 있듯 무등산의 주상들은 서瑞 상서로우며, 입立 서 있고, 광廣 아주 굵은 것이다.

신의 기둥을 마주하러 가는 여정은 험난하다. 돌기둥이 대부분 해발 1,183m 높이의 천왕봉 정상 주변에 위치해 산꼭대기로 오르는 고행의 과정을 거쳐야 하기 때문이다. 무등산의 돌기둥은 화산재가 굳으면서 만들어진 주상절리의 산물들이다. 화산재가 굳으면서 만들어진 암석을 응회암이라 하는데 현무암과 마찬가지로 돌이 되는 과정에서 수직 방향의 틈새를 만든다. 한탄강이나 제주도 해안가와 달리 이렇게 높은 곳에 주상절리대가 만들어지는 것은 세계적으로도 드물다. 주상을 처음 만들어낸 것은 절리라는 좁은 틈새였지만 이를 지표 밖으로 드러나게 하고 틈새를 더욱 벌려서 기둥 하나하나를

1 서석대 주변으로 구름이 끼어 있다.
2 서석대는 해발 1,100m에 달한다.
3 승천대는 돌기둥이 머리를 하늘 쪽으로 두고 있다 해서 붙여진 이름이다.
4 탐방로 주변에 주상절리가 무너져 있다.

독립적인 객체로 만든 건 풍화 작용이었다. 풍화風化는 바위가 마침내 바람으로 변해 없어지듯 넘어지고 깨지고 부서져 결국은 흙으로 돌아가는 일련의 과정을 뜻한다.

무등산의 지질트레일에서 서석대, 입석대로 오르는 길까지는 일반 등산로와 다를 바 없지만 이후부터는 조금 다른 궤적을 따라간다. 이 길은 주상절리의 탄생에서 성장 그리고 죽음과 소멸에 이르는 일련의 생애를 더듬어보는 여정이기 때문이다. 이 길에서 서석대, 입석대만큼 관심 있게 살펴봐야 하는 것은 승천대라 불리는 바위다. 비스듬히 누워 있는 바위의 모습이 하늘로 올라가려는 것 같다 해서 붙여진 이름이지만 사실 이 돌은 넘어진 것이다. 서 있지 못하고 넘어진 돌은 더 이상 상서롭지 않다. 다만 아직까지 하늘을 향해 머리를 치켜들고 있기에 승천이라는 이름을 얻을 수 있었다.

장불재로 내려오는 길에서는 여기저기 흙무더기 속에 드러난 직사각형 모양의 바윗덩어리를 어렵지 않게 볼 수 있다. 아래쪽으로 내려와 처박힌 돌에게 붙여진 이름은 없다. 가장 높은 곳, 추앙받던 위치에서 내려와 이제는 아무렇게나 굴러다니는 모습을 보고 있노라면 바위에서 인생의 무상함을 느낀다. 무등無等산의 이름은 평등이 이뤄져서 평등이라는 말조차 사라진 상태를 말하는 불교 용어에서 유래되었다. 이 무등의 세상은 인간뿐 아니라 바위에게도 해당하는 모양이다.

무등산 주상의 가장 장대한 모습은 광석대에서 볼 수 있다. 이곳에는 너비가 7m에 달하는 세계 최대 규모의 주상절리대가 있다. 주상절리는 굳는 속도에 따라 그 두께가 달라진다고 한다. 정상 부근보다 낮은 규봉의 고도 탓에 더 아래쪽에 묻혀 있던 응회암은 더욱 천천히 굳으며 굵기를 키울 수 있었다. 이 봉우리 속에는 어쩌면 훨씬 더 굵은 주상절리가 세상에 나타날 시기만을 기다리고 있는지도 모

1 입석대의 모습.
2 지공너덜은 주상절리가 다
  시 흙으로 되돌아가는 과정
  이다.

주상절리 순례

를 일이다. 지공너덜에서는 넘어지고 부서져서 강이 되어 흐르는 돌들의 마지막 모습을 볼 수 있다. 이 바위들은 잘게 부서져 결국 원래 모습인 화산재와 같은 먼지가 될 것이다.

단단한 화강암은 천 년 정도 풍화가 진행되면 1cm 정도 깎여 나간다고 한다. 풍화 속도는 1년에 고작 0.01mm 정도 되는 셈이다. 1년을 주기로 꽃이 피고 지며 낙엽이 지고 떨어지는 계절의 변화와 달리 풍화의 과정은 인간의 시간으로는 도저히 알아챌 수가 없다. 무등산 지질트레일에서는 주상절리의 탄생부터 성장과 소멸까지 모든 과정을 타임랩스처럼 이어 붙여서 한나절 만에 돌아볼 수 있다.

1 광석대를 배경으로 구봉암이 자리 잡고 있다.
2 꼬막재를 넘어 출발지였던 원효 지구로 되돌아간다.

길머리에 들고 나는 법

✦ 자가용

무등산 원효사 주차장(광주 북구 무등로1522-1)에 주차한다. 주차비 4,000원.

✦ 대중교통

용산역에서 광주송정까지 KTX가 운행한다. 첫차는 05:07 출발, 2시간 소요. 도심 서쪽에 있는 기차역에서 동쪽의 무등산까지는 거리가 꽤 된다. 광주지하철 1호선을 타고 금남로4가역까지 이동한 뒤 2번 출구로 나와 금남로4가역 정류장에서 1187번, 1187-1번 버스로 환승하면 종점인 원효지구 주차장까지 한번에 갈수 있다. 1시간 정도 소요.

◆ 참고로 1187번 버스 번호는 무등산의 높이에서 따온 것이다.

길라잡이

안내표지 있음, 네이버지도/두루누비상 경로 표시 없음. 국립공원 내 반려견 동반 금지

이 코스는 무등산지질공원이나 국립공원공단 홈페이지에서는 안내하지 않는다. 출발지인 원효사 지구 입간판에서만 존재하는 코스다. 출발지에서 서석대까지는 국립공원탐방로 중 원효분소(옛길2구간) 코스를 따라간다. 원효사 주차장에서 200m 정도 걸어 올라가면 갈림길이 나오는데 우측으로 들어가서 30m쯤 걸으면 왼쪽으로 무등산 옛길 안내표지가 나온다. 이곳이 코스 시작점이다. 원효분소-제철유적지-목교-서석대 순서로 탐방하는데 4km 거리에 평균 경사도가 18%에 달하는 오르막구간이다. 특히 목교에서 서석대까지 마지막 0.5km 구간이 가팔라 일명 깔딱고개로 불린다. 서석대 이후부터는 승천암-병렬대-입석대를 거쳐서 장불재로 내려온다. 다시 석불암-지공너덜-광석대를 지나 꼬막재를 넘으면 무등산장호텔 쪽 원효사 주차장으로 되돌아오게 된다. 중간에 시무지기폭포와 신선대 갈림길이 나오는데 한참을 내려갔다가 다시 올라와야 하는 번거로움이 있다. 총 상승 고도 839m로 크고 작은 업다운이 반복되는 아주 터프한 트레일이다.

식사와 보급

원효지구 버스 종점 맞은편에 **무등산쉼터**(0507-1362-1068)가 있다. 라면, 김밥(3,000원), 유부초밥, 음료수 같은 간단한 먹거리를 판매한다. 이곳을 벗어나면 식사나 보급을 받을 수 있는 곳이 전혀 없다. 6시간이 넘게 걸리는 장거리 산행이라 충분한 식수와 행동식을 챙겨야 한다. 도시락은 필수다. 중간 식사는 대부분 장불재 쉼터에서 해결한다. 비와 햇살을 피할 수 있는 그늘막집이 있다. 재래식이긴 하지만 화장실도 있다. 하산길에 무등산장호텔을 지나면 파전, 토종닭 등을 판매하는 작은 식당도 있다.

무등산장호텔(광주 구무등산관광호텔)은 1959년에 세워진 목조 구조의 단층 산장형 호텔이다. 3채의 건물이 존재하며 현재는 운영되지 않는다. 2020년 국가지정문화재로 등록되었다. 광주 도심 금남로4가역 주변으로 숙소와 식당이 밀집해 있다. 시내버스를 이용하면 원효사 지구로의 접근성도 좋다. 양동시장은 통닭거리가 유명하다. **양동통닭**(062-364-5410, 광주 서구 천변좌로260-1) 반반치킨(24,000원)이 푸짐하다.

탐방가이드

무등산장임시파출소 건물(광주 북구 무등로1550)에 **무등산권 지질공원센터**가 운영된다. 코스 안내 등의 도움을 받을 수 있다. 15인 이상 단체의 경우에는 동반 지질해설서비스도 제공된다. 문의 062-613-7852 | 무등지오파크 홈페이지 geopark.gwangju.go.kr 참고

경로 안내도

출발/도착

P 원효사 주차장

무등산장호텔

① 금곡동
제철유적지

물통거리

치마바위

꼬막재 ⑥

신선대 갈림길

⑤ 시무지기폭포
갈림길

목교/화장실 ②

서석대
승천암

병렬대
입석대

원효사

광석대
/구봉암

④

장불재 ③

지공너덜

영주영역시

전라남도

걷는 거리는
총 **12.62**km이고

상승 고도는 **839**m로
북한산 인수봉을
오르는 것과 비슷하며

그중 가장 높은 곳은
해발 **1,100**m의
서석대다.

고도표

| START 원효사 주차장 | 0:14m | ① 금곡동 제철유적지 | 1:20m | ② 목교 | 2:55m | ③ 장불재 (식사) | 4:17m | ④ 광석대 | 4:50m | ⑤ 시무지기 폭포 갈림길 | 1:52m | ⑥ 꼬막재 | 6:25m | FINISH 원효사 주차장 |

생명을 머금은 축복의 길
람사르습지 순례

용이 머물다가 승천한 제1호 람사르습지,
대암산 용늪 탐방 코스

계절마다 변하는 팔색조 같은 풍경,
우포늪 생명길

묵논의 회복탄력성에 관해,
운곡람사르습지 생태탐방로

돌무더기에서 태어난 생명의 샘,
동백동산 탐방로

용이 머물다가 승천한 제1호 람사르습지,

대암산 용늪 탐방 코스

서흥리 탐방안내소에서   큰용늪을 거쳐   대암산 정상까지

| 한여름 용늪은 사초와 야생화로 가득하다.

"상서로운 곳은 사람의 접근을
함부로 허락하지 않는다.
우리나라에서 가장 춥고 높은
곳에 위치한 습지를 찾아 나선다.
정상에서 보이는 금강산의 풍경은
보너스다."

등산화
필수

모두 **19,831보**를 걷게 되며

4시간 45분이 걸리고

38분간의 고강도 운동 구간이
포함된 고난한 여정

59

여기, 생명이 죽어서도 완전히 썩지 못하는 땅이 있다. 썩는다는 것은 유기물이 분해되면서 몸속의 탄소를 이산화탄소로 배출하고 무기물로 되돌아가는 일련의 과정을 말한다. 시신에 방부처리를 하면 미라가 되듯 식물의 사체가 완전히 분해되지 않고 쌓여 있는 것을 이탄peat이라 한다. 다른 말로는 토탄이라고도 하는데 완전한 무기물인 석탄이 되기 전 단계라 생각하면 된다. 이렇게 바닥에 이탄층이 형성되어 있는 습지를 이탄습지라 한다. 육지 중에서는 약 3%의 면적을 차지한다고 알려져 있다.

식물이 잘 썩지 않는 이유는 일차적으로 물에 잠겨 있기 때문이지만 거기에는 추위도 한몫한다. 사체를 분해하는 미생물은 온도가 낮아지면 활동을 멈추거나 둔해지기 때문이다. 대부분의 이탄습지가 고위도 지역에 위치하는 까닭이다. 우리나라에서는 주로 해발고도가 높은 산지습지에서 이탄층이 발견된다. 그중에서도 대암산 용늪은 가장 위도가 높은 최전방 지역이자 가장 해발고도가 높은 곳에서 위치한 우리나라 유일의 고층형 산지습지다. 이탄의 두께도 1.8m에 달해서 5천 년 동안 켜켜이 쌓여온 것으로 알려져 있다.

우리나라에서는 뭔가 신령해 보이거나 또는 상식적으로 이해가 되지 않는 풍경을 만나게 되면 여지없이 용龍이라는 접두사를 붙였다. 용추龍湫는 용이 살던 웅덩이요, 용연龍淵은 용이 살던 연못인데 폭포나 연못도 아닌 늪의 이름에 이무기가 아닌 용이 붙어 있는 것은

대암산 용늪
탐방 코스

이곳이 유일할 것이다. 이런 생태적, 지리적, 사회적 특별함 때문에 이 늪은 무려 다섯 개 기관의 관리감독과 보호를 받는 규제 지역이다. 국내 1호 람사르습지, 산림보호구역, 천연보호구역, 습지보호구역이자 군사시설보호지역인 까닭에 미리 예약을 통해서 정해진 인원만이 인솔자의 통제하에 그룹으로만 답사가 가능하다.

답사가 정해졌어도 해발 1,280m에 위치한 용늪으로 가는 여정은 여전히 험난하다. 1차 집결 장소까지 각자 차량으로 모인 다음 다시 인솔 차량을 따라 울퉁불퉁한 임도 5km를 더 달려가야 비로소 출발지에 도착한다. 이후부터는 등산객 모드로 대암산 정상을 향해 오른다. 늪으로 가는 과정은 최전방 지역이라는 긴장감과 가이드 산행이라는 낯선 경험만이 생경할 뿐 여느 고산준령을 오르는 것과 별반 다르지 않다. 다만 정상이 다가올수록 등산로 바닥이 질퍽질퍽해지는 까닭에 이 산이 품고 있는 늪의 존재를 인지하게 될 따름이다. 늪은 대암산 정상 북서쪽 구릉 지대에 자리 잡고 있다. 온통 사초로 뒤덮인 채 중간중간 물웅덩이를 드러내고 있는 모습은 마치 물을 머

1 용늪까지는 마을가이드의 안내를 받아야 한다.
2 용늪으로 가는 탐방로 풍경.
3 용늪은 해발 1,280m에 위치한 산지형 습지다.
4 용늪의 여름 풍경은 사초로 가득하다.

금은 스펀지와도 비슷하다. 정상에 평평한 구릉지가 있는 산이 이곳만이 아닐진대 어찌 여기에만 늪이 만들어지는 것인지 얽히고설킨 그 이유가 단순하지만은 않다. 1년에 절반은 얼어 있고 또 절반은 구름 낀 흐린 날이 지속되니 수분의 공급은 충분한 셈이다. 물기를 머금은 이탄층이 그 수분을 잡아주니 높은 곳에 이렇게 귀한 습지가 만들어진 것이다.

늪을 이야기할 때 생명의 다양성을 빼놓을 수 없지만 이곳의 생태계는 그 이름만큼이나 독특하다. 이탄층이 품고 있는 유기물은 아직도 물속에서 조금씩 분해되고 있기에 습지의 물은 꽤 강한 산성을 띤다. 일부 호산성의 식물만 살아갈 수 있을 뿐 춥고 먹이도 없고 산도도 높은 물속에서 살아갈 수 있는 수생생물은 없는 것이다. 대신 이곳에는 멸종위기종인 기생꽃, 날개하늘나리, 닻꽃 등이 자생한다. 그중에서도 비로용담이라 불리는 꽃은 한반도에서는 백두산천지와 개마고원 그리고 휴전선 이남에서는 용늪에서만 유일하게 볼 수 있는 귀하신 몸이다. 비로는 가장 높은 경지의 부처를 의미하고 용담龍膽은 용의 쓸개를 의미하니 어쩌면 이 꽃은 용늪에 머물렀다는 용이

1 탐방객은 데크길을 따라 용늪을 둘러볼 수 있다.

2 이탄층이 물을 머금고 있다.

3 용늪에 자생하는 야생화들. 닻꽃은 멸종위기 2급이다.

4 물매화도 피었다.

5 대암산 정상의 모습.

승천하면서 남기고 간 흔적일지도 모르겠다.

대大암산은 지금은 한자로 큰대 자를 쓰지만 과거에는 돈대墩 자를 썼을 만큼 주변 경관을 감상하기에 좋은 곳이다. 주변에 시야를 가리는 높은 산이 없는 데다가 금강산에서 시작해 설악산을 거쳐가는 백두대간의 주 능선을 한 발짝 떨어져서 볼 수 있는 기막힌 자리다. 이런 탓에 용늪을 찾는 사람의 열에 아홉은 대암산 정상을 들렀다 간다. 정상에 올라서면 휴전선 이북에서 내려오는 백두대간의 산세도 장관이지만 손에 잡힐 만큼 가깝게 보이는 펀치볼 분지의 모습도 놀라울 만큼 선명하다. 가을에는 들불처럼 번지는 단풍의 물결을 볼 수 있기에 야생화가 사라져버리고 푸르름을 잃어버린 늪의 모습에서 느꼈던 아쉬움을 보상받는다. 반대로 습지가 생명력으로 왕성한 시기에는 이런 청명한 풍경을 보기 힘들다.

용늪 탐방을 마치고 되돌아오는 길에 느끼는 감정은 사람마다 다르겠지만 그중에는 고양감이란 것도 있을 것이다. 단순히 높은 곳에 다녀왔기 때문이 아니라 언제나 갈 수 없는 귀한 장소를 다녀온 까닭이다. 하루에 150명만 입장 가능하고 1년 중에 6개월만 개방되는 장소라 더 그러하다. 기다림이라는 번거로움과 통제라는 규율을 따라야 하지만 이마저도 현장에서는 한가로운 분위기에서 대접받는 느낌이다. 용늪을 다녀왔다는 고양감을 느껴보고 싶은 사람은 10월이 오기 전에 서둘러야 한다. 이곳의 겨울은 아주 일찍 시작되기 때문이다.

길머리에 들고 나는 법

✦ 자가용

1차 집결지인 용늪자연생태학교(인제군 서화면 금강로 1106-27)로 예약 시간 30분 전까지 도착. 답사 2~3일 전에 집결지와 시간 안내 문자가 온다. 이곳에서 인원 체크를 하고 선두 차량을 따라 서흥리 탐방센터까지 이동한다. 비포장 임도를 포함해서 약 10km 거리다.

✦ 대중교통

개별 차량 이동이 있어 대중교통을 이용한 탐방은 불가하다.

궁리하다

> **가아리 코스가 용늪으로 가는 최단 코스다.**
>
> 주차장에서 용늪까지 400m만 올라가면 된다. 단 14km의 임도길을 운전해서 정상 부근까지 올라가야 하는 번거로움은 있다. 하루 1회 20명만 가능하고 대암산 정상 탐방은 주말에만 가능하다. 장거리 산행이 부담스러운 경우 고려해 보자.

길라잡이

안내표지 있음, 네이버지도/두루누비상 경로 표시 없음. 반려견 동반 금지

이 구간은 단독으로 진행할 수 없고 마을가이드와 동행해야 한다. 일종의 가이드 산행인 셈이다. 탐방객 1인당 안내비용 5,000원을 미리 입금해야 한다. 2km 정도 계곡을 따라 오르다 보면 늪과 정상으로 나뉘는 갈림길과 만난다. 우측 늪으로 올라 반시계 방향으로 돌아서 정상을 찍고 다시 갈림길로 내려온다. 능선까지는 4km 거리고 오르막이 계속된다. 용늪까지 등산로는 무난하나 이후 대암산 정상은 암릉 구간을 통과한다. 늪까지만 갔다가 되돌아와도 된다. 1,300m 고지로 오르는 코스라 시시각각 날씨가 변한다. 하절기에도 우비, 방풍자켓 등은 필수다. 출발지인 서흥리 탐방센터를 벗어나면 용늪에 도착할 때까지 화장실이 없다.

식사와 보급

코스 주변에 식사나 보급을 할 만한 곳이 전혀 없다. 미리 도시락을 준비해야 한다. 서울에서 출발한다면 원통 읍내에 들러서 김밥을 포장하는 것도 방법이다. 원통버스터미널 인근 김밥집들은 다음과 같다. **압구정김밥 원통점**(033-461-0235, 인제군 원통로 147번길35), **원통꼬마김밥**(033-462-3505, 인제군 원통로 147번길32), **김밥천국 원통점**(033-463-9500, 인제군 북면 원통로172). 가아리 쪽에서 올라왔다면 양구 읍내에 있는 **양구재래식손두부**(010-6419-4542, 양구군 양구읍 학안로6) 두부전골(10,000원/1인)이 맛있다.

탐방가이드

대암산 용늪은 100% 사전 예약제로 진행된다. 탐사일 최소 10일 전까지 예약해야 한다. 9일 전부터는 예약 취소 시 블랙리스트 페널티가 부여된다. 코스는 서흥리 코스, 가아리 코스 2개가 있다. 서흥리 09:00, 10:00, 11:00 1일 3회 탐방 | 가아리 10:00 1회 운영 | 용늪에서는 자연환경해설사가 해설 진행 | 인제군 대암산 용늪 홈페이지sum.inje.go.kr 참고 | 용늪 탐방자지원센터 문의 033- 463-0676

◆ 7월 10일 예약 신청은 6월 1일 00:00부터 7월 1일 23:59분 사이에 가능하다.

출발/도착
서흥리 탐방센터
용늪생태학교 방향 임도

용늪 방향 출렁다리
① 너래바위폭포
② 갈림길
↓ 정상 방향

③ 식사 장소

큰용늪 ④
장사바위
관리소 ⑤
가아리 주차장/화장실
작은 대바우
(금강산 전망대)
대암산 정상
⑥

광치터널
방향 임도

걷는 거리는
총 **11.3**km이고

상승 고도는 **698**m로 북한산
인수봉을 오르는 것과 비슷하며

그중 가장 높은 곳은 해발
1,304m의 대암산 정상이다.

고도표

START 서흥리 탐방센터		① 너래바위 폭포		② 갈림길		③ 식사 장소		④ 큰용늪		⑤ 장사바위		⑥ 대암산 정상		FINISH 서흥리 탐방센터
	0:33m		0:45m		1:25m		2:05m		3:11m		3:28m		4:45m	

계절마다 변하는 팔색조 같은 풍경,

우포늪 생명길

우포늪생태관 기점 순환 코스

쪽지벌 주변으로는 느티나무와 팽나무의 반영이
늪에 드리워지며 신비한 분위기를 연출한다.

"습지를 사랑한다는 것은 쓸모 없는
것들의 쓸모를 알아가는 과정이다.
우포는 따오기의 고향이자 철새의
보금자리다. 이곳이 습지인 것은
물닭의 걸음걸이를 통해서
알게 된다."

모두 **14,566보**를 걷게 되며

2시간 **45분**이 걸리고

4분간의 고강도 운동 구간이
포함된 여정

67

습지는 흐르는 물이 땅속으로 스며들지 못하고 고이면서 만들어진 습濕한 땅을 말한다. 순우리말로는 늪이라 한다. 지구 표면의 약 6%가 일정 기간 이상 물에 잠기거나 젖어 있는 지역이다. 그중에서도 대부분을 차지하는 것은 갯벌로 알려진 연안습지고 우리가 늪이라 부르는 내륙습지가 차지하는 비중은 그보다 훨씬 적다. 보통 한자어를 순우리말로 바꿔 말하면 대부분 어감이 좋아지기 마련인데 '늪'만큼은 예외다. 한번 빠져버리면 결코 헤어나올 수 없을 것 같은 이 축축한 땅은 그 어감만큼이나 오랫동안 쓸모 없는 것으로 취급받았다.

갯벌은 메워져서 산업단지로 탈바꿈했으며 늪은 농지로 개간되었다. 우포늪 역시 주변에 제방이 세워지고 개간되면서 뭉텅이째로 썰려나가고 있었다. 지저분하고 쓸모 없는 공간이 아니라 수많은 생명체가 깃들어 살고 있는 생명의 터전이라는 사실을 이해하게 된 것은 불과 얼마 전이다. 우포늪은 1997년 자연생태계보존지역으로 지정되고 이듬해 람사르습지로 등록되고 나서야 사람들에 의해서 잠

1 우포늪은 언뜻 보면 호수 같은 풍경이다.

2 우포늪에서 가장 자주 보이는 새는 물갈퀴가 없는 물닭이다.

3 대대제방길은 끝이 보이지 않을 정도로 광활하다.

4 제방길을 벗어나면 숲길을 걷게 된다.

식되어 가는 것을 멈출 수 있었다. 장자는 일찍이 무용無用에도 용用이 있다 했는데 사람들은 늪의 쓸모를 최근에야 알아챈 것이다.

우포늪은 단독으로 존재하는 것이 아니라 주변의 목포늪, 사지포, 쪽지벌, 산밖벌이라 불리는 다섯 개의 습지가 모여서 이루어진 우리나라 최대 규모의 내륙습지다. 면적은 약 70만 평에 달할 정도로 광활하다. 다양한 탐방로가 존재하는데 그중에서 우포늪을 한 바퀴 돌아보는 트레일을 생명길이라 부른다. 막상 우포늪과 마주하면 기대했던 것과는 전혀 다른 풍경이 펼쳐진다. 수풀과 잡목이 복잡하게 우거져 있는 것이 아니라 명경지수의 호수 같은 풍경이 펼쳐진다. 수면을 뒤덮고 있던 수생생물마저 사라져버리는 계절에는 휑한 느낌은 더욱 두드러진다. 이곳에는 천여 종이 넘는 동식물들이 서식하고 있다는데 이런 생명의 다양성을 직접적으로 체감하게 해주는 존재들은 다름 아닌 조류다.

계절마다 들고 나는 철새까지 치면 우포늪에는 200여 종 이상의 조류가 서식하고 있다고 한다. 그중에서도 철새들이 겨울을 나기 위해서 몰려드는 1월에는 새소리로 귀가 아플 정도다. 계절을 불문하고 탐방로에서 가장 흔하게 보이는 텃새는 물닭이라 불리는 너석들이다. 마치 검은색 짱뚱어가 기어 다니듯이 쉴 새 없이 늪을 돌아다니는데 닭같이 발에 물갈퀴가 없다. 깊은 물에서 헤엄치는 것을 포기하고 얕은 물에서 걷기를 선택한 셈이니 늪에 안성맞춤이다. 이렇

게 늪에 최적화된 생명체로는 저어새과의 조류도 있다. 긴 다리로 물에 빠지지 않고 성큼성큼 걸어 다니는 모습은 백로나 왜가리와 다를 바 없지만 사냥하는 방법에서 큰 차이가 있다. 잔뜩 목을 움츠렸다가 뽀족한 부리를 순식간에 쪼아서 먹이를 낚아채는 왜가리가 스나이퍼 같다면 부리를 뻘밭에 처박고 이리저리 휘저으며 먹이를 찾는 저어새는 늪을 갈고 김을 매는 습지의 농부 같다.

탐방로를 걷는 내내 흔하게 보이는 것은 이런 텃새지만 정작 사람들이 보고 싶어 하는 새는 따로 있다. 보일 듯이 보이지 않는 이 생명체는 멸종되었다가 다시 복원되었다는 전설 속의 존재이자 오직 우포늪에서만 볼 수 있다는 세계적인 희귀조 따오기다. 현재 약 90마리 정도가 방사되어 살고 있다는데 아직까지는 모래사장에서 바늘 찾기만큼이나 발견하기가 쉽지 않다. 혹시나 하는 마음으로 비슷해 보이는 새를 살피며 걷다 보면 우포늪으로 들어온 물줄기가 다시 토평천을 거쳐 낙동강으로 빠져나가는 곳에 위치한 쪽지벌이라는 습지에 도착한다.

우포와 맞닿은 습지에는 모두 제방이 세워져 물의 수위를 조절하지만 이곳만큼은 아무것도 세워져 있지 않다. 단절되지 않은 습지가 만들어내는 풍경은 머릿속으로 상상했던 늪의 모습과 별반 다르지 않다. 군데군데 고여 있는 물웅덩이와 그 위로 반영을 드리우고 있는 느티나무와 팽나무는 누구라도 사진을 찍게 만들 만큼 고혹적

이다. 수북하게 자라 군락을 이루는 갈대와 억새, 사초는 서로 얼마나 많은 수분을 빨아들였는가를 경쟁하고 있는 듯하다. 이 구간이 존재하는 까닭에 하마터면 탐조 일색으로 끝날 뻔했던 습지 여행에 식물의 다양성이라는 다채로움을 불어넣은 듯하다.

늪을 걷는다는 것은 고요한 호수를 산책하는 것과는 큰 차이가 있다. 늪에 살고 있는 생명의 존재에 경외심을 보이며 늪이 만들어내는 생태계를 이해하려는 노력이 더해져야 한다. 따오기를 한 번이라도 보고 싶은 사람은 하늘을 유심히 살펴보길 바란다. 따오기는 배쪽이 핑크색을 띠기 때문에 오히려 날고 있을 때 구분하기가 더 쉽기 때문이다. 시간이 더 흘러 개체 수를 늘린 따오기가 당당하게 텃새와 어울리는 것을 볼 수 있기를 기대한다. 그들은 원래 이 늪의 터줏대감이었기 때문이다.

1 소목나루터에는 고깃배들이 묶여 있다.
2 쪽지벌과 우포는 제방으로 막혀 있지 않기에 징검다리를 건너 넘어간다.
3 습지 주변으로는 갈대가 군락을 이루고 있다.
4 따오기 사육장 주변에 백로가 가득하다.

길머리에 들고 나는 법

✦ 자가용

우포늪 생명길로 들고 나는 장소는 여러 곳 있으나 이 책에서는 우포늪생태관이 있는 우포늪 무료 주차장(창녕군 유어면 우포늪길218)을 시점으로 삼는다. 주차료, 입장료 무료.

◆ 우포늪생태관은 늪 남쪽에 위치하며 우포늪생태체험장(창녕군 대합면 우로2길370)은 늪 북쪽에 위치한 다른 장소다.

✦ 대중교통

서울남부버스터미널에서 창녕시외버스터미널로 하루 4회 차편이 있다. 첫차는 08:00에 출발 4시간 소요. 창녕시외버스터미널 맞은편에 있는 영신터미널에서 우포늪 생태관까지 하루 6회 차편이 있다. 거리는 9km, 25분 소요.

창녕 발		우포늪 발
06:50	▶	07:10
08:00	▶	10:55
10:00	▶	13:50
13:30	▶	15:55
15:00	▶	17:20
18:00	▶	18:20

궁리하다

우포늪은 우리나라에서 두 번째로 등록된 람사르습지다.

람사르협약은 간척과 매립으로 사라지고 있는 습지를 보존하기 위해 맺은 국제적 협약이다. 1971년 이란 카스피해 연안의 물새서식지인 람사르에서 채택되어 1975년에 발효되었다. 정식 명칭은 '물새서식지로서 국제적으로 중요한 습지에 관한 협약'이다. 우리나라는 1997년에 101번째로 가입했다. 현재 24개의 습지가 람사르습지로 등록되어 있으며 이중에는 갯벌도 포함되어 있다.

길라잡이

안내표지 있음, 두루누비상 경로 표시 있음(우포늪 생명길).
반려견 동반 금지

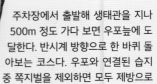

주차장에서 출발해 생태관을 지나 500m 정도 가다 보면 우포늪에 도달한다. 반시계 방향으로 한 바퀴 돌아보는 코스다. 우포와 연결된 습지 중 쪽지벌을 제외하면 모두 제방으로 막혀 있다. 초반에는 제방에서 제방으로 넘나드는 다소 황량한 길을 걷게 된다. 대대제방과 사지포제방, 주매제방을 거쳐 목포제방을 건너간다. 중간중간 작은 언덕이 나오지만 모두 해발 50m 내외라 부담이 없다. 유일하게 제방으로 나뉘지 않은 쪽지벌과 맞닿은 지점이 이 코스의 하이라이트다. 고목과 사초군락지, 갈대숲이 모여 있다. 따오기 번식장도 이 부근에 있기에 코스를 완주하지 않을 사람들은 출발지에서 시계 방향으로 돌아 쪽지벌까지만 갔다가 되돌아오기도 한다.

◆ 그늘이 없는 곳이 대부분인지라 하절기에는 모자, 팔토시 등이 필수다.

식사와 보급

주차장 인근에 매점이 한 곳 있을 뿐 걷는 동안에는 보급이나 식사를 할 만한 곳이 마땅치 않다. 주차장에서 벗어나 읍내로 가는 도로변에 있는 식당 두 곳이 전부다. 논고동으로 만든 음식이 주력인 **우포늪식당**(055-532-8649, 창녕군 유어면 우포늪길187) 우렁이두부전골(8,000원/1인) 같은 백반류를 판매한다.

탐방가이드

주차장 인근 **우포늪관광안내소**(055-530-1559)에 문화관광해설사가 근무한다. 해설 시간 10:00~17:00 | 7인 이상 단체 동반 해설 가능 | 예약 우포늪 홈페이지www.cng.go.kr/tour/upo.web 참고

◆ 주차장 인근에는 자전거 대여소가 있다. 이용 요금은 2시간 3,000원. 생명길을 모두 돌아볼 수는 없고 반시계 방향으로 대대제방 끝까지 갔다가 되돌아와야 한다.

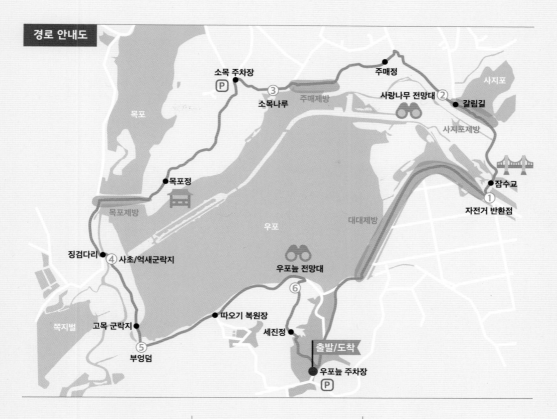

소목 주차장
P
③ 소목나루
주매제방
주매정
사랑나무 전망대 ②
갈림길
사지포
사지포제방
목포
목포정
목포제방
우포
대대제방
잠수교
자전거 반환점 ①
징검다리 ④ 사초/억새군락지
우포늪 전망대
⑥
따오기 복원장
세진정
쪽지벌
고목 군락지
⑤ 부엉덤
출발/도착
우포늪 주차장
P

걷는 거리는
총 **8.4**km이고

상승 고도는 **194**m로 남산을
오르는 것과 비슷하며

그중 가장 높은 곳은
해발 **49**m의 세진정이다.

START 우포늪 주차장		① 자전거 반환점		② 사랑나무 전망대		③ 소목나루		④ 억새 군락지		⑤ 부엉덤		⑥ 우포늪 전망대		FINISH 우포늪 주차장
	0:31m		0:43m		1:12m		1:46m		2:05m		2:25m		2:45m	

묵논의 회복탄력성에 관해,

운곡람사르습지 생태탐방로

습지탐방안내소에서 　　　　　　　　　　　　　　　　　　　　　　원평버스정류장까지

운곡습지는 800여 종의 생명이 기대어 사는 삶의 터전이지만 주변은 고요하기만 하다.

"녹음 가득한 습지에서 절대 정적과 마주한다. 사람의 흔적이 지워진 자리는 생명의 기운으로 가득 찼다. 늪에 대해 갖고 있던 부정적인 이미지들은 오늘 이곳에서 모두 버리고 간다."

모두 **17,374보**를 걷게 되며

3시간 22분이 걸리고

9분간의 고강도 운동 구간이 포함된 여정

75

회복력resilience이란 제자리로 돌아오려는 힘을 의미한다. 다른 말로는 탄력성이라고도 하고 합쳐서 회복탄력성이라고도 한다. 물리학에서 주로 쓸 것 같은 단어가 심리학에서는 고난과 시련을 이겨내는 긍정적인 힘을 의미한다. 이를 위해서는 소통 능력과 긍정적인 태도가 필요하다. 인간이 회복력을 발휘하기 위해서는 이런 노력이 전제돼야 하지만 자연은 교란의 원인이 제거되는 것만으로도 원래의 모습으로 돌아가려는 강력한 회복력을 가지고 있다.

오랫동안 농사를 짓지 않아 거칠어진 논을 묵논이라 한다. 거칠어졌다는 것은 김을 매지 못해서 잡초가 뒤덮은 것을 의미할 수도 있고 물이 공급되지 않아 말라비틀어진 천수답을 뜻할 수도 있다. 천수답과 달리 물이 나오는 논을 묵논이라 하는데 이 논을 놀리면 농경지는 원래의 모습이었던 습지로 되돌아가는 경우가 종종 있다. 이와 같은 변화를 확인할 수 있는 장소가 계단식 묵논에서 람사르습지로 탈바꿈한 운곡습지다.

운곡습지로 가는 여정은 고창고인돌유적지에서 시작한다. 시작부터 습지와 고인돌이라는 생경한 조합과 마주하는 셈이다. 전혀 상관없을 것 같은 두 존재는 보이지 않는 곳에서 필연적으로 연결되어 있었다. 가는 곳마다 고인돌이 발에 치이는 산등성이를 따라가다 보면 매산재라 불리는 고개를 넘어가게 된다. 이곳은 다섯 개의 고개에서 흘러내려오는 물이 만나는 곳이라 해서 오방골이라 불리기도 했고 또 서해에서 불어오는 해풍 탓에 항상 구름이 끼어 있는 골짜기인지라 구름골이라 불리기도 했다. 하늘과 땅에서 끊임없이 물이 공급되지만 이는 습지가 되기 위한 필요 조건일 뿐 충분 조건은 아니다. 습지가 되기 위해서는 땅이 물을 계속 머금어야 하는데 이는 응회암과 유문암으로 이루어진 이곳의 지질 구조에 기인한다. 응회암은 물기를 머금는 성질이 있고 유문암은 조직이 치밀해서 물을 통과시키

1 하늘에서 바라본 고창고인돌유적지. 운곡습지로 오르는 산자락은 고인돌로 가득하다.
2 습지로 가는 길에 멸종위기 2급 진노랑상사화가 피었다.
3 운곡습지는 데크길을 이용해서 탐방한다.
4 습지는 800여 종의 생물이 기대어 사는 삶의 터전이다.
5 하늘에서 바라본 운곡습지.

지 않으니 운곡습지는 항상 촉촉함을 유지할 수 있었던 것이다. 굳으면서 절리라는 결이 나 있던 응회암은 원체 무르기도 했고 결을 따라 자르기도 수월했기에 고인돌을 만드는 최적의 재료가 되었다.

여러 겹의 필연이 얽히고설켜야 산지습지는 만들어지는 것이다. 이 귀한 장소는 마치 비밀의 정원과도 같다. 광활해 보였던 우포늪과 달리 이곳은 그늘지고 은밀하며 아늑하기까지 하다. 늦여름의 습지는 온통 푸르름으로 뒤덮여 있다. 은사시나무 같은 물을 좋아하는 버드나무과는 물론이고 신나무와 갈참나무까지 하늘이 보이지 않을 정도로 빼곡하게 자리 잡았다. 아래로는 고마리 같은 한해살이 풀이 무성하게 자라고 물 위로는 노랑모리연 같은 수생식물로 가득 차 있다. 나무의 줄기조차 이끼류로 뒤덮여 있으니 이곳은 한 치의 여백조차 찾을 수 없는 초록의 세상이다. 누군가는 이런 울창한 습지에 들어서면 절대적인 정적의 순간을 느낀다고 말하지만 이는 반어적인 표현일 뿐이다. 이곳에서 들리지 않는 것은 인간의 소리일 뿐 습지는 800여 종의 생명이 자리를 잡은 복잡한 삶의 터전이기 때문이다. 아직까지 남아 있는 논둑의 흔적만이 이곳이 경작지였음을 알려준다. 벼농사는 물 관리가 가장 어렵다는데 모자라지도 과하지도 않게 찰랑거릴 정도로 유지되고 있는 수위를 보고 있노라면 자연의 회복력뿐만 아니라 이 절묘한 평행 상태를 유지해 나가는 항상성 또한 경외로울 따름이다.

정지되어 있는 듯한 물의 속도는 탐방객의 속도에도 영향을 미친다. 빠른 속도로 쏟아지는 물살을 따라 오르내리던 역동적인 계곡 트레킹과 달리 자주 멈추고 정적에 귀를 기울이며 천천히 걷게 된다. 낮게 고여 있는 물은 나무 잎사귀 사이로 들어온 햇살과 부딪치며 뽀얗게 반짝거린다. 물속에는 올챙이와 개구리가 꿈틀거리며 돌아다닌다. 낮에는 잘 보이지 않는 수달과 삵도 어디에선가 사냥을 준비하

1 생태공원 안에는 세계 최대 규모의 고인돌이 있다.

2 운곡서원의 모습.

3 운곡저수지 주변으로는 탐방열차가 운행한다.

며 저녁이 되길 기다릴 것이다. 쏟아져 내리는 계곡에서는 이끼조차 붙어 있을 수 없지만 이곳에는 온갖 종류의 동식물이 뿌리를 내리고 살아갈 수 있다.

　　습지대를 벗어나면 탐방로는 운곡저수지로 내려와서 호반길을 한 번 걸어보라 권한다. 수변을 따라 매끈하게 깔려 있는 포장도로와 시원하게 펼쳐지는 풍경은 여느 호수길에서 봤던 경관과 다르지 않다. 산책로니 고즈넉함이니 빠질 것 없는 코스지만 습지에서 내려온 탓인지 주변의 경관은 영 밋밋하다. 인간이 만든 저수지와 자연이 만든 습지를 비교하게 되는 셈이니 그 디테일이나 다채로움에서 도저히 상대가 되지 않는다. 습지의 매력을 알아간다는 것은 곧 물을 머금은 이 땅의 가치를 이해하게 된다는 것이다. 물이 고인 땅과 물을 머금은 땅은 언뜻 비슷해 보이면서도 전혀 다르다. 고인 물은 단절돼서 곧 말라죽을 운명이지만 습지의 물은 마르지 않고 순환하는 생명의 원천이다.

1　　　　　　　　2　　　　　　　　3

길머리에 들고 나는 법

✦ 자가용

고창고인돌박물관(고창군 고창읍 고인돌공원길74)에 주차. 주차비 무료.

✦ 대중교통

갈 때   서울센트럴시티터미널에서 고창문화터미널까지 직행버스가 있다. 첫차는 07:05 출발, 1시간 간격, 3시간 10분 소요. 고창터미널에서 고인돌박물관까지는 하루 5회 차편이 있다.

올 때   원평버스정류장에서 고창 읍내까지 1시간 간격으로 차편이 있다. 차를 박물관 쪽에 주차했다면 전북대학교 고창캠퍼스 정류장에서 내려 주차장으로 1.2km를 걸어가야 한다. 콜택시를 부르면 요금은 12,000원 정도. 아산면 개인택시를 부르면 좀 더 저렴하다. 콜택시 번호는 고인돌열차 매표소에서 확인.

고창터미널 발		박물관 발
-	▶	07:10
08:30	▶	08:45
10:30	▶	13:15
13:00	▶	15:55
16:35	▶	16:50
18:35	▶	18:45

궁리하다

굳이 모든 코스를 걸을 필요는 없다.

최선의 방법은 친환경 주차장까지 도보로 이동한 뒤에 탐방열차를 타고 생태공원으로 와서 왔던 길로 되돌아가는 것이다. 탐방열차는 매주 월요일은 휴무, 하루 7회 왕복 운행, 요금 편도 2,000원, 15분 소요.

친환경 주차장 발
10:00
11:00
13:00
14:00
15:00
16:00
17:00

길라잡이

안내표지 있음, 네이버지도/두루누 비상 경로 표시 있음(고창천리길 운곡습지생태길). 반려견 동반 금지

고창고인돌박물관에서 코스 시점이 되는 운곡습지고인돌탐방안내소(고창군 고창읍 죽림리668)까지는 도보로 800m 거리. 고인돌박물관을 오른쪽에 두고 북쪽을 향해서 고인돌교를 건너 직진한다. 습지로 가기 위해서는 500m 언덕을 넘어가야 하는데 이 구간이 코스 최대 업힐이다. 이후 데크길을 따라 탐방하면 된다. 세계 최대 고인돌을 보고 수변을 따라서 반시계 방향으로 돌아본다. 생태길은 수변을 따라 한 바퀴 돌아보도록 만들어져 있지만 이 책에서는 원평정류소에서 종료한다.

식사와 보급

도보 이동 구간에는 보급이나 식사를 해결할 만한 곳이 마땅치 않다. 습지 인근 아산면사무소 쪽에 식당이 있다. **콩쥐팥쥐네**(고창군 녹두로791) 간판은 분식집인데 라면과 김밥은 팔지 않는다. 대표 메뉴는 팥새알죽과 바지락칼국수(각각 8,000원).

◆ 고창 읍내의 식당과 숙박 정보는 서해랑길 42코스 중 선운사 구간(404p)을 참고한다.

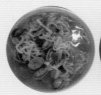

탐방가이드

친환경 주차장과 **고인돌탐방안내소**에 지질해설사와 자연환경해설사가 상주한다. 해설 및 탐방 안내 063-564-7076 | 해설사 예약 고창문화관광 홈페이지tour.gochang.go.kr 참고

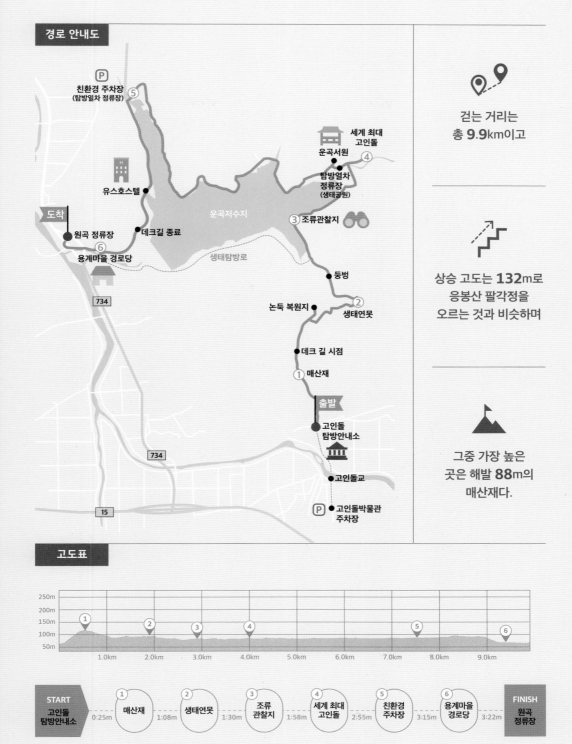

친환경 주차장
(탐방열차 정류장) P ⑤

세계 최대
고인돌

운곡서원

유스호스텔 H

탐방열차
정류장
(생태공원) ④

도착

운곡저수지

원곡 정류장

데크길 종료

조류관찰지 ③

용계마을 경로당 ⑥

생태탐방로

734

둥벙

논둑 복원지

생태연못 ②

데크 길 시점

매산재 ①

734

출발

15

고인돌
탐방안내소

고인돌교

P 고인돌박물관
주차장

걷는 거리는
총 **9.9**km이고

상승 고도는 **132**m로
응봉산 팔각정을
오르는 것과 비슷하며

그중 가장 높은
곳은 해발 **88**m의
매산재다.

고도표

250m
200m
150m
100m
50m

① ② ③ ④ ⑤ ⑥

1.0km 2.0km 3.0km 4.0km 5.0km 6.0km 7.0km 8.0km 9.0km

START
고인돌
탐방안내소

0:25m

① 매산재

1:08m

② 생태연못

1:30m

③ 조류
관찰지

1:58m

④ 세계 최대
고인돌

2:55m

⑤ 친환경
주차장

3:15m

⑥ 용계마을
경로당

3:22m

FINISH
원곡
정류장

돌무더기에서 태어난 생명의 샘,

동백동산 탐방로

동백동산습지센터에서　　　　　　　먼물깍을 거쳐　　　　　　　원점으로
→

먼물깍습지는 돌무더기에서 만들어진 습지다.
이곳은 항시 물을 머금고 있다.

"이곳에 습지가 탄생한 것은
기적과도 같은 일이다. 돌무더기
위에 물이 머물기 위해서는 수많은
필연이 얽히고설켜야만 한다.
비가 내린 후 동백동산은 열대의
맹그로브숲으로 변신한다."

모두 **9,126보**를 걷게 되며

2시간 10분이 걸리고

5분간의 고강도 운동 구간이
포함된 가벼운 산책길

83

생명을 머금은 땅, 습지는 육지에서도 그 면적이 전체의 3%에 불과할 만큼 귀한 곳이지만 화산섬인 제주에서는 더욱 그러하다. 온통 현무암으로 이루어진 이 돌섬에서는 물이 상시 흐르는 하천조차 찾기 어렵다. 제주에서 마실 수 있는 물은 빗물이 고인 봉천수, 봉천수가 땅밑으로 스며든 지하수 그리고 해안 부근에서 다시 지표 위로 솟아나는 용천수까지 단 세 가지뿐이었다. 특히 중산간 지대는 용천수가 나지 않아 봉천수만이 유일하게 기댈 수 있는 식수원이었다.

조천읍 선흘1리에 위치한 동백동산은 곶자왈 지대에 형성된 매우 희귀한 습지다. 정수기 필터같이 비가 내리는 족족 지하로 흘러 들어가는 암괴 지대건만 이곳에 물이 고일 수 있는 이유는 파호이호이라 불리는, 그 이름만큼이나 독특한 용암 대지 때문이다. 농도가 묽은 용암이 빠르게 흘러내리면서 식어버리면 뭉쳐지거나 굳으면서 판판한 모양이 되기에 그 위로 빗물이 고여들 수 있는 것이다.

동백동산이라 하면 '카멜리아힐'이라 불리는 수목원같이 잘 가꾼 정원의 이미지가 떠오르겠지만 이 숲은 전혀 정리되어 있지 않다. 심지어 그 많다는 동백나무는 어디에 숨어 있는지 도무지 찾을 수가 없다. 동산에 들어선 사람들은 시작부터 명칭에서 풍기는 뉘앙스와 마주하는 실체가 어그러지는 경험을 하는 것이다. 이곳은 습지에 기대어 사는 모든 구성원이 얽히고설킨 거대한 네트워크이자 언뜻 무질서해 보이는 혼돈 그 자체다. 뿌리가 바위를 움켜쥐고 있기에 간신히 버티고 서 있을 수 있는 나무들은 무엇인가에 끝없이 기대고 또 움켜쥐려는 노골적인 본능을 거침없이 지표 위로 드러내고 있다. 암반으로 깊게 뿌리를 내릴 수 없어 자신의 무게를 감당하지 못한 일부는 벌러덩 나자빠지며 민망한 모습을 만천하에 드러내기도 한다.

이렇게 각자도생하고 있는 나무의 모습 앞에서 사람들은 낯섦을 넘어 당혹감을 느끼기도 한다. 이 숲속에서는 치열한 생존만이 가

1 습지로 들어가는 입구는 산책길 같다.
2 비가 내린 직후에는 어느 곳이나 물을 머금고 있다.
3 돌무더기 위에 자리 잡은 나무들은 근육질의 뿌리를 내놓고 있다.
4 상돌언덕의 모습.
5 주민들이 우마에게 물을 먹이기 위해 판 물통의 이름은 새로판물이다.

득할 뿐 동백이라는 이름에서 느껴지는 서정감 따위는 자취조차 찾을 수 없다. 바닥에는 빨갛게 떨어져 내린 동백의 꽃봉오리 대신 버섯류와 선태식물, 고사리 같은 양치식물로 가득 차 있다. 고사리 중에는 제주고사리삼이라는 세계적인 희귀종도 서식하고 있다. 콩짜개덩굴이라 불리는 녀석들도 존재감이 압도적인데 포자로 번식하는 양치식물이건만 덩굴인 양 행세하며 습지의 모든 나무에 달라붙어서 초록의 갑옷을 덧입혀 놓았다. 습지에 들어서면서 상실해 버린 방향 감각은 탐방이 끝날 때까지 되돌아오지 않는다. 숲을 걷고 있노라면 방향에 이어 시간 감각까지 무뎌진다. 얼마나 걸은 것인지 또 같은 곳을 뱅글뱅글 돌고 있는 것은 아닌지 모든 감각을 녹색의 심연에 빼앗겨 버린 듯하다.

숲은 이토록 짙은 농도를 자랑하지만 그곳에 나 있는 길은 반듯하고 평평하기에 걷기에는 더할 나위 없다. 인위적으로 만들어진 탐방로가 아닌 예로부터 윗동네와 알(아래)동네를 이어주던 자연스러운 옛길이라 길 주변으로는 습지와 그 숲에 기대어 살았던 사람들의 흔적도 간간히 남아 있다. 화전조차 할 수 없던 돌무더기의 땅에서 사람들은 '노루텅'이라 불리던 노루잡이 함정을 만들어서 사냥을 하기도 했고 버섯을 키우거나 숯을 만들며 생계를 유지했다. '새로판물'같이 필요에 의해서 구덩이를 파고 돌담을 둘러 만들어놓은 물통도 곳곳에 위치한다. 벌목할 때 기름을 얻을 수 있던 동백나무만은 베지 않고 남겨놓아 동백동산이란 명칭을 얻었지만 그것도 옛이야기일 뿐 지금은 무엇이 우세종이라 할 것 없이 수종간의 햇빛 경쟁만이 치열할 뿐이다.

이곳은 분명 람사르습지지만 정도의 차이만 있을 뿐이지 건기와 우기의 모습은 확연하게 구분된다. 비가 내린 직후에는 수십, 수백 개의 물통이라 불리는 물구덩이가 만들어진다. 이때 습지의 모습

1 탐방로 주변으로는 고사리가 천지에 널렸다.

은 맹그로브숲과 유사할 정도다. 울퉁불퉁한 근육질을 자랑하던 뿌리들이 물속에 차분히 잠기고 반영 위로 비가 그친 후 들이치는 햇살을 받아 수줍게 반짝이는 모습은 당장 숲속의 정령과 마주한다 해도 이상하지 않다. 이 장관을 볼 수 있는 날은 비 내린 후 단 하루 이틀뿐 대부분의 물구덩이에서는 물이 빠져버리고 항시 물이 유지되는 곳은 몇 곳 되지 않는다. 탐방 코스의 중간쯤에서 자리 잡고 있는 먼물깍습지도 그중 하나다. 어느 순간 녹색의 심연이 걷히며 뻥 뚫린 하늘 아래 마주하는 먼물깍을 바라보는 소회는 그리 단순하지 않다. 자연 속에서 얼마나 많은 우연과 필연이 얽히고설켜야 비로소 물이 고일 수 있는 장소가 만들어지는가를 이제는 알게 되었기 때문이다. 제주에서 비 오는 날과 마주하게 된다면 엉또폭포뿐만 아니라 동백동산도 추천하고 싶다. 습지는 물기를 머금어 더욱 신비로워질 것이며 짙은 숲속의 모든 것은 더욱 초록초록하게 변해 있을 것이다.

1 콩짜개덩굴이 습지를 온통 뒤덮었다.

길머리에 들고 나는 법

✦ 자가용

동백동산습지센터(제주시 조천읍 동백로77)에 주차한다. 주차비, 입장료 없음.

✦ 대중교통

제주공항에서 직행버스는 없고 함덕까지 이동 후 1회 환승한다. 제주공항에서 101번, 325번, 326번 버스로 함덕리 정류장에서 하차 후 704-1번, 704-3번(선흘1리 하차), 704-4번(동백동산습지센터 하차)으로 환승한다. 공항에서 목적지까지는 약 24km고 택시로 이동 시 23,000원 정도 나온다.

궁리하다

제주시 동쪽의 중산간 지대를 여행할 때는 810번 관광지순환버스를 이용하자.

810번 버스는 대천환승센터를 기점으로 하는 노선이다. 동백동산을 포함해 거문오름 등 주요 관광지를 30분 간격으로 순환한다. 요금은 1회 1,150원이고 3,000원 정액권을 끊으면 횟수 제한 없이 하루 종일 이용할 수 있다. 제주공항에서는 급행버스 111번, 112번, 121번, 122번 버스를 타고 센터까지 이동한다. 문의 064-746-7310

◆ 810-1번 버스는 08:20, 09:20 하루 2회 제주공항 1번 정류장에서 출발한다.

길라잡이

안내표지 있음, 네이버지도/두루누비상 경로 표시 없음. 공원 내 반려견 동반 금지

습지센터에서 출발해서 반시계 방향으로 순환하는 탐방 코스다. 출발지부터 1.5km 거리까지 오르막길이지만 경사가 완만하다. 초반 야자매트가 깔린 탐방로에서 임도길로 바뀐다. 새로판물을 지나 서쪽 입구에서 숲을 벗어나 마을 경계에 도달한다. 직진해서 큰길로 나가지 말고 처음 나오는 왼쪽 샛길로 접어든다. 이 길을 따라서 500m 정도 이동하다가 카페 자드부팡(제주시 조천읍 북흘로385-216) 입구 옆으로 난 곶자왈 입구로 다시 숲길로 접어든다. 이 길을 통해서 출발지로 되돌아간다.

숲의 우거짐에 비해서 산책로처럼 편안하다.

식사와 보급

서쪽 출입구 인근 선흘1리 마을 주변으로 식당이 영업 중이다. **선흘&도구리**(064-782-8782, 제주시 조천읍 선흘동1길 11) 청국장정식(17,000원)과 **선흘곶**(064-783-5753, 제주시 조천읍 동백로102) 쌈밥정식(17,000원/1인)이 평이 좋다.

숙박

선흘동백동산 에코촌 유스호스텔(064-728-7500, 제주시 조천읍 북흘로376-9) 취사가 가능한 독채형 숙소다. 습지 인근에 있어 편리하며 성인도 이용 가능하다. 단, 청소년 이용 요금과 차이는 있다.

탐방가이드

동백동산습지센터에 마을해설사가 상주하고 있다. 3인 이상이라면 누구나 해설 탐방 프로그램을 신청할 수 있다. 운영 시간 10:00~14:00 | 당일 예약 불가 | 문의 064-784-9445 | 동백동산 입장 가능 시간 동절기 09:00~16:00, 하절기 09:00~17:00

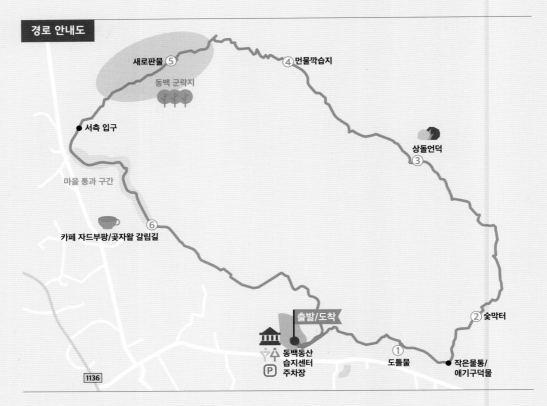

새로판물 ⑤
동백 군락지
④ 먼물깍습지

서측 입구

상돌언덕
③

마을 통과 구간

카페 자드부팡/곶자왈 갈림길
⑥

출발/도착
② 숯막터

동백동산
습지센터
주차장

도틀물
작은물통/
애기구덕물

1136

 걷는 거리는
총 **5.2**km이고

 상승 고도는 **107**m로 응봉산
팔각정을 오르는 것과 비슷하며

 그중 가장 높은 곳은
해발 **167**m의 상돌언덕으로
넘어가는 고개다.

고도표

START 동백동산 습지센터 주차장		① 도틀물		② 숯막터		③ 상돌언덕		④ 먼물깍 습지		⑤ 새로판물		⑥ 곶자왈 갈림길		FINISH 동백동산 습지센터 주차장
	0:24m		0:38m		1:00m		1:22m		1:30m		1:47m		2:10m	

꽃이 펼쳐진 천상의 길
야생화 순례

두문동재에서는 매일 야생화가 피고 지네,
태백 금대봉 코스

한 마리 곰이 되어 드러눕고 싶은,
인제 곰배령 탐방 코스

보랏빛 향기 가득한 소백평전을 걷는,
소백산 어의곡 탐방로

수줍은 연분홍 철쭉을 만나러 가는 길,
덕유산 향적봉 탐방 코스

두문동재에서는 매일 야생화가 피고 지네,

태백 금대봉 코스

두문동재에서	금대봉을 거쳐	검룡소까지

해발 1,307m 높이의 대덕산 정상에는 야생화가
피고 지는 드넓은 초지가 펼쳐져 있다.

"천상의 화원은 왜 이리 높은 곳에만
존재할까? 금대봉에 펼쳐지는 꽃의
바다를 보러 가는 길. 야생화와
사랑에 빠진 사람이라면 반드시
와봐야 할 성지다. 야생화 순례는
이곳에서 시작된다."

등산화
필수

모두 **17,199보**를 걷게 되며

4시간 36분이 걸리고

16분간의 고강도 운동 구간이
포함된 여정

93

나태주 시인이 노래했듯 풀꽃은 눈에 잘 띄지도 않고 첫눈에 반할 만큼 예쁘지도 않다. 장미나 벚꽃같이 뚜렷한 색과 이미지를 갖고 있는 것이 아니라 풀꽃, 들꽃, 야생화라는 이름으로 한번에 뭉뚱그려서 불리는 존재감 없는 신세인 것이다. 야생화에 관심을 가진다는 것은 이 소박한 존재를 더 이상 가볍게 여기지도 대충 보지도 않겠다는 진중한 마음의 표현이다. 접사로 사진을 찍어서 감춰진 아름다움을 감상하는 탐미주의자가 되기도 하고 풀꽃의 이름과 생태를 공부하는 학구파가 되기도 하는 것은 이들에 대한 애정을 표현하는 각자의 방식이다.

야생화가 모여 있는 군락지로 가는 길은 대부분 산 정상으로 오르는 등산로와 별 다를 바 없다. 천상의 화원이라 부르는 장소들은 대부분 령嶺이라 부르는 고갯마루나 산봉우리와 봉우리 사이 평전이라 부르는 고원평원 지대에 위치하고 있다. 분주령은 태백산 금대봉과 대덕산 능선 사이에 위치한 고갯마루다. 일찍이 정선과 태백 사람들이 넘나드는 분주한 교통로였던 탓에 이런 이름이 붙었지만 지금은 500여 종의 희귀식물이 자생하는 금대화해金大花海라 불리는 대표적인 야생화 산행지 중 한곳이 되었다. 이 코스가 유명해진 이유에는 해발 1,268m의 두문동재가 출발지가 되기에 오르막 구간을 건너뛰고 바로 능선으로 올라설 수 있다는 편리함도 작용했다. 백두대간 마

루금에 자리 잡은 두 개의 산봉우리와 두 곳의 고갯마루를 거쳐가는 코스지만 힘에 부칠 만한 급경사도 심술을 부리는 듯한 난코스도 없기에 오롯이 꽃에만 집중하며 여유롭게 걸을 수 있다.

　　동해에서 불어온 따뜻한 바닷바람과 백두대간을 넘어온 찬 공기가 부딪히는 곳에 위치한 두문동재는 운무로 뒤덮이는 날이 많다. 이런 날이면 습기로 축축한 대기 속에는 흙 냄새와 풀 내음, 이름 모를 꽃 향기까지 뒤섞여 천지에 진동한다. 천상의 화원으로 들어서는 기대를 안고 걸음을 시작했더라도 막상 사진으로 봤던 야생화와 실제로 마주하는 모습 사이에는 여전히 커다란 괴리가 있다. 야생화는 모여봤자 서너 송이며 그나마 눈에 잘 띄지도 않는다. 천상의 화원에서 어떤 꽃과 처음 마주하게 될지는 알 수 없다. 야생화가 가장 많이 핀다는 7월이라면 나비나물이라 불리는 야생화를 만날 수도 있다. 꽃잎이 피면 실핏줄이 보일 듯이 하늘하늘한 나비의 날개가 펼쳐지는 것 같다 해서 붙여진 이름이다. 이 녀석의 선명한 자줏빛 꽃봉오리는 완전히 개화하지 않았을지도 모른다. 비록 날개는 아직 고치 속에서 탈피하지 않았더라도 꽃봉오리가 가지런히 매달려 있는 모습은 그 자체만으로도 앙증맞고 만개한 모습도 상상하게 될 것이다. 이렇게 보이지 않던 존재를 찾으며 걷다 보면 점점 눈에 들어오는 꽃이 늘어난다. 존재를 알게 되면 그 이름과 사연도 궁금해진다.

1 산꿩다리는 꽃잎이 하도 작아서 분가루를 뿌려놓은 듯하다.
2 나비나물의 꽃망울은 아직 고치 속에서 그 날개를 펼치지 않았다.
3 산딸기도 곳곳에서 보인다.
4 기린초 위에 나비가 내려앉았다.
5 초롱꽃이 수줍게 피었다.

　　꽃은 수정을 하기 위해 나타난 목적 의식이 있는 존재지만 어떤 꽃은 너무 작고 여려서 그 존재의 의미조차 망각하는 경우도 있다. 산꿩다리라 불리는 야생화는 마치 분가루를 뿌려놓은 듯 작은 꽃이 모여 하나의 꽃을 이룬다. 꽃잎 하나하나가 너무 작아서 어디까지가 잎이고 수술인지 구분조차 되지 않는다. 꿀은 갖고 있는 것인지, 벌은 어떻게 유혹할 것인지, 빗방울 한 방울에 모두 흐트러질 것 같은 꽃송이를 보고 있노라면 기능적인 역할에 대한 의구심은 모두 사라져버리고 그 가녀린 모습에 안타까운 연민만이 남는다. 청사초롱을 닮은 꽃을 초롱꽃이라 부르는데, 비슷비슷한 모양이 많아서 이게 도라지꽃인지 초롱인지 잘 구분되지 않는다. 꽃잎이 뒤로 벗겨질 듯 저돌적으로 수술을 내밀고 있는 원추리나 얼레지와 달리 부끄러운 듯 고개를 숙이고 깊숙한 곳에 꽃술을 감추고 있는 모습을 보고 있노라면 '너는 누구에게 보여주려고 이렇게 피어 있니?'라는 존재론적인 질문에 빠져들기도 한다.

　　꽃을 찾아 헤매며 걷다 보면 해발 1,418m의 금대봉 정상도 1,310m의 대덕산도 그저 이정표를 확인하고 지나가듯 무심코 스쳐 가게 될 것이다. 정상에 도달했다는 성취감보다는 금대봉으로 가는 능선에서 발견한 범꼬리 군락이 더 가슴 벅차게 느껴질 것이다. 대덕산 정상 주변은 평평한 고산 초원을 이루고 있다. 맞은편으로는 거대

1 분주령으로 가는 숲길은 울창하고 또 편안하다.
2 범꼬리가 곳곳에 피었다.
3 대덕산 주변으로는 풍력발전단지가 조성되어 있다.

한 바람개비가 돌아가며 이국적인 풍경을 만들어내지만 한번 낮아진 시야는 도무지 위를 바라볼 줄을 모른다. 이 넓은 들판에서 바람에 출렁거리는 속단과 범꼬리 등을 찾아서 분주할 것이기 때문이다.

야생화를 만나러 가는 구애의 발걸음은 정상을 향해 성큼성큼 힘차게 발을 내딛는 정복자의 패기 넘치는 그것과는 큰 차이가 있다. 느릿느릿 걸으며 자주 주위를 살피고 때로는 멈춰 서서 낮은 풀숲을 향해 허리를 숙이는 낯선 모습인 것이다. 도심의 꽃놀이에 익숙한 사람에게 야생화 산행은 별 재미없는 심심한 트레킹일지도 모른다. 이곳의 꽃은 자세히 보고 또 오래 봐야 비로소 눈에 들어오기 때문이다. 대신 이 소박한 존재의 매력에 빠진 사람들은 산행이 끝나도 그 모습이 오래도록 눈에 밟히는 심각한 상사병을 얻게 될 것이다.

3

야생화 순례

길머리에 들고 나는 법

✦ 자가용

태백산국립공원 두문동재탐방지원센터(정선군 고한읍 고한리 산2-1)에 주차한다. 주차비 무료. 자가용 이용 시 종착지인 검룡소에서 콜택시를 불러서 돌아와야 한다. 두 지점 간 거리는 27km이며 요금은 30,000원 정도.

✦ 대중교통

어떤 경우에도 택시를 이용해야 하기에 대중교통을 이용한 접근성은 불편하다. 동서울터미널에서 사북고한터미널까지 1시간 간격으로 차편이 있다. 첫차는 06:00 출발, 2시간 50분 소요. 사북터미널에서 두문동까지 버스가 있다. 15분이 소요되고 다시 두문동재까지는 도보로 1시간 정도 걸어가야 한다. 택시 이용 시 요금은 15,000원 정도. 검룡소에서 태백역까지 버스는 없고 택시를 이용해야 한다. 요금은 17,000원 정도.

궁리하다

태백시티투어버스를 이용하자.

코스 명칭은 대덕산금대봉 투어다. 6~7월에 토, 일, 공휴일만 운영한다. 요금 6,000원.
전화 예약 태백관광안내소 033-550-2828 | 태백관광 홈페이지 tour.taebaek.go.kr 참고

◆ 8월에도 시티투어버스와 연계된 별도의 탐방 프로그램이 운영된다.

태백역 출발	두문동재 도착		검룡소 출발	태백역 도착
09:00	09:30	개별 이동 5시간	14:30	15:00
10:00	10:30		15:30	16:00

길라잡이

안내표지 있음, 네이버지도(태백산국립공원 금대봉 코스)/두루누비(태백산 두문동재 분주령 트레킹)상 경로 표시 있음. 국립공원 내 반려견 동반 금지
해발 1,268m에서 시작해서 두 번의 업다운을 거치며 해발 875m의 검룡소 주차

장까지 내려오는 코스다. 출발지에서 1.3km 거리에 있는 금대봉을 넘어 분주령이 있는 3.5km는 다시 내리막길을 걷게 된다. 이곳에서 다시 대덕산 정상까지 1.6km를 올랐다가 계속 내리막길이 이어진다. 1,000m가 넘는 해발고도에 비해 무난한 난이도다. 거리는 10km 정도지만 진행 속도가 느리기 때문에 탐방 시간을 넉넉하게 잡아야 한다. 능선 위는 날씨가 시시각각 변하기 때문에 한여름에도 바람막이, 우비 등은 필수로 챙겨야 한다.

식사와 보급

코스 주변으로는 식사나 보급을 할 만한 곳이 전혀 없다. 도시락, 식수, 행동식을 충분히 준비해야 한다. 종료 지점인 검룡소 주차장에 **한강발원지 편의점**(010-8791-5803) 한 곳이 영업한다. 태백역 인근에 향토 음식인 물닭갈비집이 모여 있다. **태백물닭갈비**(033-553-8119, 태백시 중앙남1길 10) 지역 노포 중 한곳으로 물닭갈비 1인분 10,000원.

탐방가이드

금대봉탐방안내센터에서 세심탐방안내센터까지 7.3km 구간은 탐방예약제가 실시되고 있다. 4월 20일부터 9월 30일까지 개방되고 이외의 기간에는 탐방이 전면 통제된다. 탐방 예약은 국립공원공단 예약시스템reservation.knps.or.kr에서 가능하며 1일 300명까지 선착순으로 접수받는다. 입장 시간 09:00~15:00.

◆ 두문동재에서 금대봉 구간은 봄철 산불 통제로 2024년 3월 4일부터 5월 15일까지 출입이 금지된다.

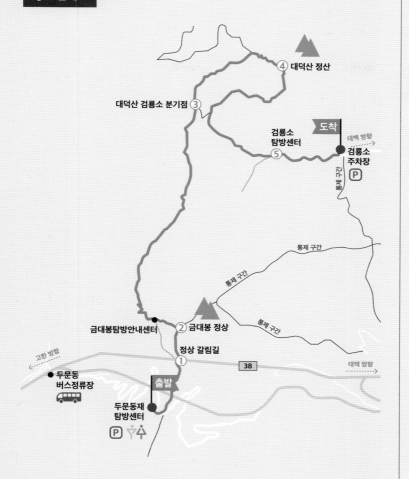

걷는 거리는
총 **9.8**km이고

상승 고도는 **442**m로
삼성산을 오르는 것과
비슷하며

그중 가장 높은 곳은
해발 **1,418**m의
금대봉 정상이다.

고도표

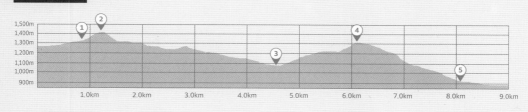

| START 두문동재탐방센터 | 0:47m | ① 정상 갈림길 | 0:56m | ② 금대봉 정상 | 2:31m | ③ 대덕산 검룡소 분기점 | 3:34m | ④ 대덕산 정상 | 4:22m | ⑤ 검룡소 탐방센터 | 4:36m | FINISH 검룡소 주차장 |

야생화 순례

한 마리 곰이 되어 드러눕고 싶은,

인제 곰배령 탐방 코스

설악산국립공원 점봉산 분소에서   곰배령까지 →

점봉산 남쪽 능선, 곰 한 마리가 드러누운 자리에
천상의 화원 곰배령이 자리한다.

"곰 한 마리가 하늘을 베고
벌러덩 누웠다. 볼록한 배 위에는
시시때때로 피고 지는 야생화로
가득하다. 따뜻한 육산의 기운이
흘러 넘치는 자리에는 생명의
축제가 벌어진다."

등산화
필수

모두 **13,338보**를 걷게 되며

3시간 38분이 걸리고

40분간의 고강도 운동 구간이
포함된 고난한 여정

인제 곰배령
탐방 코스

야생화 군락지를 종종 '천상의 화원'이라 부르는데 곰배령은
그 원조다. 과거 이곳을 배경으로 한 드라마의 제목이 〈천상의 화원,
곰배령〉이었으니 나름 근거 있는 이야기일 것이다. 곰배령은 인제 귀
둔리에서 반대쪽 설피마을을 거쳐 양양으로 넘어다니는 고갯길이었
다. 고갯마루 정상에 넓은 초원이 펼쳐져 있는데 이 모습이 흡사 곰이
배를 뒤집고 하늘을 향해 누워 있는 모습이라 이런 이름이 붙었다.

곰배령이 위치한 점봉산은 한계령을 사이에 두고 북쪽으로 설
악산을 마주보고 있다. 길 하나를 사이에 두고 이웃하고 있지만 두 고
산준령은 비슷한 듯 결이 다르다. 설악이 화려한 암릉미를 뽐내는 바
위산이라면 점봉은 완만한 산세를 이루는 흙산이다. 골骨산과 육肉산
그리고 다보탑과 석가탑처럼 서로 대비되는 성질을 품고 있다. 화려
한 조형미를 포기한 대신 이 산은 다양한 생명을 품어 안았다. 800
여 종이 넘는 식물들이 서식하는데 이는 한반도에 거주하는 식물의
20%에 해당할 만큼의 다양성이다. 이런 이유로 점봉산 일대는 산림
유전자보호지역이면서 동시에 유네스코에 의해 생물권보존지역으
로 지정되었다. 하루 방문객 수를 철저히 통제하고 있어 출발지 반대
쪽으로 넘어가는 것이 불가능하다. 국립공원관리공단에서 통제하는
서쪽에서 진입하면 서쪽으로 하산해야 하며 산림청이 통제하는 동쪽

을 들머리로 삼는다면 다시 동쪽으로 내려와야 한다.

귀둔리 쪽에서 탐방을 시작하면 흡사 정글같이 울창한 신록 속으로 진입한다. 활엽수, 관목, 덩굴식물에서 이끼까지 어느 한곳 빈틈없이 초록으로 가득한 공간이 펼쳐진다. 곰배령으로 가는 길에는 원시림이라 불릴 만큼 오래되고 성숙한 숲이 자리 잡고 있는데 이를 극상림이라 한다. 산불이나 전쟁으로 훼손되지 않고 숲을 구성하는 나무가 자연스럽게 바뀌는 천이 과정이 계속 진행돼 마지막 단계에 도달한 것을 의미한다. 이런 곳에서 침엽수는 자취를 감추고 최종적으로 서어나무 같은 참나무류가 숲을 지배한다.

탐방로를 걷다 보면 무수한 야생화와 마주하게 되는데 그중에서도 특히 눈에 밟히는 것이 있기 마련이다. 그러면 혹시나 내가 보고 있는 이 꽃이 흔히 보기 어려운 귀한 존재가 아닌가 하는 기대를 해보기도 한다. 생김새가 예사로워 보이지 않는 꽃이 종종 있는데 큰까지수염도 그런 기대를 불러일으킨다. 작고 하얀 꽃이 층층이 피어나 휘어진 강아지 꼬리 같다고 해서 개꼬리풀이라 불리기도 한다. 큰까치수염보다는 그냥 까치수염이 더 귀한 것이라 하고 이 둘은 꽃대에 난 솜털로 구분한다고 한다. 내가 반한 이 꽃이 기대만큼 귀한 존재는 아닐지 모르지만 살짝 그 끝을 말아 올리며 꽃봉오리를 잔뜩 달고 있는 꽃대의 모습은 방금 미용실에 다녀온 말티즈의 살랑거리는 꼬리털같이 사랑스럽기 그지없다. 곰배령으로 가는 길은 사방에서 흘러 내려오는 계곡의 물줄기를 따라 오르게 되는데 주변에는 노루오줌이나 물참대, 물양지꽃같이 습한 곳을 좋아하는 야생화로 가득하다.

점봉산에서 시작해 작은 점봉산을 거쳐 남쪽으로 내려오는 능선에 도착하면 비로소 천상의 화원이라 불리는 곰의 볼록한 배 위에 올라선다. 덕유산과 소백산, 대덕산에도 고산평전은 존재하지만 이곳의 화원은 고산이라는 말이 무색할 만큼 평평하며 동네 뒷동산을 올

1 곰배령으로 가는 귀둔리 코스는 설악산관리사무소 점봉산 분소에서 시작된다.
2 계곡을 따라 오르는 등산로는 축축한 기운으로 가득하다.
3 큰까지수염은 살랑거리는 강아지의 꼬리를 닮았다.
4 노루오줌은 습한곳을 좋아한다.

라온 양 아늑하기 그지없다. 해발 1,000m가 넘는 고산준령에 올라서면 그 강한 기운 탓인지 불어오는 바람 때문인지는 알 수 없으나 오래 머물지 못하고 무엇에 쫓기듯 하산길을 재촉하기 마련이다. 이곳에는 등을 떠미는 듯한 위압감이 조금도 느껴지지 않는다. 화원에 도착한 사람들은 누구 하나 급한 기색 없이 공원을 산책하듯 여유를 부리고 자리를 깔고 앉거나 탐방로 난간에 걸터앉아 화원의 풍경을 차분하게 감상하기 시작한다.

　　이곳에 벌러덩 누워 있다는 곰은 우리 반달곰이 틀림없다. 서어나무 군락으로 가득한 산자락 가운데 반달곰 가슴팍에 선명하게 새겨진 흰색 반달 문양같이 이곳에만 키 낮은 초원이 펼쳐져 있다. 장맛비 오락가락하는 7월 초에 이곳을 찾는다면 고사릿대 올라오듯 스멀스멀 피어난 구릿대의 흰 꽃으로 도배돼 있을 것이다. 초원을 점령한 것은 구릿대지만 정작 벌과 나비의 관심을 받는 것은 노랗게 피어난 기린초다. 다육이의 잎새같이 두텁고 뾰족뾰족한 이파리만큼이나 뾰족해 보이는 작은 꽃에는 대체 얼마나 많은 꿀을 품고 있길래 이렇게 벌레가 꼬이는 것인지 신기할 따름이다. 곰배령을 다녀오며 수많은 야생화를 둘러보고 내려왔지만 정작 기억에 남는 것은 꽃의 잔상이 아니라 탐방객들을 털썩 주저앉아 버리게 만드는 편안한 대지의 기운이다. 야생화가 이곳에 자리 잡은 이유도 사람들이 느낀 감정과 별반 다르지 않을 것이다. 천상의 화원, 곰배령은 앉은뱅이 꽃이 돼 머물고 싶을 만큼 떠나기 싫은 장소였으며 보는 것만으로 기분 좋게 만드는 미소의 화원인 것이다.

1　곰배령은 야생화 시즌이면 항상 사람들로 붐빈다.
2　천상의 화원에는 야생화로 가득하다.

길머리에 들고 나는 법

✦ 자가용
설악산국립공원 점봉산 분소 귀둔리 주차장(인제군 곰배골길203)에 주차한다. 주차비 무료.

✦ 대중교통
대중교통을 이용한 탐방은 매우 불편하며 자가용 이동을 추천한다.

궁리하다

100% 탐방 예약 구간인 곰배령은 두 가지 예약 방법이 있다.

출발지	예약 방법	코스 길이	코스 난이도	예약 난이도
귀둔리 점봉산 분소	국립공원 예약 시스템	7.6km	중	하 (성수기)
강선리 산림생태 관리센터	숲나들e	10.5km	중하 1코스*	상 (성수기)

인지도가 높은 것은 강선리 코스다. 1일 인터넷 예약 450명으로 제한되는 까닭에 야생화 시즌에는 경쟁이 치열하다. 인터넷 예약이 마감됐더라도 강선마을에서 하루 전날 민박을 하면 민박집 주인이 마을 대행 예약 450명에 넣어준다.

◆ 강선리 코스는 왕복 가능한 1코스와 하산 전용 2코스로 나뉘어지는데 2코스 쪽이 난이도가 더 높다.

길라잡이

안내표지 있음, 네이버지도/두루누비상 경로 표시 있음. 국립공원, 산림유전자보호구역 내 반려견 동반 금지
이 책에서는 귀둔리 코스를 안내한다. 오고 가는 길이 동일한 아주 단순한 코스다. 길이 헷갈리거나 중간에 이정표로 삼을 만한 장소도 없다. 초기 3km는 완만하게 오르다가 마지막 700m 구간에서 경사가 가팔라진다. 계곡을 따라 오르는 코스인지라 하절기에도 그늘이 울창하다. 귀둔리 코스는 강선리 1코스보다 난이도가 높다.

식사와 보급

코스 주변으로는 식사나 보급을 할 만한 곳이 전혀 없다. 행동식과 식수를 넉넉하게 챙겨야 한다. 현리 쪽에 식당이 모여 있다. **숲속의빈터 방동막국수**(033-461-0418, 인제군 기린면 조침령로496) 인근에서 가장 유명한 식당이다. 막국수(7,000원)는 물론이고 곁들이는 수육(소 18,000원)과 감자전(3,000원)도 맛있다. **고향집**(033-461-7391, 인제군 기린면 조침령로115) 두부전골(10,000원/1인 2인 이상)을 잘한다. 두부구이(10,000원)도 맛있다.

숙박

방태산자연휴양림(033-463-8590, 인제군 기린면 방태산길377) 숲속의 집, 연립동을 비롯 야영장까지 다양한 형태의 산림휴양시설을 운영 중이다. 매주 화요일은 휴양림 휴무일이며 숙소 예약은 숲나들e 홈페이지 www.foresttrip.go.kr를 참고한다.

탐방가이드

점봉산 분소, 산림생태관리센터 양쪽 모두 입산 가능 시간은 09:00~11:00. 16:00까지 코스를 비우기 위해서 곰배령 정상에서는 14:00까지 내려와야 한다. 하절기 탐방 기간 4월 21일~10월 31일 | 봄, 가을 산불 예방 기간 탐방 불가 | 탐방료 무료 | 매주 월, 화요일 휴무

◆ 국립공원관리공단 점봉산 분소에서는 곰배령 생태해설 프로그램을 진행한다. 시간은 10:00~11:00이며 점봉산 분소에 집결한다. 정원 20명이고 공단 예약 시스템 >탐방 프로그램>설악산-곰배골길 생태 이야기로 예약한다.

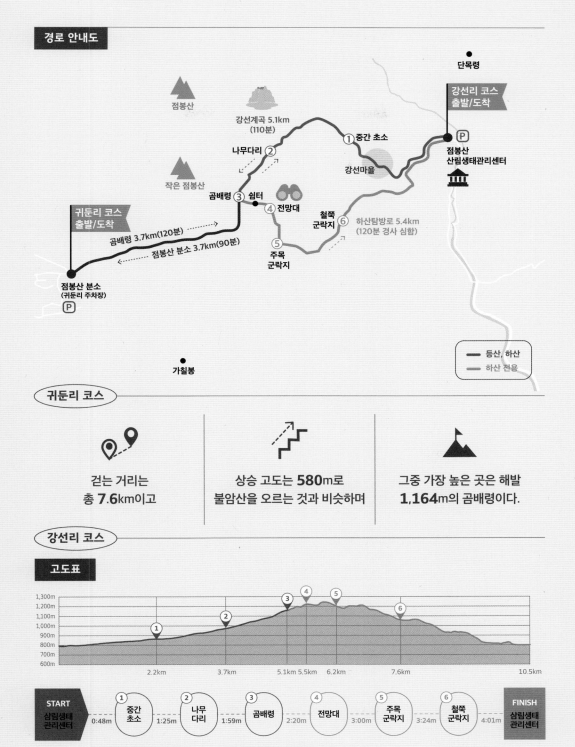

경로 안내도

점봉산

강선계곡 5.1km
(110분)

나무다리 ②

① 중간 초소

단목령

강선리 코스
출발/도착

P 점봉산
산림생태관리센터

작은 점봉산

강선마을

곰배령 ③ 쉼터

④ 전망대

철쭉
군락지 ⑥

귀둔리 코스
출발/도착

하산탐방로 5.4km
(120분 경사 심함)

곰배령 3.7km(120분)

점봉산 분소 3.7km(90분)

⑤

주목
군락지

점봉산 분소
(귀둔리 주차장)
P

등산, 하산

하산 전용

가칠봉

귀둔리 코스

걷는 거리는
총 **7.6**km이고

상승 고도는 **580**m로
불암산을 오르는 것과 비슷하며

그중 가장 높은 곳은 해발
1,164m의 곰배령이다.

강선리 코스

고도표

1,300m						
1,200m			③	④	⑤	
1,100m						⑥
1,000m		②				
900m						
800m	①					
700m						
600m						

2.2km   3.7km   5.1km 5.5km   6.2km   7.6km   10.5km

START
삼림생태
관리센터
0:48m

① 중간
초소
1:25m

② 나무
다리
1:59m

③ 곰배령
2:20m

④ 전망대
3:00m

⑤ 주목
군락지
3:24m

⑥ 철쭉
군락지
4:01m

FINISH
삼림생태
관리센터

◆ 귀둔리 코스 고도표는 등산·하산이 동일하고 코스가 단순해 강선리 코스로 대체했습니다.

야생화 순례

107

보랏빛 향기 가득한 소백평전을 걷는,

소백산 어의곡 탐방로

어의곡에서 　　　　　　　　　　　　　　　　　　　　　비로봉 정상까지
→

한여름 소백평전에는 비비추와 둥근이질풀이 만들어내는 보랏빛 세상이 펼쳐진다.

"여름 한철 소백평전에는 하찮은 것들이 만들어내는 장관이 펼쳐진다. 도심 한구석을 채우던 비비추가 당당한 주인공으로 등장한다. 초록빛 들판에 숨겨진 보랏빛 향연인지라 더욱 신비롭다.

등산화
필수

모두 **19,130보**를 걷게 되며

4시간 53분이 걸리고

108분간의 고강도 운동 구간이
포함된 아주 고난한 여정

비비추라는 꽃 이름은 낯설겠지만 그 모습은 익숙할 것이다. 원래 산속에 자생하는 야생화였지만 품종 개량을 거쳐 도시로 내려왔다. 야생에서 어렵게 모셔왔으니 귀한 대접을 받아야 마땅하겠으나 현실은 그렇지 못했다. 눈에 잘 띄는 화단에 고이 모셔진 것이 아니라 커다란 나무 밑이나 풀밭의 한 귀퉁이만 차지하고 있을 뿐이다. 도심에서 이렇게 존재감이 없었던 까닭은 사람들이 비비추의 꽃보다 그 잎에 더 주목했기 때문이다. 어린 잎은 따서 데쳐 먹을 수 있다. 비비추란 이름도 잎을 여러 번 비벼서 독성을 제거하고 먹었던 것에서 유래한다. 더구나 그 잎은 꽤나 매끈매끈하고 탐스러우며 오랜 기간 푸르름을 잃지 않기에 잔디같이 맨땅을 가리기 위한 지피식물로 식재됐다. 보랏빛 도는 제법 탐스러운 꽃봉오리를 꽃대마다 한 다발씩 피워내는 비비추 입장에서는 억울할 만도 하다. 울긋불긋한 자극적인 색감을 뽐내는 원예종이 난무하는 세상에서 그 수수한 멋을 과시한다는 것은 애당초 어려운 일이었다.

여름철 소백산 정상에서는 비비추가 만개하는 천상의 화원이 펼쳐진다. 물론 우리가 알고 있는 비비추는 흔하디흔한 것이지만 인간이 꾸며놓은 화단과 신이 가꿔놓은 화원 사이에는 커다란 차이가 존재한다. 익숙한 존재의 낯선 모습을 보러 가는 여정은 생각만큼 호락호락하지 않다. 두문동재같이 능선 위까지 차로 이동할 수 있는 것도 아니고 향로봉같이 케이블카를 타고 올라갈 수 있는 것도 아니기 때문이다. 오롯이 두 발에 의지해 비로봉 정상까지 가야 하는 까닭에 사람들은 어의곡에서 정상으로 오르는 코스를 주로 이용한다. 그나마 가장 짧고 무난하며 야생화도 꽤 피어 있기 때문이다.

북쪽에서 계곡을 따라 오르는 탐방로는 그늘지고 축축한 기운으로 가득하다. 야생화보다 먼저 보이는 것은 개울가 바위에서부터 나무 밑동까지 뒤덮은 이끼다. 덥고 음습한 기운 탓에 이끼들의 초록

1 어의곡 탐방로는 계곡을 따라 오르기 시작한다.
2 바위에는 이끼가 두껍게 끼어 있다.
3 노루오줌은 뿌리에서 오줌 냄새가 난다하여 붙여진 고약한 이름이다.
4 일정 고도가 넘어가면 침엽수림이 나타난다.

빛 기세는 아주 흥이 올랐다. 도시에서 비비추가 담당했던 지피식물의 역할을 이곳에서는 선태식물이 담당하고 있다. 이곳에서 야생화는 다시 수줍고 귀한 존재가 돼 탐방객과 숨바꼭질을 한다.

가장 먼저 눈에 들어오는 것은 작고 앙증맞은 노란 꽃이 다닥다닥 붙어 있는 짚신나물이다. 밟히기라도 하면 어쩌려고 길 한복판에 피어 있다. 다른 꽃이 사람의 발길을 피해 길 가장자리에 비켜나 있는 것과 다른 모양새다. 꽃과 어울리지 않는 이름을 갖게 된 것은 머지않아 매달리게 될 씨앗에 갈고리 같은 가시가 돋아 있기 때문이다. 이 씨앗이 짚신에 자주 붙어 옮겨졌기에 이런 이름이 붙었다. 사람들에게 이 식물의 존재감은 꽃이 아니라 귀찮게 달라붙는 씨앗에 방점이 찍혀 있다. 이렇게 겁 없이 앞으로 나와 있는 것도 밟혀 쓰러지는 위험을 감수하더라도 후세를 널리 퍼트리겠다는 나름의 결기가 담겨 있는 것이다. 탐방로에서는 음습한 환경 탓에 습기와 응달을 좋아하는 멸가치와 노루오줌도 심심치 않게 보인다. 이 보랏빛 도는 예쁜 꽃에 오줌이라는 심통 맞은 이름은 누가 붙인 것일까? 어떻게 냄새를 맡았는지는 모르겠으나 뿌리에서 노루오줌 냄새가 나서 붙여진 이름이라 하니 나름 작명에는 이유가 있다. 이름에서 보듯 사람들은 이 식물의 방점을 생김새가 아닌 찝찔함이 느껴지는 후각에 찍은 것이다. 야생화는 나름 예쁜 꽃을 피워보지만 사람들은 막상 그 꽃에는 관심이 없다. 이파리와 달라붙는 귀찮음, 고약한 냄새 같은 것에만 신경을 쓰니 그 무심함에 서운함이 사무쳤을 만도 하다.

어의곡삼거리가 가까워지면 걷는 내내 햇살을 막아주던 나무 그늘이 없어진다. 이제부터는 숲이 사라지고 풀꽃만이 존재하는 소백산 천상의 화원이 펼쳐진다. 이곳을 키 낮은 초지로 만들어놓은 것은 북서풍에서 불어오는 세찬 바람이었다. 초록의 풀밭을 배경 삼아 한껏 꽃망울을 터트린 것은 보랏빛 도는 야생화다. 보랏빛을 내는 데

1 어의곡삼거리가 가까워지면 하늘이 터지면서 낮은 초지가 나타난다.

2 1,439m 높이의 비로봉은 구름도 힘겹게 넘어간다.

3 8월 초 소백평전을 보랏빛으로 물들인 것은 둥근이질풀과 비비추다.

에는 여러 꽃이 힘을 보태고 있지만 단연 돋보이는 것은 비비추다. 그동안의 푸대접에 서러움이라도 폭발한 것일까 도시에서는 수줍은 듯 드문드문 보이던 녀석들이 이곳에서는 작정하듯 존재감을 뿜낸다. 색깔도 왜 하필 보라색이었을까? 보라색은 초록색의 보색인지라 눈에 잘 띄지 않던 존재들이 이곳에서만큼은 더욱 뚜렷해지며 신비한 분위기마저 연출한다. 여기에 몇 시간에 걸쳐서 땀 흘려 올라온 수고까지 합쳐지니 정상에서 맞이하는 이 순간만큼은 하찮게 여겼던 존재들이 만들어준 낯선 클라이맥스인 셈이다.

　　이렇게 소백평전의 비비추를 보고 오더라도 일상에서 마주하는 비비추를 대하는 마음에는 별 다름이 없을 것이다. 그곳과 이곳의 비비추는 분명 같으면서도 여전히 다른 존재이기 때문이다. 다만 별 볼일 없어 보이던 너도 이렇게 기막힌 한 방이 있었다는 사실은 오래도록 기억될 것이고 1년에 한 번 그 짧은 시절이 돌아오면 다시 보고 싶을 것이다.

야생화 순례

길머리에 들고 나는 법

✦ 자가용

새밭유원지 주차장(단양군 가곡면 새밭로842)에 주차한다. 주차비 무료. 어의곡으로 되돌아오지 않고 천동 쪽으로 종주산행을 한다면 차량을 천동까지 탁송해 주는 '내차를부탁해'를 이용할 수 있다. 이용 요금은 30,000원. 카카오톡에서 '소백내차를부탁해'로 검색하면 된다.

✦ 대중교통

서울동서울터미널에서 단양터미널까지 하루 9회 버스가 있다. 첫차는 07:00에 출발, 2시간 30분 소요. 서울고속버스터미널에서도 하루 3회 버스가 운행된다. 대중교통 이용 시에는 읍내에서 가까운 천동탐방로를 이용하는 것을 고려할 만하다. 읍내에서 어의곡까지는 15km, 천동유원지까지는 5km라 훨씬 더 가깝다. 차편도 천동 12회/일, 어의곡 7회/일로 천동 쪽이 차편도 많다. 천동유원지(다리안 관광지)로는 300번 대 군내버스가 운행하고 어의곡(새밭계곡) 쪽으로는 600번 대 버스가 간다.

◆ 단양터미널 도착 후 바로 새밭계곡행 버스에 탑승할 수 있다면 어의곡IN 천동 OUT으로 종주 코스를 잡아도 좋겠다.

길라잡이

안내표지 있음, 네이버지도상 경로 표시 있음(소백산국립공원 어의곡코스). 국립공원 내 반려견 동반 금지
출발지 해발고도 405m에서 시작해서 1,439m까지 오르는 등산로다. 오르막길만 5.5km가 길게 이어진다. 3km 지점 해발 830m까지는 물길을 따라서 완만하게 오르지만 이후 경사도가 올라간다. 활엽수에서 시작해 침엽수림을 거쳐 고원평전까지 고도에 따라서 식생도 극명하게 달라진다. 평전은 비로봉 정상까지 800m 구간 동안 광활하게 펼쳐진다. 정상에서는 천동 쪽으로 내려가거나 연화봉을 거쳐 풍기 쪽으로 종주 코스를 잡을 수도 있다.

◆ 어의곡에서 천동탐방안내소까지 거리는 11.8km다. 어의곡보다 천동 쪽이 좀 더 완만하다.

식사와 보급

코스 주변으로는 식사나 보급할 만한 곳이 전혀 없다. 도시락과 식수를 충분히 준비해야 한다. 어의곡, 천동탐방안내소에서는 도시락배달서비스인 '내도시락을부탁해'를 이용할 수 있다. 서비스 안내는 카카오톡에서 '소백내도시락을부탁해'로 검색한다. **가마골쉼터**(0507-1426-8289, 단양군 가곡면 새밭로547-8) 어의곡으로 들어가는 길가에 있는 식당. 들깨감자옹심이(10,000원)가 대표 메뉴이며 음식이 정갈하다. 단양 읍내로 들어가면 선택의 폭이 넓다. **구경시장**에는 지역특산물인 마늘을 재료로 하는 흑마늘 닭강정, 마늘순대, 마늘빵, 마늘만두 등 특색 있는 음식을 제공하는 식당들이 모여 있다.

탐방가이드

어의곡-비로봉 코스는 야간 산행 금지. **어의곡탐방안내센터**에서 부정기적으로 야생화 탐방 프로그램이 진행된다. 국립공원 예약 시스템>예약하기>탐방 프로그램(해설생태관광) 참고. 입산 시간 제한 동절기(11~익년 3월) 05:00~13:00, 하절기(4~10월) 04:00~14:00 | 문의 소백산국립공원북부사무소 043-423-0708
천동안내소에서 연중 상시 09:30, 16:00에 소백산 생태를 안내하는 30분짜리 해설 프로그램을 운영한다.

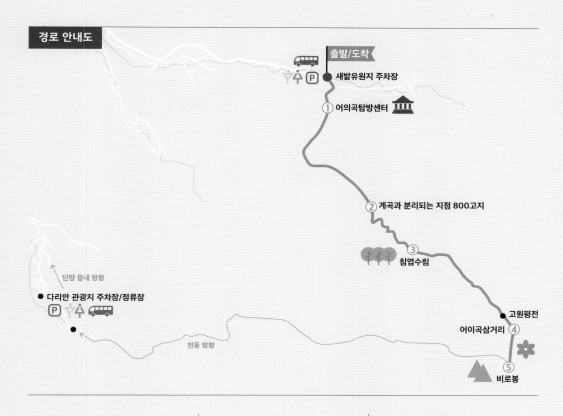

출발/도착
새밭유원지 주차장
① 어의곡탐방센터
② 계곡과 분리되는 지점 800고지
③ 침엽수림
고원평전
어이곡삼거리 ④
⑤ 비로봉
단양 읍내 방향
다리안 관광지 주차장/정류장
천동 방향

걷는 거리는
총 **10.9**km이고

상승 고도는 **1,022**m로 소백산
정상으로 가는 등산이며

그중 가장 높은 곳은 해발
1,439m의 비로봉이다.

고도표

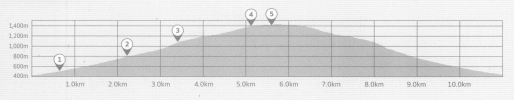

START 새밭유원지 주차장		① 어의곡 탐방센터		② 800고지		③ 침엽수림		④ 어의곡 삼거리		⑤ 비로봉		FINISH 새밭유원지 주차장
	0:11m		0:56m		1:36m		2:27m		2:35m		4:53m	

수줍은 연분홍 철쭉을 만나러 가는 길,

덕유산 향적봉 탐방 코스

설천봉에서 　　　　　　　　　향적봉을 거쳐 　　　　　　　　　구천동까지

연분홍 철쭉에는 주근깨 같은 점이 더욱 선명히 보인다.

"철쭉의 오리지널리티를 찾아가는 여정. 수줍은 듯한 연분홍 철쭉과 마주한다면 도심의 짙은 철쭉들이 어디에서 유래된 것인지 알게 될 것이다. 주목나무 사이로 들려오는 휘파람새의 울음소리 또한 청아하다."

등산화 필수

모두 **20,533보**를 걷게 되며

4시간 56분이 걸리고

7분간의 고강도 운동 구간이 포함된 여정

철쭉은 봄꽃 중에도 가장 늦게 핀다. 한바탕 꽃놀이가 휩쓸고 간 뒤 아쉬움을 달래주며 봄의 대미를 장식하는 셈이다. 있는 듯 없는 듯 잘 보이지 않는 야생화와 달리 철쭉의 존재감은 상당하다. 도시에서건 산에서건 이맘때 철쭉은 곳곳에서 진분홍빛 고개를 내밀며 존재감을 과시한다. 남녘부터 들려오는 철쭉제 소식은 산꾼을 애닳게 만들기도 한다.

철쭉은 의외로 그 생김새를 제대로 알고 있는 사람이 드물다. 진달래, 영산홍, 산철쭉까지 비슷비슷하게 생긴 꽃이 많기 때문이다. 알고 보면 모두 진달래과에 속하는 한 집안 식구들이라 서로 닮았다. 꽃 좀 안다는 사람들 사이에서 진달래와 철쭉의 구별법은 일종의 업계 상식으로 통했다. 한때는 수술의 숫자를 일일이 세기도 했지만 이제는 잎 없이 꽃만 피면 진달래, 잎과 꽃이 같이 피면 철쭉으로 구분한다. 영산홍과의 구별이 어려운데 이건 전문가도 헷갈리는 난제다. 이제 철쭉과 산철쭉이 남았는데 이게 의외다. 이름에서 풍기는 뉘앙스와 달리 도시에서 흔히 보이는 것이 산철쭉이고 고산지대에 피는 것이 철쭉이다. 그렇다고 산철쭉이 도시에만 있는 것은 아니고 산에서도 피는데 색감이 강하고 군집을 이루기에 철쭉제라는 타이틀이 붙은 것들은 대부분 산철쭉을 말한다.

덕유산 향적봉
탐방 코스

1 덕유산 철쭉놀이는 무주리
  조트 곤돌라 탑승장에서 시
  작된다.
2 설천봉에 있는 상제루에서 향
  적봉 탐방 코스가 시작된다.
3 향적봉 탐방로에는 벌깨덩
  굴도 흔하게 보인다.
4 향적봉의 주목은 살아서 천
  년, 죽어서 천 년을 간다.

가장 늦게 피는 철쭉은 덕유산에 있다. 일장춘몽 같았던 5월에서 깨어나면 산꾼을 들뜨게 했던 철쭉제도 모두 끝나고 꽃놀이의 열기도 사그라든다. 이때가 되면 향적봉에서 시작해 중봉으로 이어지는 능선에는 토종 철쭉이 마지막으로 피어난다. 철 잊은 철쭉을 볼 수 있는 향적봉의 높이는 해발 1,614m에 달하지만 인근의 설천봉까지 스키장 곤돌라를 타고 쉽게 오를 수 있다. 상급자용 슬로프가 시작되는 설천 베이스가 야생화 산행의 출발점이 되는 것이다. 곤돌라는 순식간에 고도를 상승해서 목적지에 도착한다. 여름이 시작된 아랫동네와 달리 설천봉에는 맨살에 닭살이 돋을 정도로 서늘한 한기가 남아 있다.

덕유산의 철쭉은 연한 분홍색을 띤다. 진분홍빛 화려함이 물결치는 군포의 철쭉동산 같은 풍경을 상상하고 왔다면 명백한 오산이다. 일사불란하게 군락을 이룬 도심의 산철쭉과 달리 야생의 철쭉

1

2

은 잘 모여 있지도 않고 각자 소담스럽게 피어 있다. 드문드문 떨어져 피는 탓에 이곳에 와서야 비로소 꽃봉오리를 자세히 뜯어보게 된다. 철쭉의 꽃잎에 있는 주근깨 같은 반점까지 풋풋하기 그지없다. 그 색감은 또 어찌나 연하고 하늘거리는지 연분홍빛 철쭉은 진달래보다 더 수수하고 청순해 보이기까지 한다. 진달래는 먹을 수 있어 참꽃이라 부르고 철쭉은 독 때문에 못 먹어서 개꽃이라 불렀다고 한다. 꽃잎을 벌레로부터 지켜내기 위한 나름의 전략인 것을 이렇게 매도해 버렸으니 참으로 얄궂다.

덕유산 능선에서는 철쭉만 보이는 것은 아니다. 설천봉에서 향적봉을 거쳐 중봉으로 이어지는 능선은 화원이라기보다는 정원이라 부르는 게 적절하겠다. 야생화만 피고 지는 것이 아니라 귀하디귀하다는 주목과 구상나무도 있고 벌깨덩굴이나 참꽃마리, 미나리아재비 같은 야생화도 철쭉과 함께 피어 있기 때문이다. 어디 그뿐인가. 관목이 우거져 있으니 그곳에 기대어 사는 작은 새의 지저귐도 간간히 들려온다. 휘바람새의 울음소리는 머리를 맑게 해주는 청량제다. 비록 주목에 핀 눈꽃은 오래전에 사라졌지만 여전히 그 서늘함을 간직하고 있으며 이제 막 연둣빛을 띠기 시작한 구상나무의 침엽은 시간이 갈수록 짙어지며 겨울까지 그 푸르름을 유지할 것이다. 혓바닥을 내밀고 있는 듯한 벌깨덩굴의 꽃은 짓궂은 장난꾸러기 같고 이제 막 꽃이 핀 노린재나무는 하얀 팝콘이 터진 듯하다. 분명 1,500m를 넘나드는 능선을 따라 걷고 있지만 아슬아슬한 위태로움 대신 설렘과 들뜸만 느껴진다. 중봉이 가까워지면 나무들은 사라져버리고 남쪽으로는 덕유평전이라 불리는 초원 지대가 펼쳐진다. 철쭉이 지면 이곳에는 노란색 원추리가 피어나는 것을 시작으로 수많은 야생화가 피고 지며 천상의 화원을 채워갈 것이다.

덕유산 철쭉 산행은 1, 2부로 나뉜다. 덕유산의 능선을 따라 원

1 곤돌라 덕에 1,614m의 향적봉을 동네 뒷산 가듯 올랐다.

2 중봉에서부터 덕유평전이 펼쳐진다.

없이 철쭉을 만났다면 여정의 1부가 마무리된 것이다. 바로 아래쪽 구천동계곡에는 전북에서 걷기 좋은 것으로는 둘째 가라면 서러운 코스가 기다리고 있으니 발걸음은 자연스럽게 그쪽으로 향한다. 어사길이라 이름 붙여진 이 코스는 백련사에서 덕유대 야영장까지 이어진다. 물줄기가 만들어내는 기기묘묘한 풍경에 한눈을 팔다 보니 작고 여린 야생화는 눈에 잘 들어오지 않는다. 대신 하얗게 만개한 불두화나 함박웃음의 어원이 되었다는 함박꽃이 야생화 산행의 대미를 장식한다. 덕유산 철쭉 산행은 철쭉의 오리지널리티를 확인하러 가는 여정이다. 이곳의 철쭉을 만나면 얼마 전까지 도심을 가득 채웠던 진분홍빛이 어디에서 시작된 것인지 이해될 것이다.

1 희고 탐스러운 함박꽃이 피었다.
2 구천동 어사길은 백련사에서 시작된다.
3 어사길에는 구천불상을 조성하려던 흔적이 남아 있다.
4 하류로 내려갈수록 구천동 계곡의 비경이 깊어진다.

길머리에 들고 나는 법

◆ 자가용
곤돌라 탑승장이 있는 무주리조트 설천하우스 주차장(무주군 만선로185)에 주차한다. 주차비 무료. 종료 지점인 구천동에서 택시로 되돌아와야 한다. 요금 12,000원 정도.

◆ 대중교통
갈 때 서울남부터미널에서 무주터미널로 가는 차편이 하루에 5회 있다. 첫차는 07:40 출발, 2시간 40분 소요. 첫차만 무주터미널을 경유해 무주리조트까지 연장 운행한다. 첫차를 못 탔다면 무주터미널 도착 후 길 건너편에 있는 무주관광안내소(063-324-2114, 무주군 한풍루로344)에서 출발하는 리조트 셔틀버스를 이용해 곤돌라 탑승장까지 이동.

올 때 구천동에서 무주 읍내로 가는 완행버스를 타고 터미널까지 이동. 구천동에서 서울남부터미널로 가는 버스는 1일 1회 13:50에 출발. 이 차를 못 탔다면 대전으로 가는 직행버스를 이용한 뒤 서울까지 환승하는 것도 방법이다.

◆ 배차 시간표 참고 2024년 2월 1일 기준

구천동 발-무주		구천동 발- 대전
07:25	▶	07:45
09:35	▶	09:00
12:15	▶	11:40
14:15	▶	15:20
17:15	▶	18:40

길라잡이

안내표지 있음. 네이버지도(향적봉 1, 2코스)/두루누비(어사길)상 경로 표시 있음. 국립공원 내 반려견 동반 금지
곤돌라 도착 지점인 해발 1,520m의 설천봉에서 출발해 해발 612m의 구천동에서 마무리하는 내리막 코스다. 설천봉에서 향적봉까지는 불과 600m다. 이곳에서 백련사 방향으로 바로 내려가는 것이 아니고 철쭉을 보기 위해서 1.1km 거리에 있는 중봉까지 갔다가 다시 되돌아온다. 이후 9km의 긴 내리막길을 걷는다. 향적봉에서 백련사까지 2km 구간이 특히 가파르다. 오르는 것보다 더 조심해서 내려와야 한다. 백련사부터는 걷기에 부담 없는 경사도로 천천히 내려간다. 백련사에서 구천동 주차장까지 6.1km는 교통 약자를 위한 전기버스 운영 구간이기도 하다.

식사와 보급

일단 탐방로에 진입하면 식사나 보급을 할 만한 곳이 전혀 없다. 식수와 행동식을 충분히 준비해 산행에 나서야 한다. 무주 읍내에는 어죽이 맛있는 식당이 몇 곳 있다. **금강식당**(063-322-0979, 무주군 무주읍 단천로102) 어죽(10,000원)으로 가장 유명한 곳이다. 읍내 중심에 있어 접근성이 좋지만 주차가 힘들다. **무주어죽**(063-322-9610, 무주군 주주읍 내도로119) 읍내에서 2km 정도 떨어진 금강변에 위치해 주차가 편리하다. 어죽(10,000원)과 도리뱅뱅(15,000원)이 맛있다.

숙박

구천동 관광지 초입에 **덕유대야영장**이 운영되고 있다. 일반 야영장 6곳, 자동차 야영장 1곳, 카라반 전용 야영장과 카라반까지 어마어마한 규모다. 국립공원공단 예약 시스템reservation.knps.or.kr을 통해 예약한다. 전기, 온수는 물론이고 화롯대 사용도 가능하다. 야영장 중간에는 매점이 있고 22:00까지 운영한다. 인근에는 **덕유산자연휴양림**도 있다. 숲속의 집, 휴양관, 야영장까지 다양한 형태의 숙소를 제공한다. 숲나들e 홈페이지www.foresttrip.go.kr 예약.

탐방가이드

철쭉이 피는 시기인 5월 14일~6월 26일에는 설천봉에서 향적봉 구간은 탐방로 예약제가 한시적으로 시행된다. 이때는 국립공원공단 예약 시스템reservation.knps.or.kr에서 미리 탐방로 예약을 해야 하며 인터넷 예약 미달 시에는 현장에서 접수 가능하다. 하루 탐방 가능 인원은 1,350명. **덕유산국립공원관리공단**에서는 '향적봉 아고산대 야생화를 찾아서'라는 해설 프로그램을 운영한다. 집결지는 곤돌라 상부하차장이며 1시간 30분 소요. 예약은 국립공원공단 예약 시스템에서 최소 5일 전까지는 신청해야 한다. 산불 방지 기간 탐방로 통제 봄 3월 4일~4월 30일, 가을 11월 15일~12월 15일 | 문의 063-322-3473

◆ 곤돌라 왕복 22,000원, 편도 17,000원 | 평일 상행 10:00~16:00, 하행 16:30 마감

37

구천동 정류장

도착

구천동
탐방지원센터

덕유산 오토캠핑장

삼공탐방안내소 ⑥

소원성취문   비파담

김남관대령 불상 ⑤

설천봉 곤돌라 하단

안심대

신양담   명경담

구천폭포

출발

설천봉 곤돌라 상단
설천봉 탐방지원센터

향적봉 ①
향적봉 대피소

백련사 ③

원추리 군락지

② 중봉

걷는 거리는
총 **11.7**km이고

상승 고도는 **218**m로
남산을 오르는 것과
비슷하며

그중 가장 높은 곳은
해발 **1,614**m의
향적봉이다.

고도표

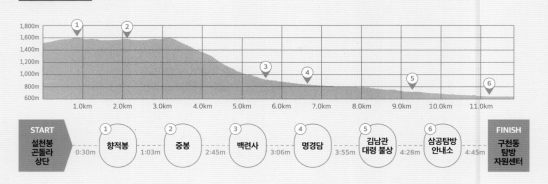

START	①	②	③	④	⑤	⑥	FINISH
설천봉 곤돌라 상단	향적봉	중봉	백련사	명경담	김남관 대령 불상	삼공탐방 안내소	구천동 탐방 자원센터
	0:30m	1:03m	2:45m	3:06m	3:55m	4:28m	4:45m

4

피톤치드 가득한 숲길
이색 숲 순례

분화구 속에 만들어진 신비의 숲,
거문오름 탐방 2코스

남종화의 대가 소치가 반했던 상록수림,
첨찰산 천년의 숲

소나무 숲속에 일군 신라인들의 불국토,
서남산 삼릉골 코스

대왕소나무를 만나러 가는 길,
울진 금강소나무숲길 4구간

분화구 속에 만들어진 신비의 숲,

거문오름 탐방 2코스

탐방센터에서   정상전망대를 거쳐   분화구로 →

단풍나무 한 그루가 뿌리로 바위를 움켜쥐고
서 있다.

"제주의 숲은 이곳에서 시작됐다.
용암은 세상으로 뛰쳐나와
오름이라는 아들과 곶자왈이라는
딸을 낳았다. 태초의 숲속에는
바위를 움켜쥐고 살아가는 강인한
생명력으로 가득하다."

모두 **9,126보**를 걷게 되며

2시간 20분이 걸리고

18분간의 고강도 운동 구간이
포함된 여정

127

곶자왈은 흙 한 줌 없는 돌무더기 위에 생겨난 숲이다. 용암이 분출할 때 천천히 흐르면 굳으면서 크고 작은 돌멩이로 쪼개진다. 이렇게 생겨난 암괴 지대에 나무와 덩굴이 뒤엉켜 자라며 원시림이 만들어졌다. '곶'은 숲을, '자왈'은 덤불을 뜻한다. 오래된 제주말 같지만 의외로 1990년대에 생겨난 신조어다. 이 말이 등장한지는 얼마 되지 않았지만 이제는 숲을 넘어서 화산섬의 생태와 제주의 정신을 상징하는 고유명사로 자리 잡았다.

곶자왈은 뿌리의 숲이다. 나무는 돌에 막혀 땅속으로 파고 들어가지 못했다. 그들의 뿌리는 깊게 심지를 박는 대신 옆으로 우회하는 방법을 택했다. 그래야만 끝에 걸리는 바위든 다른 나무의 뿌리든 잡고 버틸 수 있었기 때문이다. 지표로 드러난 뿌리가 울퉁불퉁하게 뻗어나간 모습은 언뜻 괴이해 보인다. 태양을 향한 식물의 탐욕에는 익숙하지만 땅속에 있어야 할 것이 드러내놓는 욕망은 처음 보기 때문이다.

이 뿌리의 숲은 오름에서 태어났다. 오름의 분화구는 이 모든 것이 태동된 장소다. 오름이 머금고 있던 용암이 흘러나와 숲을 만들어냈다. 대부분의 오름은 숲을 내보내고 나서 허허벌판의 초지나 물웅덩이로 변했지만 거문오름만큼은 예외다. 이곳에는 아직까지 태초

의 숲이 남아 있다. 마그마는 월정리 앞바다까지 흘러 내려가며 숲과 용암동굴을 만들어냈다. 이런 가치를 인정받아 거문오름은 368개의 오름 중에서 유일하게 유네스코세계유산으로 등재되었다. 아무 때나 갈 수 없고 예약을 통해서만 탐방할 수 있는 유일한 장소이기도 하다.

오름 트레킹은 정상으로 올라 주변 경관을 감상하고 내려오는 것이 일반적이지만 거문오름 탐방 코스는 다른 궤적을 취한다. 정상까지 올라가는 것은 동일하나 그다음부터는 분화구 속으로 들어가 용암이 만들어놓은 지형과 원시의 숲을 둘러본다. 거문오름 탐방의 핵심은 정상이 아닌 분화구에 숨어 있다. 출발 지점에서 정상으로 오르는 길은 온통 삼나무 천지다. 이 숲은 산림녹화목적으로 인공 조림된 것이다. 편백과 함께 육지에서는 흔히 볼 수 없는 품종인지라 관광객에게는 이조차 이국적인 체험이다. 습기에 강하고 빨리 자라는 탓에 여기저기 심어졌지만 한번 자리 잡으면 주변 나무의 성장을 방해한다 해서 분화구 안쪽에서 천이된 삼나무들은 천덕꾸러기 신세가 되어버렸다. 제법 긴 계단을 올라 마침내 해발 456m의 정상에 도착하면 탁 트인 전망과 마주한다. 분화구 안쪽을 내려다보면 몽글몽글 솜뭉치같이 뭉쳐져 있는 나무들 때문에 전체적인 윤곽이 드러나지 않는다. 분화구는 말발굽같이 한쪽이 터져 있는데 이쪽이 용암이 흘

1 탐방객들이 계단길을 따라 분화구 전망대로 이동하고 있다.
2 전망대에서 본 오름 분화구. 다른 곳과 달리 오름 속은 나무로 가득 차 있다.
3 삼나무잎은 편백과 달리 뾰족하다.
4 용암 동굴이 무너지며 작은 협곡을 만들어놓았다.

러가는 통로가 되었다.

마그마는 흘러가면서 물길 같은 자국을 만들어놓았다. 원래는 지표 밑 동굴을 통해서 흐르던 것이 지붕이 무너져 내리며 이런 모양이 되었다. 이를 용암계곡 또는 협곡이라 부른다. 불구덩이가 만들어놓은 통로를 따라서 안쪽으로 들어선다. 여기저기 쌓이고 무너져 있는 돌무더기 탓에 지표는 울퉁불퉁하다. 반듯하게 만들어진 데크길이 없었더라면 이곳은 들어서기조차 난감한 장소였을 것이다. 이렇게 쌓여 있는 돌무더기 중에서도 바람이 불어오는 곳을 풍혈, 또는 숨골이라 부른다. 돌 틈은 헐거워서 물을 머금지는 못하였으나 구들장같이 공기를 머금어서 데우거나 식히는 역할을 했다. 겨울에는 따뜻한 김이 솟아오르고 여름에는 시원한 바람이 나와 섬사람들에게는 두려우면서도 신령스러운 공간으로 여겨졌다.

같은 장소에서 극명한 기온 차이가 생기다 보니 여러 식물이 공존할 수 있는 아늑한 보금자리가 되었다. 돌이 품어낸 생명의 다양성이라는 사실은 적어도 이 숲에서는 허무맹랑한 말이 아니다. 중심으로 들어갈수록 더 많은 종류의 식물을 만나게 된다. 팽나무, 때죽나무, 개서어나무, 붓순나무까지 600여 종에 달하는 식물이 분화구에서 모여 살고 있는데 그중에서도 가장 인상적인 개체를 꼽자면 풍혈 인

1 분화구 안쪽에서는 데크길을 따라서 이동한다.
2 분화구 안쪽에 일본군 갱도진지의 흔적이 남아 있다.
3 분화구 주변의 삼나무들은 녹화사업으로 인공조림한 것이다.

근에서 커다란 바위를 움켜쥐고 서 있는 단풍나무다. 어디까지가 줄기이고 어디서부터가 뿌리인지 구분이 되지 않을 정도로 당당하게 바위 위에 올라타 있다. 불끈불끈 힘줄이 솟아나오는 듯한 뿌리에서는 온 힘을 다해 쥐고 있는 악력이 느껴지는 듯하다.

제주 사람들은 나무와 바위가 서로 의지하는 모습에서 공동체 정신을, 그리고 척박한 환경에 뿌리내리고 최소한의 양분만 섭취하며 살아가는 모습을 존양存養의 자세에 빗대어 말하기도 한다. 거문오름 분화구는 곶자왈 중에서도 가장 태초의 모습을 간직한 곳이다. 정리되지 않은 듯한 숲에서는 어수선함의 미학이 깃들어 있다. 이 혼란스러운 듯한 숲은 방금 전까지 감탄하며 지나왔던 삼나무 군락지를 단조롭고 무미건조한 것으로 만들어버릴 정도로 치명적이다.

3

이색 숲 순례

길머리에 들고 나는 법

◆ 자가용
제주세계자연유산센터 주차장(제주시 조천읍 선흘리478-3)에 주차, 주차비 무료.

◆ 대중교통
제주공항에서 직행하는 버스는 없다. 공항 1번 버스정류장에서 121번, 111번, 131번 버스를 타고 봉개동 정류장까지 이동하고 간선 211번, 221번으로 환승한 뒤 거문오름 입구 정류장에서 하차한다. 정류장에서 센터까지 800m 도보로 이동한다.

◆ 대천환승센터를 기점으로 하는 810번 관광지순환버스가 정차한다. 상세 이용 방법은 '동백동산 탐방로(82P)' 참고.

길라잡이

안내표지 있음, 네이버지도/두루누비상 경로 표시 없음. 반려견 동반 금지
이 구간은 단독으로 진행할 수 없고 지질공원해설사와 동행해야 한다. 일종의 가이드 투어인 셈이다. 탐방 코스는 2.1km의 정상 코스, 5.0km의 분화구 코스, 6.7km의 전체 코스가 있는데 가장 대중적인 것은 분화구 코스다. 세 개 코스는 서로 연결되는 동선이며 중간에 이탈하는 지점이 존재한다. 해설사는 분화구 코스까지만 동행하며 전체 코스는 개별적으로 돌아보고 내려온다. 제주세계자연유산센터에서 정상 전망대까지 800m 구간은 계단으로 된 오르막 구간이다. 이후에는 오르막이 없다. 전망대에서 내려온 후에는 분화구 안쪽을 돌아보고 출발지로 되돌아 나온다. 전체 코스는 반대쪽 능선으로 올라가 분화구를 한 바퀴 돌고 내려온다. 대부분 구간이 계단과 데크로 이루어져 있어 답사는 용이하나 슬리퍼, 하이힐 착용 시 입장이 금지된다.

◆ 기상 악화 시에는 탐방이 전면 통제된다. 탐방로 안쪽에 화장실은 없다.

식사와 보급

일단 코스로 진입하면 식사나 보급을 할 만한 곳이 전혀 없다. 음식물 반입도 금지. 센터와 이웃하고 있는 선흘2리 마을의 **오름지기**(064-782-9375 제주시 조천읍 선화길38) 고기국수(7,000원)와 **오름나그네**(064-784-2277, 제주시 조천읍 선교로525) 보말칼국수(12,000원)가 평이 좋다. 자가용으로 이동했다면 식당이 많은 함덕이나 김녕으로 이동하는 것도 방법이다. 회국수(12,000원)로 유명한 **동복리해녀촌**(064-783-5438, 제주시 구좌읍 동복로33)도 멀지 않다. 닭칼국수(11,000원)로 유명한 **원조교래손칼국수**(064-782-9870, 제주시 조천읍 비자림로645)도 가깝다. 함덕해수욕장에 위치한 **서울식당**(064-783-8170, 제주시 조천읍 합덕13길5) 푸짐한 돼지갈비(양념 17,000원)가 맛있는 식당이다.

탐방가이드

거문오름 탐방로는 100% 사전 예약제다. 탐사일 최소 1일 전 17:00까지 예약 | 1일 450명, 9회 운영, 회당 50명 한정 | 09:00~13:00 사이 30분 간격 인솔 | 예약 제주세계자연유산센터 홈페이지www.jeju.go.kr/wnhcenter/index.htm | 문의 064-710-8980~1 | 탐방료 성인 2,000원 | 매주 화요일, 설날, 추석 당일 휴무

◆ 탐방 예약은 탐방 전달 1일부터 가능하다. ex) 5월 10일 예약 신청은 4월 1일 09:00부터 가능.

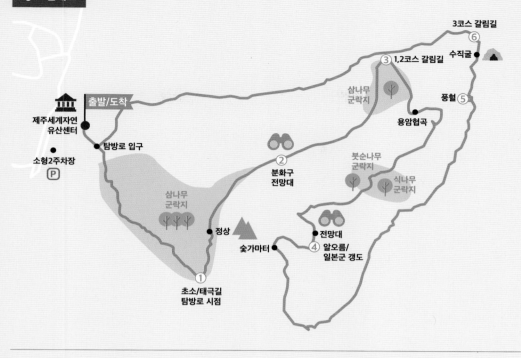

걷는 거리는
총 **5.2**km이고

상승 고도는 **178m**로 북한산
남산을 오르는 것과 비슷하며

그중 가장 높은 곳은 해발
456m의 정상 전망대다.

고도표

이색 숲 순례

남종화의 대가 소치가 반했던 상록수림,

첨찰산 천년의 숲

쌍계사계곡을 올라 정상을 찍고 봉화골까지

첨찰산 상록수림의 숲 그늘은 유달리 깊고 짙다.

"생달나무 향이 이끄는 신비의
숲으로 향한다. 산자락에 피어나는
운림을 뚫고 짙푸른 숲 그늘을 지나
정상으로 오른다. 따뜻한 듯 서늘한
기운을 품고 있는 가장 진도스러운
산을 거닐다."

등산화
필수

모두 **12,636보**를 걷게 되며

3시간 26분이 걸리고

40분간의 고강도 운동 구간이
포함된 고난한 여정

진도에는 나무 대신 구름이 모여 숲을 이루는 곳이 있다. 첨찰산 자락에 위치한 운림산방이 바로 그곳인데, 아침 저녁으로 피어 오르는 안개가 녹음처럼 짙다 하여 붙여진 이름이다. 이곳은 남종화의 대가이자 추사 김정희의 제자였던 소치 허련이 말년을 보낸 화실이다. 운림雲林에서 피어나는 향기는 오래된 한지에서 뿜어져 나오는 그윽한 묵향이다. 소치에서 시작된 화풍은 미산, 남농, 임전으로 이어지며 이곳은 한국 남종화의 본산이 되었다. 첨찰산을 배경으로 양지바른 곳에 자리 잡은 산방은 운림지란 연못과 어우러지며 한 폭의 산수화 같은 분위기를 자아낸다.

진도의 진산, 첨찰산이 품고 있는 숲은 안개가 걷히면 그제야 제 모습을 드러낸다. 산방 옆 쌍계사계곡에는 천연기념물이자 천년의 숲이라 불리는 상록활엽수림이 자리 잡고 있다. 이곳은 운림과 상록이 공존하는 몽환의 세상이다. 추사는 그의 대표작인 〈세한도〉를 통해 추운 겨울이 와야 비로소 소나무와 측백나무가 시들지 않음을 표현했다. 그림 속 소나무가 그러하듯 이곳의 나무도 겨울이 와도 시들지 않는 변치 않는 푸르름을 간직하고 있다. 이 숲은 겨울에 와야 그 진가를 알 수 있다. 운림산방을 뒤로하고 계곡으로 들어서면 코끝을 자극하는 짙은 숲 향을 맡게 된다. 입구 쪽에 군락을 이루고 있는 생달나무가 뿜어내는 독특한 냄새다. 여름철에는 여러 향과 섞여 흐릿해지지만 모든 것이 동면에 들어서는 시기가 되면 더욱 또렷해진다.

남도 여행에서 마주하는 상록활엽수림은 소나무 같은 침엽수에서 느껴지는 고고함과는 또 다른 감흥이 있다. 모든 것이 잎사귀를 떨군 시기에 녹음이 우거졌던 찬란했던 그 시절로 되돌아간 듯한 반가움이 느껴지는 것이다. 너는 이제껏 변치 않고 세월을 붙잡고 있었구나! 동백이 그러하듯 상록수의 잎사귀는 번들거리고 두툼하며 훨씬 야무져 보인다. 한 시절 쓰고 버리는 소모품이 아니라 쓰임새가 오

1 첨찰산 상록수림은 쌍계사 일주문에서 시작된다.
2 숲길 곳곳에 숲가마터의 흔적이 남아 있다.
3 숲길 초입부터 생달나무 향이 진하다.
4 첨찰산에는 기상대까지 올라가는 임도가 뚫려 있다.

래가기에 더 정성스럽게 피워냈기 때문이다. 이런 잎새가 하늘을 가리고 있으면 햇빛은 제대로 통과하지 못하고 숲은 더욱 어둡고 짙게 느껴진다. 이곳을 다녀왔던 사람들이 유독 숲이 짙다는 표현을 하는 것도 이와는 무관하지 않을 것이다.

심성안골을 따라 오르는 탐방로는 정확하게 물길과 나란히 만들어져 있다. 계곡이기에 돌도 많고 거칠 법도 하지만 산책로를 걷듯 편안하게 길이 이어진다. 고도를 조금씩 높일 때마다 숲은 채도를 높여가고 주변의 수종도 바뀌어가며 심심할 틈을 주지 않는다. 탐방로 주변으로는 가마터의 흔적이 몇 곳 남아 있다. 이곳에서는 붉가시나무와 동백나무 같은 상록수를 이용해서 백탄을 만들어 육지에 내다 팔았다. 육지에서는 참나무로 만든 숯을 참숯이라 하지만 이 지역에서는 붉가시나무로 만든 숯을 참숯이라 불렀다. 흑탄과 백탄은 숯을 굽고 난 뒤에 후처리 방식에 따라 색이 달라진다. 백탄은 쇠처럼 단단하고 처음 불을 붙이기는 쉽지 않으나 일단 붙은 불은 두세 배 오래 타고 온도 또한 높았기에 상품으로 취급받았다. 이 숲의 푸르름만큼 여기서 만들어진 숯의 열기 또한 꽤나 오래갔던 모양이다. 편안했던 길은 딱 넓적바위라 불리는 곳에서 끝난다.

여기서부터 능선으로 오르는 구간은 여느 돌산 정상으로 가는 산행과 별반 다르지 않다. 아래쪽에서 봤을 때는 둥글둥글해 보이

는 육산의 형상이었으나 속으로는 제법 거친 기운을 품고 있었다. 마침내 능선 위에 올라서면 북으로는 진도해협을 가로지르는 거대한 현수교와 서쪽으로는 해남반도 그리고 주변 바다에 촘촘하게 내려앉은 다도해의 섬이 막힘없이 보인다. 숲의 푸르름이 바다로 이어지는 이 장관은 섬 산행에서 맛볼 수 있는 묘미 중의 묘미다. 기상대가 마주 보이는 정상에는 돌을 쌓아 만든 봉수대가 우뚝 서 있다. 뾰족한 곳에서 주변을 살핀다는 뜻의 '첨찰尖察'이라는 명칭은 여기에서 유래된 것이다. 백제 때부터 왜적의 침입에 대비해서 만들어진 시설이라 하니 저 아래쪽 울돌목에서 명량대첩이 벌어졌던 그날에도 누군가는 이곳을 지키고 있었을 것이다.

봉화골을 따라 하산하는 길은 꽤나 가파르다. 올라올 때와는 달리 이것저것에 의지하며 가속도를 줄이는 데 신경 쓰다 보면 주변 경관은 눈에 잘 들어오지도 않는다. 마침내 내리막이 끝나는 지점에 진도아리랑비가 세워져 있다. "창천 하늘에는 잔별도 많고 이내 시집살이 잔말도 많다" "노다가세 노다가세 저 별이 떴다지도록 노다가세" 속에서는 퍽퍽한 섬에서 살아갔던 여인네들의 애환과 그 와중에도 오늘을 즐기자는 현실주의가 동시에 묻어나는 듯하다. 이런 섬 사람들의 정서 탓인지 부드러운 듯 거칠며 따뜻한 듯 서늘함을 품고 있는 첨찰산을 가장 진도스러운 산이라 부르는지도 모르겠다.

1 첨찰산 정상에는 봉수대가 남아 있다.
2 주변 바다에는 다도해의 섬이 흩뿌려져 있다.
3 진도아리랑비가 보이면 험한 길은 끝난 것이다.
4 운림산방은 남종화의 대가 소치 허련이 말년을 보낸 곳이다.
5 운림산방 맞은편 연못에는 배롱나무가 있는 작은 섬이 있다.
6 산방 뒤에 소치가 거주하던 초가집을 복원해 놓았다.

길머리에 들고 나는 법

♦ 자가용

운림산방 주차장(진도군 의신면 사천리83)에 주차. 주차비 무료.

♦ 대중교통

서울센트럴시티터미널에서 진도터미널까지 직행 차편이 하루 3회 있다. 첫차는 08:50 출발, 4시간 40분 소요. 진도 터미널에서 운림산방까지는 농어촌버스 80-1번이 하루 5회 운행. 07:40, 10:30, 13:20, 16:30, 18:00. 읍내에서 5km 거리로 택시 이용 시 10,000원 정도.

길라잡이

안내표지 있음, 네이버지도상 경로 표시 있음(첨찰산 등산로). 반려견 동반 가능

쌍계사계곡을 따라 정상으로 오르는 등산로다. 안내표지 판상 등산로 A코스에 해당한다. 상록수림은 쌍계사에서 시작해서 넓적바위까지 2.2km 구간이다. 여기까지는 경사도 완만해 걷기 좋지만 이후로는 정상에 가까워질수록 점점 가팔라진다. 숲길을 걷고 싶다면 이곳에서 되돌아가는 것이 좋다. 넓적바위를 지나 500m 정도 오르면 임도길과 만나게 된다. 임도로 가는 것이 거리는 좀 늘어나지만 훨씬 편하다. 임도를 따라 1km 정도 이동하면 기상청으로 올라가는 가파른 오르막길과 만난다. 이 길을 따라 오르다가 우측으로 가면 정상에 도착한다. 오르기 쉬운 산이라는 정보에 현혹되지 말자. 특히 A코스는 최단거리인 만큼 가파르게 올랐다가 가파르게 내려온다.

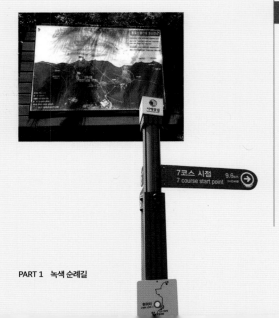

식사와 보급

주차장 주변으로 매점과 식당이 몇 곳 영업 중이다. 동선을 넓게 보면 선택의 폭이 늘어난다. 읍내의 **신호등회관**(061-544-4449, 진도군 진도읍 남동1길66) 꽃게살비빔밥(13,000원)이 맛있는 집이다. 진도의 남쪽 끝자락 굴포항 인근에 위치한 **굴포식당**(061-543-3380, 진도군 진도대로4194-1) 졸복으로 끓여낸 복탕(12,000원)이 유명하다. 언뜻 보면 육개장 같은 비주얼이 독특한 향토 음식이다.

탐방가이드

운림산방관광안내소에는 문화관광해설사가 상주하고 있다. 문의 061-540-3560 | 단체는 인터넷으로 해설 신청 예약 가능, 진도군 관광문화 홈페이지www.jindo.go.kr/tour/main.cs 참고 | 운림산방 하절기 3~10월 09:00~18:00 운영 | 입장 마감 17:30, 동절기에는 1시간 일찍 마감 | 입장료 성인 2,000원 | 반려견 출입금지

운림산방과 이웃하고 있는 **남도전통미술관**(061-540-6264)은 수묵비엔날레 같은 다양한 주제의 작품이 전시되는 공간이며 산방 내에 자리 잡은 **소치기념관**은 소치를 비롯해서 미산, 남농, 임전 등의 작품을 감상할 수 있다.

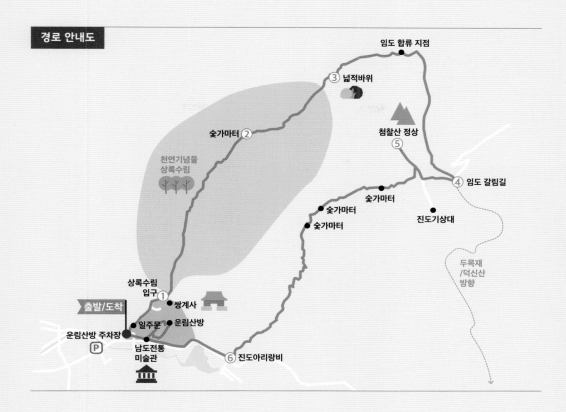

임도 합류 지점

③ 넓적바위

첨찰산 정상
⑤

숯가마터 ②

천연기념물
상록수림

④ 임도 갈림길

숯가마터

숯가마터

진도기상대

두목재
/덕신산
방향

상록수림
입구 ①

쌍계사

출발/도착

일주문   운림산방

운림산방 주차장
P

남도전통
미술관

⑥ 진도아리랑비

걷는 거리는
총 **7.2**km이고

상승 고도는 **428**m로 삼성산을
오르는 것과 비슷하며

그중 가장 높은 곳은 해발
485m의 첨찰산 정상이다.

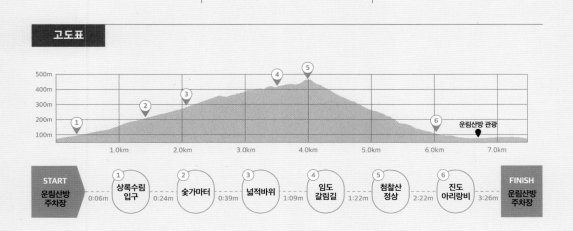

START 운림산방 주차장	① 상록수림 입구	② 숯가마터	③ 넓적바위	④ 임도 갈림길	⑤ 첨찰산 정상	⑥ 진도 아리랑비	FINISH 운림산방 주차장
	0:06m	0:24m	0:39m	1:09m	1:22m	2:22m	3:26m

소나무 숲속에 일군 신라인들의 불국토,

서남산 삼릉골 코스

삼릉 주차장에서　　　　　　　삼불사를 거쳐　　　　　　　상사바위까지 →

안강형 소나무라 불리는 이곳의 나무들은 이리저리 뒤틀리고 구부러져 있다.

"투박하고 못난 것들이 만들어낸 고태미의 향연이 펼쳐진다. 남산 위에 저 암릉과 불상은 어느덧 하나가 돼버렸다. 이리저리 구부러진 소나무들이 어우러지며 만들어내는 여진은 오래도록 계속된다."

등산화 필수

모두 **12,636보**를 걷게 되며

4시간 24분이 걸리고

30분간의 고강도 운동 구간이 포함된 여정

143

도래솔은 능 주변에 심어놓은 소나무를 뜻한다. 도래는 둥근 물건의 둘레를 뜻하는데 이렇게 둘러친 나무들은 산자와 망자의 경계를 나타내는 울타리이자 삶과 죽음을 잇는 영혼의 나무로 섬겨졌다. 경주 삼릉은 신라 시대 세 명의 통치자가 묻혀 있는 장소다. 삼릉숲이라 불리는 이곳의 도래솔은 송림의 신비로움을 이야기할 때마다 빠지지 않고 등장하지만 나무들의 생김새는 일반적인 미송美松의 기준과는 사뭇 결이 다르다.

경주 남산에는 사방으로 흘러내리는 40여 개의 골짜기가 있는데 삼릉골을 따라 올라가는 탐방 코스는 그중에서도 가히 백미라 할 만하다. 남산은 우리나라에서 불교문화재가 가장 밀도 높게 분포되어 있는 지역이다. 총 700여 점의 문화재를 품고 있는데 절터만 100여 곳에 달하며 석탑과 불상은 각각 70~80여 기다. 남산 서측에 위치한 삼릉골은 문화재가 가장 밀집되어 있는 핵심 지역이다.

삼릉골 탐방 코스는 서남산 공영주차장에서 시작된다. 삼릉을 지척에 두고 있지만 인근 삼불사로 에둘러 돌아가며 경로가 시작된다. 이곳에 먼저 들리는 이유는 남산을 대표하는 석불인 배리삼존불을 보기 위함이다. 인근에 방치되어 있던 석상을 1920년대에 와서야 다시 모아 세운 것으로 중앙 본존불과 좌우의 협시보살상들은 4등신의 몸매와 밝은 미소 탓에 어린아이 같은 천진함이 묻어 나온다. 대충 만든 것 같은 네모난 발을 보고 있노라면 석굴암 본존불에서 느꼈던 정교함과 비례미 같은 것은 아예 찾아볼 수조차 없다. 코 부분이 살짝 깨진 본존불의 얼굴에서는 세월의 풍상이 짙게 느껴질 뿐이다.

돌고 돌아 도착한 삼릉 주변은 소나무로 가득하다. 자세히 보면 이곳 나무들은 뭐라도 단단히 배알이 꼬인 듯 이리저리 뒤틀리고 구부러져 있다. 능과 맞닿은 곳에서는 거의 쓰러질 정도로 기울어져 있는 것이 다반사다. 이 숲속 나무들은 서로 같은 것이 하나도 없는

1 배리삼존불의 얼굴은 경주의 미소라 할 만하다.

2 삼릉의 소나무가 능을 향해 고개를 숙이고 있다.

3 탐방로 주변으로는 탑재와 석재들이 남아 있다.

삼라만상의 형국인 것이다. 미송은 일반적으로 곧은 몸통, 큰 키, 그리고 지하고라 하는 맨아랫가지에서 지표까지의 높이가 높을수록 좋은 것으로 친다. 외피 또한 규칙적이고 조밀하게 갈라져 있어야 함은 물론이다. 이는 금강송의 특성과 일맥상통하는데 이 기준으로만 본다면 삼릉숲의 소나무는 못난이들의 집합소다. 이런 형태의 나무를 따로 안강형 소나무라고도 한다. 나무가 이런 모양인 것은 번듯한 나무는 모두 잘려서 목재로 쓰이고 그렇지 못한 것만 남아 숲을 이뤘기 때문이라 한다. "못난 소나무가 선산 지킨다"라는 말이 꼭 들어맞는 셈이다. 이들에게서는 당당한 기상이나 고고한 절개 같은 것이 느껴지지는 않지만 굴곡진 곡선이 모여서 만들어내는 흔들리는 듯한 잔상은 길을 걷는 내내 아른거린다.

이제부터는 골짜기에 숨어 있는 불교 유적지들을 찾아다니며 고도를 높인다. 도래숲 주변으로는 절터의 흔적이 곳곳에 남아 있다. 불두가 훼손된 불상, 어디에서 떨어져 나왔는지 알 수 없는 옥개석과 옥신이 이곳에 절집이 있었음을 알려주고 있을 뿐이다. 가는 곳마다 유적이 발끝에 차인다는 말은 그리스, 로마뿐만이 아니라 이곳 삼릉골에도 적용되는 이야기다.

남산은 화강암으로 이루어진 전형적인 돌산이다. 산중턱부터는 중간중간 암릉 지대를 지나가게 되는데 시야가 터지는 곳에 있는

넓은 바위에는 어김없이 마애불과 선각불이 새겨져 있다. 언뜻 보면 무엇이 바위이고 어디가 불상인지 구별되지 않을 정도로 세월의 풍상 속에서 완벽하게 하나가 되었다. 양각되거나 음각된 불상들은 원래부터 남산의 일부였던 것처럼 이질감 없이 녹아들었다. 바위 속 불상의 모습은 초입에서 마주했던 배리삼존불의 인상과도 별반 다르지 않다. 긴 코와 두툼한 입술은 근엄한 신의 모습이라기보다는 어딘가에서 한 번쯤 본 듯한 이웃의 얼굴을 떠올리게 한다. 화강암이 갈라지고 변색된 모습은 바위 틈새에서 위태롭게 살고 있는 찌들목이라 불리는 소나무의 거친 외피와도 닮았다. 이렇듯 바위 속에 숨어 있는 불상을 찾아 헤매다 보면 어느새 경주 시내가 바라보이는 평평한 바둑바위에 도착한다. 이제야 주변 시야가 트이는 능선에 올라선 것이다. 단석산이 마주 보이는 이 능선을 따라가다 보면 여근바위를 지나 남근바위가 있는 상사바위에 도착한다. 삼릉골 탐방 코스는 남산 최고봉인 금오봉을 지척에 둔 채 이곳에서 마무리한다. 애당초 정상을 밟는 것이 아니라 불교 유적을 찾아보는 것이 목적이었던 까닭이다.

삼릉골 소나무와 석불의 아름다움은 비율이나 정교함 같은 단편적인 잣대만으로는 판단할 수도 없고 또 한눈에 보이지도 않는다. 수석과 분재에 담겨 있는 있는 고태미古態美를 발견해 가듯 천천히 그들이 몸 안에 새겨넣은 시간의 역경과 삶의 과정을 공감하고 이해해야 한다. 이렇듯 이 숲이 곰삭혀놓은 아름다움은 자세히 보고 또 오래 보아야 비로소 보인다.

1 남산에는 바위마다 석가여래가 계신다.
2 마애관음보살상.
3 선각육존불.
4 석조여래좌상.
5 선각여래좌상의 얼굴이 친근하다.

길머리에 들고 나는 법

✦ 자가용

서남산 공영주차장(경주시 포석로647)에 주차한다. 주차료는 1일 2,000원.

✦ 대중교통

서울역에서 경주역까지 KTX가 운행된다. 첫차는 05:12 출발, 2시간 소요. 경주역에서 삼릉까지 직통버스는 없고 경주터미널까지 이동한 뒤 1회 환승. 터미널에서는 500번, 502번, 505번, 506번, 507번, 508번 시내버스가 삼릉까지 수시로 운행.

길라잡이

안내표지 있음, 네이버지도상 경로 표시 있음(경주국립공원 삼릉코스). 국립공원 내 반려견 동반 금지

이 코스는 경주국립공원 삼릉코스를 기반으로 하고 있으나 출발지에서 배리삼존불을 들렀다가 가는 등 약간의 변형이 가미된 코스다. 남산연구소에서 진행하는 삼릉골답사 루트를 기반으로 한다. 경주남산문화유적답사 코스를 신청하면 해설사의 인솔을 따라간다. 개별 답사 시에는 경주남산연구소 홈페이지www.kjnamsan.org >경주남산자료>가이드북1을 참고한다. 유적답사길이지만 능선 위까지 오르는 까닭에 제법 난이도가 있다. 특히 선각육존불, 선각여래좌상, 석조여래좌상으로 이어지는 구간은 암릉 구간을 통과하기에 주의가 필요하다.

◆ 이 책은 상사바위까지 갔다가 되돌아오는 것으로 안내한다. 서남산 풀코스를 걷고 싶은 사람은 금오산 정상을 지나 용장골 쪽으로 내려오는 종주 코스를 선택하면 된다.

식사와 보급

일단 탐방로로 들어서면 식사나 보급을 할 만한 곳이 전혀 없다. 유적 답사에 참가하면 대략 점심때쯤 능선 위에서 마무리된다. 바둑바위 인근에서 도시락을 먹고 내려오면 좋다. **교리김밥**(054-772-5130, 경주시 탑리3길2) 코스와 가장 가까운 곳에 있는 김밥집으로 달걀지단이 풍부한 교리김밥(11,000원/2줄)을 싸가도 되고 업장에서 국수(7,500원)와 함께 먹고 와도 좋다. 08:30부터 영업한다.

하루 전날 미리 와서 시내 쪽에서 출발한다면 성동시장 **보배김밥**(054-772-7675, 경주시 원화로281번길11) 우엉

김밥(6,000원)이나 황리단길 **황남우엉김밥**(010-7371-1205, 경주시 포석로1074 남편동1층) 우엉김밥 (9,000원 2줄)도 대안이다. 금리단길에 위치한 **명동쫄면**(054-743-5310, 경주시 계림로 93번길3) 유부쫄면(8,000원)도 김밥과 어울린다.

탐방가이드

전문해설사가 동행하는 삼릉골 코스는 매주 토, 일, 공휴일에 연중 항시 운영된다. 09:30~13:30까지 4시간 소요되며 **서남산 공영주차장 입구 쪽 관광안내소**에서 집결한다. 참가비 무료 | 지도, 기념엽서 제공 | 답사 전날까지 경주남산연구소 홈페이지www.kjnamsan.org에서 답사 신청, 당일 집결지에서 현장 접수 가능 | 문의 054-777-7142

◆ 이 외에도 3월에서 11월 사이에는 남산을 탐방하는 8개 프로그램이 운영된다. 일부 구간은 개인 차량으로 이동하는 경우도 있다. 우천 시 진행 여부는 당일 현장에서 결정된다.

삼불사

① 배리삼존불

P
서남산
공영주차장

출발/도착

관광안내소
ⓘ

② 삼릉

제1사지탑제

③ 마애관세음보살상

등산 방향

선각육존불

선각여래좌상

하산 방향

④ 석조여래좌상

바둑바위

⑥ 상사바위

⑤ 상선암

금오봉 방향

걷는 거리는
총 **7.0**km이고

상승 고도는 **319**m로 인왕산을
오르는 것과 비슷하며

그중 가장 높은 곳은 해발
387m의 바둑바위다.

고도표

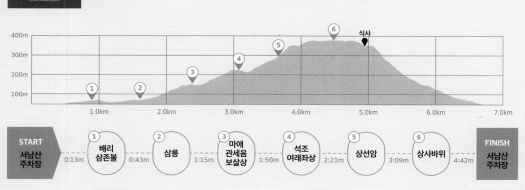

START 서남산 주차장	① 배리 삼존불	② 삼릉	③ 마애 관세음 보살상	④ 석조 여래좌상	⑤ 상선암	⑥ 상사바위	FINISH 서남산 주차장
	0:13m	0:43m	1:15m	1:50m	2:21m	3:09m	4:42m

이색 숲 순례

대왕소나무를 만나러 가는 길,

울진 금강소나무숲길 4구간

너삼밭에서   대왕소나무까지

대왕소나무는 600살이 넘는 나이가 믿기지 않을
만큼 가지 끝마다 붉은 기운이 넘쳐난다.

"이 숲에는 외져서 살아남은 자들의
이야기가 담겨 있다. 칼끝 같은
능선에 자리 잡은 대왕소나무는
고고하고, 이곳을 오가던
보부상들은 억척스러웠다. 해설사
선생이 불러주는 노래 한 소절에
그들의 고단했던 삶이 배어난다."

등산화
필수

모두 **18,076보**를 걷게 되며

4시간 **25**분이 걸리고

18분간의 고강도 운동 구간이
포함된 여정

별종은 그 생김새나 행동이 일반적인 무리와는 뚜렷하게 구분되는 개체를 일컫는다. 금강송은 소나무 사이에서는 아주 특별한 별종이다. 하늘을 향해 늘씬하게 뻗어 올라간 수형과 불그죽죽 불의 기운이 감도는 듯한 육감적인 외피는 다른 나무와는 확연하게 구분되는 특성이다. 그럼에도 이 매력적인 별종들은 유전적으로는 일반 소나무와 품종을 구분 지을 만한 차이를 보이지 않기에 더욱 신비롭다.

금강송, 춘양목 또는 황장목같이 여러 이름으로 불리는 이 나무는 오로지 태어난 지역에 따라서만 유의미한 구분이 가능하다. 강원도와 경상도 북부 지방에 걸쳐 있는 백두대간과 낙동정맥을 따라 광범위하게 분포하며 대관령을 비롯 곳곳에 군락지를 이루고 있지만 그중에서도 울진 소광리 군락지는 전국 최대 규모를 자랑한다. 600여만 평의 넓은 면적에 걸쳐서 1,200여만 그루가 자생하는 것으로 알려져 있다. 이곳은 별종들이 모여 사는 일종의 별세계인 셈이다. 국도를 벗어나 대광천을 따라 탐방이 시작되는 길은 깊고 외지기도 할 뿐더러 금강송 군락지로의 입산 통제 표시가 곳곳에 세워져 있다. 이는 과거에는 벌목을 허가하지 않았던 봉산封山임을 선포하던 황장금표의 역할을 아직도 대신하고 있는 듯하다. 지금도 이 금표의 역할은 유효하기에 코스당 입산할 수 있는 인원은 하루 80명으로 제한된다.

이렇게 금강송이 모여 살던 별세상이라지만 이곳도 예로부터 숲길을 오고 가던 사람들의 흔적이 덧입혀져 있다. 그 뚜렷한 발자취를 십이령옛길이라 부르는데 울진, 흥부장에서 구입한 자염과 미역을 지고 60km 거리의 춘향, 내성장을 오가던 보부상들의 교역로를 말한다. 울진금강소나무숲길은 이 길을 근간으로 시작되었으며 현재는 여러 차례 분화하기를 반복해서 총 일곱 개 코스가 만들어졌다. 그중 대왕소나무길이라 불리는 4구간은 이 숲에서 가장 오래되었다는 대왕송을 만나러 가는 코스다. 보부상옛길과 금강소나무숲길을 이어

1 하산길은 온통 금강송으로 가득하다.
2 대왕소나무길은 너삼밭이라 불리는 곳에서 시작된다.
3 코스 초반에는 소광천계곡을 따라간다.
4 썩바골폭포라 불리는 작은 폭포도 지나간다.
5 능선으로 오르는 길은 여느 등산로와 다름없다.

붙였다 떨어지기를 반복하며 양쪽을 교차하듯 탐방하기에 더욱 흥미진진한 트레일이다.

4구간의 시작점은 지번을 모르면 아예 찾아갈 수조차 없는 공터 어딘가에서 시작된다. 초반에는 대광천을 따라 보부상들이 오고 갔던 옛길을 걷지만 트레일은 머지 않아 메인 스트림에서 이 탈해 대왕소나무를 찾아가는 별도의 여정을 시작한다. 안일왕산 에서 흘러내리는 물줄기를 따라 오르게 되는데 길은 생각보다 거 칠지 않고 완만하다. 단, 금강송 군락지를 기대하고 왔것만 그들 은 아직 존재를 드러내지 않는다. 혼요림의 일반적인 모습만 보일 뿐 일렁거리는 듯한 붉은색 기운은 느껴지지 않는 것이다. 시야가 터지는 능선 위로 올라서면 그제야 범상치 않은 나무들과 마주하 게 된다. 아, 이 나무인가 싶어서 가보면 '망부송'이란 이름이 붙어 있으며 또 저 나무인가 싶으면 '황장빈' 나무라 하며 그다음에는 또 '어영대장'이라 하니 대왕송을 향한 기대치는 점점 높아만 가는 것이다.

마침내 발견한 대왕송은 이웃 응봉산이 마주 보이는 능선 끝자락에 고고히 서 있다. 600년을 훌쩍 넘었다는 나이가 무색하 게 육감적으로 이리저리 뒤틀리듯 펼쳐져 나오는 줄기와 거기에 서 느껴지는 붉은 생동감은 마치 불끈불끈 핏줄 선명하게 드러난 역사力士의 팔뚝 같다. 끝없이 불어오는 강풍과 물 한 방울 나올 것 같지 않은 거친 땅에서 대체 어떤 기운을 받았길래 저리 당당한 것인지 경외로울 뿐이다. 얼마 전 바로 맞은편까지 바짝 다가왔었 다는 산불의 흔적까지 확인하고 나니 자리를 잡아도 하필 이런 곳 을 잡았을까 싶다. 이들에게는 별종이라기보다는 독종이란 단어 가 더 적합할지도 모르겠다. 사실 소나무가 점점 산 위로 오르는 이유는 그들이 별나거나 독해서가 아니라 단지 그곳이 외지기 때

문이다. 좋은 땅, 양지바르고 기름진 곳에서는 억척 같은 활엽수에게 치이기 때문에 그들은 나름 생존 방식을 찾은 것이다. 비록 중심에서 밀려났으되 당당함을 잃지 않았기에 이들의 모습에서 대장부의 기상과 고고한 절개를 논하는 것이다. 능선을 따라 내려가는 하산길에서는 더 많은 금강송 군락과 마주하게 된다. 그들 역시 같은 이유로 날카로운 능선 주변으로 몰려든 것일 테다.

탐방로는 십이령 중 두 번째 고개인 샛재에서 다시 보부상길과 합류한다. 고개 정상에는 보부상들의 무사 통행을 기원하는 성황당이 자리를 지키고 있다. 무거운 봇짐, 등짐을 메고 봉화까지 가는 데는 꼬박 2박 3일이 걸렸다고 한다. "가노 가노 언제 가노 미역 소금 어물지고 춘향장은 언제 가노." 해설사 선생님이 불러주는 노래 한 소절에서 이곳을 오갔던 보부상들의 고난했던 여정이 느껴지는 듯하다. 돌아오는 길에도 가져갔던 상품들은 쌀과 같은 물품으로 맞바꿨을 테니 그들의 어깨는 여전히 무거웠을 것이다. '고고함과 고난함' 이곳을 삶의 터전으로 삼았던 존재들에게서 느껴지는 감정은 사뭇 다르지만 이곳은 누군가의 말처럼 외져서 살아남은 금강역사들의 땅이다. 그들은 불굴의 의지로 고갯마루를 오르내렸고 또 벼랑 끝 땅 한 줌을 움켜지고 독하게 살아남은 것이다.

1 능선 위로 올라서면 범상치 않는 자태의 금강송들과 마주한다. 망부송의 모습.
2 황장보좌목.
3 어영대장소나무의 당당한 기세가 좋다.
4 능선 끝자락 가장 위태로운 곳에 대왕소나무가 서 있다.
5 샛재에는 사람들의 안녕을 기원하는 성황당이 세워져 있다.

길머리에 들고 나는 법

◆ 자가용

울진금강소나무숲길은 코스에 따라 집결지가 달라진다. 4
코스 대왕소나무숲길은 울진군 금강송면 소광리539-1에
주차한다. 주차비 무료. 탐방신청자에게 하루 전날 집결지
정보를 알려준다.

◆ 대중교통

서울동서울터미널에서 울진터미널까지 하루 11회 차편이
있다. 첫차는 07:10 출발, 3시간 40분 소요. 울진시외버스
터미널에서 소광리까지 하루 2회 차편이 있고 집결지로부
터 4km 거리에 있는 금강송에코리움까지만 군내버스가 들
어온다. 울진시외버스터미널에서 50분 소요.

◆ 금강송에코리움에 숙박한다면 금강송면에서 하차한 뒤 픽업 서비스
를 이용하는 것도 방법이다. 요금은 차량 1대당 20,000원 최대 4인
까지 탑승 가능. 동서울에서 출발하는 울진행 시외버스 중에서 하루 4
편은 금강송면을 경유한다.

터미널 발		소광2리 발
08:05	▶	09:05
15:20	▶	16:30

궁리하다

금강소나무숲길 코스 중 어떤 숲길을 걸을까?

가장 대표적인 코스는 보부상길로 알려진 1코스지
만 2024년 9월 현재 잠정 폐쇄 중이다.
가장 많은 사람들이 찾는 코스는 가족탐방 길로 소
나무 군락지와 미인송을 둘러보는 짧은 코스다.

길라잡이

안내표지 있음, 두루누비상 경로 표시 있음(금강소나무숲길
4코스) 반려견 동반 금지
이 구간은 단독으로 진행할 수 없고 마을해설사와 동행해야
한다. 대왕소나무가 있는 능선으로 오르는 까닭에 7개의 트
레일 중에서도 가장 난이도가 있다. 물론 상대적으로 그렇다
는 이야기지 일반적인 등산 코스와 비교하면 무난한 편이다.
4코스 대왕소나무길은 1코스와 마찬가지로 초반 소광리계
곡을 따라가다가 안일왕산 쪽으로 방향을 틀어서 능선으로
접어든다. 출발지에서 2km, 3km, 4km가 될 때마다 단계적

으로 가팔라지는데 오르막의 길이는 4.4km에 달한다. 내려
올 때는 같은 길로 오지 않고 성황당 쪽으로 가서 다시 1코
스와 만나게 된다.

식사와 보급

금강소나무숲길 일부 코스에서는 숲밥이라 하여 마을에서
제공하는 식사(8,000원)가 제공되나 4코스에서는 운영되지
않는다. 코스 주변은 완벽한 무인지경이며 도시락과 식수
등을 필히 준비해야 한다. 대왕소나무 인근에서 점심을 먹
고 내려가게 된다. 출발지로 돌아와도 마을 인근에 항시 영
업하는 식당은 없다. 보부상들의 최종 목적지였던 춘양장
이나 내성장(현재는 억지순양시장, 봉화시장)에서 식사를 해결
하는 것도 의미 있겠다. 봉화시장에 있는 **연수네 밥집**(054-
674-3590, 봉화군 봉화읍 신시장1길12) 곤드레밥(9,000원)이
정갈하게 나온다. **시장닭집**(054-673-6722, 봉화군 봉화읍
내성리394-1) 후라이드(17,000원)가 아주 푸짐하다.

숙박

금강송에코리움(054-783-8904) 이 일대에서 가장 시설 좋
은 숙소. 코스 인근에 위치하며 저녁과 조식도 제공된다. 예
약은 홈페이지pinestay.com 참고. 울진금강소나무숲길 홈
페이지www.uljintrail.or.kr에 인근 마을에서 운영 중인 민
박집 리스트가 소개되어 있다.

탐방가이드

울진금강소나무숲길은 100% 예약제로 진행된다.
울진금강소나무숲길 홈페이지www.uljintrail.or.kr 참고 |
안내센터 054- 781-7118

◆ 금강소나무숲길은 4월 20일에서부터 11월30일까지 운영되며 12월
1일부터 산불 예방 기간으로 입산이 통제된다.

경로 안내도

성황당
현령공덕비 ⑥
주막 터 ②
휴게소
대왕소나무 ⑤
식사 장소
석박골폭포 ③
망부송 ④
어영대장소나무
황장빈소나무
1코스 보부상길
두천리 방향
① 대광천 초소
출발/도착
소광리 538-1
ⓟ

걷는 거리는
총 **10.3**km이고

상승 고도는 **467**m로 삼성산을
오르는 것과 비슷하며

그중 가장 높은 곳은 해발
786m의 대왕소나무다.

고도표

이색 숲 순례

157

길에서 만나는 삶의 풍경들

마을 순례길

PART 2

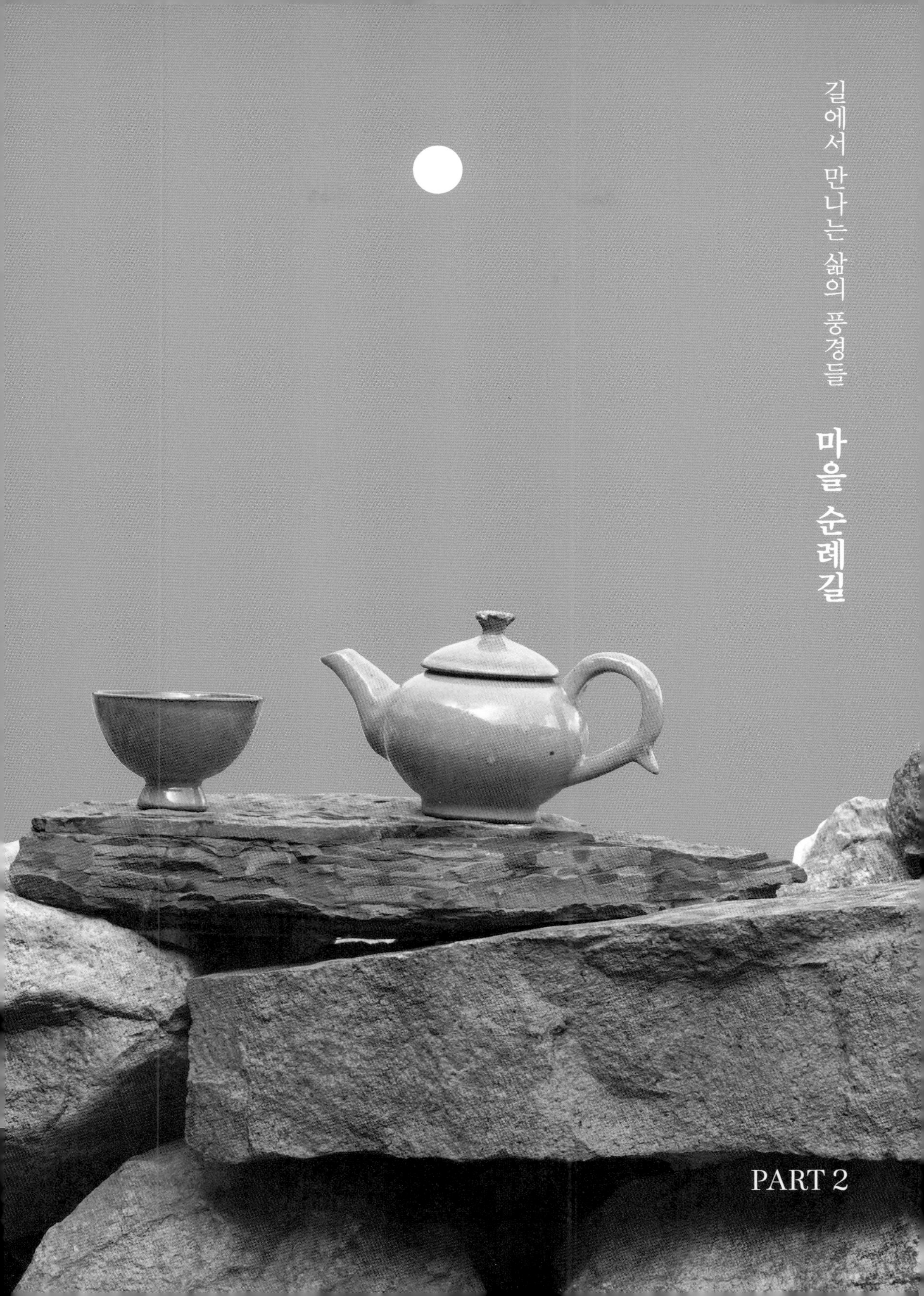

청정 물길을 따라 걷는 길
오지 계곡 순례

세상에 이런 오지 순례는 또 없습니다,
왕피천 생태탐방로 2구간

계곡 순례자들의 영원한 로망,
덕산기계곡 트레킹

버들치 반겨주는 천국으로 들어서다,
덕풍계곡 생태탐방로

은둔의 계곡으로 숨어들다,
아침가리계곡 트레킹

세상에 이런 오지 순례는 또 없습니다,

왕피천 생태탐방로 2구간

굴구지마을에서　　　　　　　　　　　　　　　　　　　　속사마을까지

용소에는 용 한 마리가 또아리를 틀고 앉아 포효하고 있다.

"왕피천은 아직까지 오지가 남아 있다고 믿는 탐험가들을 불러들인다. 전대미답의 길은 거칠고 힘들며 고독하다. 허옇게 분칠한 듯한 용소가 내뿜는 기운은 한여름에도 간담이 서늘해질 정도다."

등산화 필수

모두 **23,868보**를 걷게 되며

6시간 41분이 걸리고

130분간의 고강도 운동 구간이 포함된 매우 고된 여정

오지奧地는 인간이 접근하기 힘든 험난한 지역을 말한다. 한자를 직역하면 '깊은 곳에 있는 땅'이다. 교통과 통신의 발달로 사람의 발걸음이 닿지 않은 곳을 찾아다니는 탐험가라는 직업은 소멸했다. 이제 오지라는 말은 여행사 광고에서나 쓰는 문구로 전락한지 오래다. 탐험할 곳이 사라져버린 재미없는 세상에서도 사람들은 자기만의 오지가 있을 것이라는 믿음을 품고 어느 곳에 남아 있을지 모르는 미지를 향해 모험을 떠난다.

경북 울진군 왕피천 유역은 아직까지 나에게 오지로 남아 있는 땅이다. 계곡은 산속에 꼭꼭 숨어 있으며 찻길은 고사하고 걸어 다니는 트레일 코스도 아직 완성되지 않았다. 답사를 다녀오면 코스마다 남겨지는 뒷맛의 여운은 모두 다르다. 한번을 다녀와도 길이 눈에 쏙쏙 들어오며 주변의 지형이 명확하게 정리되는 곳이 있는 반면 어떤 곳은 다녀와서도 완주했다기보다는 헤매다가 간신히 빠져 나온 느낌이 드는 곳이 있다. 왕피천은 후자에 속한다. 이 코스가 과연 최선이었는지 그 뒤에는 어떤 길이 펼쳐지는지 이곳에 올 이유와 이곳에서 담아올 것을 제대로 담고 나왔는지에 대한 확신이 서지 않는다. 이런 곳은 완주했다는 인증 도장을 쉽게 내어주지 않는다. 다녀와도 여전히 미답의 상태로 남아 있는 곳, 왕피천은 그런 곳이다.

100% 소화해 내지 못한 미완의 코스였음에도 불구하고 이곳을 소개하는 데는 나름의 이유가 있다. 거친 날것의 느낌, 여름에도 한기가 느껴지는 용소의 기운, 찬란한 광명이 비추는 듯한 새들의 합창만으로도 이곳은 한번 와볼 만한 가치가 있다. 이곳의 야생성을 이해하기 위해서는 먼저 지역의 물리적인 스케일을 알아야 한다. 환경부에서는 생물다양성이 풍부하고 경관이 수려한 지역을 생태경관보존지역으로 지정하는데 왕피천 유역은 우리나라에서 가장 넓은 면적이 보존지역으로 지정되어 있다. 이는 북한산국립공원의 면적을 능

1 왕피천숲속캠핑장은 계곡에 접해 있다.
2 탐방로에서 가장 먼저 마주하는 것은 용소 전망대이다.
3 마을 어느 곳이나 금강송으로 가득하다.
4 하늘에서 바라본 왕피천의 모습.

가하는 규모다. 물길은 60km에 달하는데 영양군 수비면에서 시작해 울진군 왕피리로 넘어온 다음 구산리에서 바다와 만난다.

탐방로는 중류 지점인 왕피리에 다섯 개 코스가 개설되어 있다. 그중에서도 가장 대표적인 코스는 왕피천을 따라오르는 왕피천 제2탐방로다. 굴구지마을에서 시작해 속사마을을 왕복하게 된다. 실제 트레일은 상천동 관리초소를 지나면서 시작된다. 양쪽 마을 할머니들이 시집올 때 가마 타고 넘어왔던 옛길이라는데 난이도가 기가 막힐 정도다. 철제 잔도나 나무 데크를 전혀 설치하지 않은 날것 그대로의 트레일이다. 계곡 옆 절벽 지형을 따라 끊임없이 오르내리도록 되어 있다. 출발지에서 멀어질수록 길은 점점 더 험해진다. 돌무더기 구간은 두 손 두 발을 이용해서 돌파해야 하며 계단이 없는 오르막은 다리찢기를 하듯 디딤 발을 높게 딛고 올라서야 한다. 평소 걸을 때는 쓰지 않던 근육을 사용하기에 다리에서 경련이 일어날 정도다. 대신 이곳은 사람의 발길이 닿지 않는 완벽한 무인 지대다. 트레킹 내내 한 명의 사람도 만나기 어렵다. 이곳의 터줏대감인 산양과 알 수 없는 육식동물의 배설물로 보이지 않는 그들의 존재를 인지할 뿐이다.

회귀 지점인 속사마을에 도착하면 아마 십중팔구는 왔던 길로 돌아가기 싫을 것이다. 다른 지역이라면 택시를 불러 점프하는 것도 고려해 볼만 하지만 이곳은 불가능하다. 계곡 구간은 5km에 불과하지만 차로 되돌아가려면 무려 열 배가 넘는 56km를 이동해야 한다. 오늘 힘들게 걸어온 길이 편안한 길의 열 배 가치가 있음을 깨닫게 된다. 건너 마을로 넘어왔어도 밥 먹을 곳도 없고 마을의 유일한 구멍가게는 언제 문을 열지도 모르니 여전히 야생 상태에 머무른다고 봐야 한다.

트레킹이 힘든 노역이 되지 않으려면 풍경이 이를 보상해 줘야 한다. 이 트레일에는 아주 기가 막힌 명소가 자리 잡고 있다. 계곡

1 학소대의 모습.

2 마을에서 멀어질수록 탐방로는 점점 더 거칠어진다.

3 속사마을 도착 전에는 낙석 주의 구간도 통과해야 한다.

에서 깊은 못을 소沼라 한다. 이 물구덩이에는 십중 팔구 용소라는 이름이 붙어 있다. 용이 머무는 곳이라 하기도 하고 용이 승천한 자리기도 하다. 당연히 왕피천계곡에도 용소가 존재한다. 이곳의 모습은 기이함을 넘어 한기를 발산할 정도로 강력하다. 계곡은 어느 지점에서 암벽 구간을 통과하며 좁아진다. 물에 수도 없이 씻긴 탓인지 아래쪽 바위는 마치 분칠을 한 것같이 새하얗다. 거기에 입을 쫘악 벌린 용 한 마리가 또아리를 틀고 앉아 있다. 불영사 터에 살던 아홉 마리 용 중 한 마리가 이곳에 왔다는 전설이 전해진다.

굴구지마을 가장 위쪽에는 캠핑장 한 곳이 영업 중이다. 오지의 분위기를 즐기고 싶은 사람들이 찾는 장소인데 트레킹을 준비하는 사람들에게는 일종의 베이스캠프다. 숲속에서는 여러 가지 소리가 들려온다. 그중에서도 가장 듣기 좋은 것은 물 흐르는 소리와 함께 새가 지저귀는 소리다. 이곳의 새소리는 다른 곳과 비교해서 스케일이 남다르다. 정확히 새벽 4시, 새들이 일제히 지저귀기 시작하면 눈앞에서 섬광이 번쩍이는 듯하다. 왕피천의 조류 밀집도를 짐작해 볼 수 있는 기분 좋은 기상나팔이다.

소설가 무라카미 하루키는 여행에서 가장 중요한 것은 변경이 소멸한 시대라 하더라도 자신 속에는 아직까지도 변경을 만들어낼 수 있는 장소가 있다고 믿는 것이라고 했다. 하루키는 오지 대신 변경이라는 단어를 사용했지만 나는 자신만의 오지를 찾는 사람들에게 이곳을 추천하고 싶다. 왕피천에는 정말 걷기 힘든 트레일이 있고 정말 기괴하게 생긴 용소가 있으며 새벽에 정말 시끄럽게 지저귀는 새들이 살고 있다고 말이다.

오지 계곡 순례

길머리에 들고 나는 법

✦ 자가용

구산리 탐방안내소, 구산3리 마을회관(울진군 근남면 왕피천로593)에 주차한다. 주차비 무료

✦ 대중교통

울진터미널에서 코스 출발지인 굴구지마을로 들어가는 버스는 없다. 울진 읍내에서 11km 거리지만 가는 길이 험해서 택시를 타면 30,000원 이상 요금을 내야 한다.

길라잡이

안내표지 있음, 두루누비상 경로 표시 있음(왕피천생태탐방로).
반려견 동반 가능

계곡을 따라가는 트레킹코스가 이렇게까지 힘들 수도 있구나를 깨닫게 해주는 트레일이다. 원시 형태의 옛길을 그대로 따라가는 코스인지라 끝없이 오르고 내리기를 반복해야 한다. 상승 고도는 743m에 불과하나 체감되는 고됨은 그 이상이다. 탐방안내소에서 마을길을 따라 2km를 걸어가면 본격적인 트레일이 시작되는 4초소에 도착한다. 이곳에서 입산 시간과 인적 사항을 기록하고 들어간다. 이곳까지 오는 마을길은 좁은 농로인지라 차량을 주차할 만한 곳이 마땅치 않다. 초소에서 1.4km 거리에 있는 용소 전망대까지는 그래도 길이 좋은 편이지만 이후부터는 진정한 야생이다. 체력적으로 부담스럽다면 용소에서 되돌아가는 것도 방법이다. 길은 점점 거칠어지고 1km를 가는 데 거의 1시간이 걸릴 만큼 시간도 오래 걸린다. 생태길 안내도에는 되돌아올 때는 왔던 길로 가지 말고 계곡으로 입수해서 물길을 따라가라 안내하고 있다. 이마저도 최근에는 바닥에 물이끼가 껴서 미끄러지는 일이 빈번해 마을 사람들은 추천하지 않는다. 완전한 무인지경으로 체력과 함께 담력도 요구되는 코스다.

식사와 보급

코스 주변으로 식사는 고사하고 식수나 행동식을 보급할 만한 곳이 전혀 없다. 거의 6시간이 넘게 걸리는 코스인지라 식수와 행동식을 충분하게 챙겨서 출발해야 한다. 도착지인 속사마을에는 인가들이 있지만 굴구지마을과 마찬가지로 항시 운영하는 식당은 없고 매점도 불규칙하게 운영된다. 굴구지마을에서는 최소 하루 전날 예약 시 **마을식당**에서 식사를 할 수 있다. 백반은 1인에 10,000원이고 토종닭 요리도 가능하다. 문의 010-4789-4293

숙박

마을에서 공동 운영하는 펜션이 있다. **굴구지산촌마을펜션**(054-782-3737, 울진군 근남면 왕피천로634) 굴구지산촌마을 홈페이지www.gulgugi.co.kr에서 예약 가능. **왕피천숲속캠핑장**(010-8861-4861, 울진군 근남면 왕피천로840) 4초소에서 가장 가까운 야영장이다. 3월 29일에서 11월 30일까지 운영, 전기, 온수 샤워, 화롯대 사용 가능. 반려견도 동반 가능, 간단한 식료품을 판매하는 매점 운영 중. 전화나 왕피천숲속캠핑장 홈페이지(숲속캠핑장.com)에서 예약 가능. 캠핑장에서 1박을 하려면 울진 읍내에서 미리 장을 봐야 한다.

탐방가이드

왕피천 생태탐방로 2구간은 예약 없이 자율로 운영된다. 왕피천에는 2구간을 포함해서 모두 4개의 탐방코스가 있으며 운영 방식은 코스마다 다르다. 매주 월요일, 명절, 공휴일 휴무 | 9시 이후 탐방 가능 | 출발지 **구산리 탐방안내소**에 자연환경해설사 상주, 방문 시 코스 탐방 오리엔테이션 가능 | 왕피천생태탐방로 홈페이지www.wangpiecotour.com 참고

울진 읍내 방면

출발/도착

● 구산리 탐방안내소

① 4초소

● 왕피천숲속캠핑장

용소 전망대
②

학소대 조망 지점 ③

● 용소

낙석주의 구간 ④ ● 숯가마터

마지막 고개
⑤

금강송면 방면

⑥ 속사마을 초소

걷는 거리는
총 **13.6**km이고

상승 고도는 **743**m로
북한산을 오르는 것과
비슷하며

그중 가장 높은 곳은 해발
233m의 속사마을로 넘어가는
마지막 언덕이다.

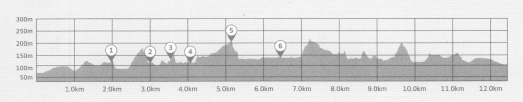

START 구산리 탐방안내소	① 4초소	② 용소 전망대	③ 학소대 조망 지점	④ 낙석주의 구간	⑤ 마지막 고개	⑥ 속사마을 초소	FINISH 구산리 탐방안내소
0:30m	1:14m	1:34m	1:56m	2:44m	3:13m	6:41m	

계곡 순례자들의 영원한 로망,

덕산기계곡 트레킹

덕산1교에서   북동교까지 →

덕산기는 중간중간 물 흐르는 계곡을 건너는 재미가 있는 트레킹 코스다.

"비가 억수로 쏟아진 다음 날,
이 계곡은 크림블루빛 천국으로
변한다. 물길은 정수기 같은
돌무더기 사이를 흘러내리며 더욱
맑고 깨끗해진다. 가만히 있기만
해도 행복해지는 곳이다."

등산화·스틱
필수

모두 **27,202보**를 걷게 되며

4시간 30분이 걸리고

19분간의 고강도 운동 구간이
포함된 여정

171

보통 계곡을 이야기할 때 물 맑은 청정 지역이라는 표현을 많이 사용한다. 계곡은 역시 물이 맑고 봐야 한다는 것인데 전체적인 특징을 한 단어로 표현하는 셈이다. 강원도 정선군에 있는 덕산기계곡은 '물이 맑다'라는 짧은 문장만으로 표현하기에는 아쉽다. 이 지역은 여러 가지 복합적인 특성을 소유하고 있으며 어떤 것은 모순적이기까지 하다. 그런 의미에서 이 계곡은 로마 신화 속 야누스를 닮았다.

혹자는 덕산기계곡을 우리나라에서 가장 물 맑은 계곡으로 손꼽기도 한다. 전적으로 동의한다. 단, 아무 때는 아니고 장마철과 같이 비가 많이 온 직후에는 그러하다. 활짝 갠 하늘에서 청명한 햇살이 비추는 날이면 어느 계곡에서도 본 적 없는 물빛을 보게 될 것이다. 이 계곡의 바닥은 바위가 아닌 대부분이 자갈이다. 따라서 비가 오고 시간이 지나면 물이 아래로 빠지는 지형 탓에 평상시에는 물이 없는 건천이다. 비가 많이 온 직후, 계곡은 자신이 보여줄 수 있는 가장 아름다운 모습을 보여준다. 정수기 필터 같은 자갈 틈을 끝없이 흘러 내려온 탓에 물빛은 에메랄드를 넘어서 아주 투명한 크림블루빛이 돈다. 이런 곳에 한 번 몸을 담그고 나면 다른 계곡은 눈에 차지 않는다. 계곡을 바라보는 눈높이가 달라지는 셈인데 반면 가뭄이 한 번 들고 나면 풍경은 피폐해진다. 계곡을 걷는 내내 물이 있는 곳을 찾기도 힘들고 그나마 고인 물에는 물이끼가 잔뜩 끼고 주변은 수생식물이 자라나 우거진다. 이렇듯 계곡은 사막같이 건기와 우기에 따라 수량 변화가 커서 서로 다른 극명한 모습을 보여준다.

덕산기계곡은 오지 트레킹 코스로 잘 알려져 있다. 걷기 좋은 곳이라는 점에서는 이견이 없으나 오지라는 부분에서는 의견이 갈릴 수 있다. 계곡 트레킹 코스는 하류 덕우리에서 시작해 상류 북동리로 올라가는 것이 일반적이다. 무릉이나 덕풍계곡의 경우 상류로 올라가면 사람이 살지 않는 무인지대로 진입한다. 덕산기 코스의 경우

1 중간중간 계곡을 지나가는 재미가 있다.
2 계곡 안쪽은 오지순례자로 가득하다.
3 포장도로가 끝나고 오프로드가 시작되는 지점에 마을 안내표지가 세워져 있다.
4 울창한 침엽수림을 통과한다.

상류에도 마을이 있으며 코스 중간에도 띄엄띄엄 떨어져서 주민들이 살고 있다. 마을에서 출발해 민가를 지나 다시 마을에서 코스가 끝난다. 오지계곡보다는 오지마을이 더 어울리는 주제다.

트레킹 코스는 도보여행자를 위한 길이 맞지만 차도 다닐 수 있다. 길은 대부분 비포장 자갈길이지만 조밀하게 다져져 있어 SUV도 어렵지 않게 통행한다. 중간중간 물을 건너야 하지만 지형적 원인으로 수심은 깊지 않다. 이런 이유로 예전에는 오프로드 동호회의 성지였다. 이제는 차량 차단기가 설치된 탓에 외부 차량은 진입할 수 없고 민박 손님을 마중 나가는 마을 차량이 종종 이 길을 다닌다.

계곡 주변에 주민들이 살고 있지만 그 흔한 막걸리집도 없다. 막걸리는 고사하고 코스를 걷는 내내 식사를 할 만한 곳은 전무하다. 애당초 관광지로 개발된 지역도 아니었고 주변이 생태환경보존지역으로 지정됐기 때문에 음식점 영업이 허가되지 않는 까닭이다. 대신 서점이 있다. 서점 이름은 숲속책방. 계곡의 중간 지점 말소라 불리는 지점에 자리 잡고 있다. 정선 덕우리가 고향인 소설가 강기희 작가와 동화를 쓰는 유진아 작가 부부가 운영한다. 입구에서는 그가 지은 시 '덕산기에 오시려거든'이 손님을 맞아준다. 시큼한 오미자차 한잔에 땀을 식히며 이곳에서 나고 자란 작가의 이야기를 듣는 것은 덕산기 계곡에서만 누릴 수 있는 시그니처 같은 즐거움이 됐다.

1 아담한 물웅덩이는 도깨비 소라 불린다.
2 숲속책방은 덕산기계곡에서만 볼 수 있는 시그니처 같은 공간이다.

계곡길은 덕우리에서 북동리로 이어진다. 차량 차단기가 있는 덕산1교에서 북동교까지를 계곡 트레일로 본다. 편도 8km, 왕복 16km로 만만치 않은 거리지만 난이도는 무난하다. 이 길은 트레킹을 위해서 인위적으로 만들어진 코스가 아니다. 예로부터 북동리 사람들이 정선 읍내로 나갈 때 이용했던 마을길이었다. 해발 732m의 문치재를 넘어가는 우회도로가 뚫리면서 이 길은 다시 인적이 드문 옛길이 되었다. 이 지역이 외부에 알려지게 된 것은 TV매체를 통해서다. 〈삼시세끼 산촌편〉이 이곳에서 촬영되었고 원빈, 이나영이 이곳 보리밭에서 결혼을 하면서 화제가 됐다. 이 이벤트들은 모두 대촌마을에서 진행되었는데 계곡 트레일에서 남쪽으로 더 떨어져 있는 장소다.

덕산기계곡에 대한 이야기를 정리해 보면 이렇다. 덕산기는 비가 많이 내린 다음 날에는 전국에서 가장 맑은 물이 흐르는 계곡이며 길은 차량이 통행할 수 있을 정도로 잘 닦여져 있다. 외지고 거친 무인지경의 오지가 아니라 곳곳에 사람들이 살고 있는 민가를 지나가는데 그중에는 다른 계곡에서는 꿈도 꿀 수 없는 곳에 자리 잡고 있는 책방이 있다. 야누스의 문 반대편에서 말하면 이렇게 된다. 건기에 이곳을 찾아가면 실망할 것이며 날것의 거친 오지를 기대하고 갔다면 이와도 맞지 않는다. 트레킹 뒤에 막걸리 한잔으로 뒤풀이를 해야 직성이 풀린다면 이 역시 적합하지 않다.

트레킹 코스의 시작점이 되는 덕산1교 주변에서 계곡은 한번 대회전을 하고 나서 하류로 흘러간다. 덕분에 작지만 뼝대(절벽)와 물이 깊어지는 아담한 소가 만들어진다. 흡사 동강의 모습을 축소해 놓은 모습인데 차량으로 들어올 수 있는 끝자락에 있어 물놀이 장소로 좋다. 비 온 뒤 어느 맑은 날 정선에 와 있다면 덕산기에 한번 찾아가 보라. 거창한 계획 세우지 말고 그냥 찾아보라. 계곡물에 발 담그고 천천히 즐겨보라. 어느덧 계곡 위쪽의 이야기들도 궁금해질 것이다.

길머리에 들고 나는 법

✦ 자가용

자연휴식연제 실시로 차량 출입 통제 시 덕산1교(덕우리 산 17-7) 인근 도로변 노견에 주차한다. 별도 주차장 없음.

✦ 대중교통

출발지나 회귀 지점으로의 대중교통 접근성이 매우 불편하다. 정선공영터미널 기준으로 덕산1교까지 8km, 북동교까지 25km다. 택시를 이용할 것이 아니라면 자가용 이동을 추천한다. 서울동서울터미널에서 정선으로 하루 5회 차편이 있다. 첫차는 09:25에 출발하고 2시간 30분 소요된다.

궁리하다

자연안식년제 실시 여부에 따라 외부 차량 진입 가능 지점이 달라진다.

- ◆ 솔밭밑민박(정선군 덕산기길533)은 덕산1교에서 상류 4.5km 지점이다. 오프로드 시점.
- ◆ 관련 문의는 정선군청 환경과 033-560-2449

자연휴식년제	차량 통행 여부
실시	덕산1교까지
해제 시	SUV: 제한 없음
	승용차: 솔밭밑민박까지

길라잡이

안내표지 없음, 두루누비상 경로 표시 없음. 반려견 동반 가능 덕산기계곡의 총 연장은 12km로 보나 일반적인 트레킹은 덕산1교에서 북동교까지 편도 7.5km로 본다. 자가용 이동 시 되돌아와야 하기 때문에 15km가 넘는 코스가 완성된다. 덕산1교가 출발점이 되는 것은 차량 차단기가 이곳에 있었기 때문이고 차량 진입이 가능하다면 좀 더 상류로 올라가 총 거리를 조절할 수 있다. 아무리 가뭄이라 해도 수차례에 걸쳐서 계곡을 건너야 하기에 바닥이 미끄럽지 않은 등산화와 스틱은 필수다. 출발지에서 4.5km 지점까지는 포장도로 따라 걷게 되며 이후 북동교까지 3km 구간은 자갈밭으로 이루어진 오프로드를 걷게 된다. 작은 업다운이 있지만 기본적으로 자동차가 다니는 길이라 경사도나 난이도는 무난한 편이다.

식사와 보급

코스 중간에 식사나 보급을 받을 수 있는 곳이 전무하다. 출발지로부터 5.8km 지점에 **숲속책방**(정선군 정선읍 덕우리36)이 유일하게 쉬어가는 곳이다. **정선오일장**에서 식사를 하고 와도 좋고 먹거리를 담아와도 좋다. **대박집**(033-563-8240, 정선군 정선읍5일장길37-5) 시장 내 향토음식을 판매하는 식당 중 한곳이다. 곤드레밥(7,000원), 콧등치기(6,000원), 모듬전(소 6,000원) 등이 있다. **동광식당**(033-563-3100, 정선군 정선읍 녹송1길27) 중소벤처기업부 인증 백년가게다. 야들야들한 황기족발(대 38,000원)과 따뜻한 콧등치기(8,000원)가 일품.

숙박

코스 이동 경로상에 위치한 **덕산터게스트하우스**(010-3204-3095, 정선군 정선읍 덕산기길663) 촌캉스 명소로 소문난 숙소다. 요청 시 식사도 제공되고 반려견 동반도 가능하다. 이외에도 코스 주변에 정선군에서 운영하는 **화암약수야영장**과 **동강전망자연휴양림**, 산림청에서 운영하는 **가리왕산자연휴양림**이 위치하고 있다. 모두 시설은 물론이고 자연환경이 우수한 숙박지들이다. 예약은 정선군시설관리공단 홈페이지www.jsimc.or.kr, 산림청 숲나들e 홈페이지 www.foresttrip.go.kr에서 신청할 수 있다.

탐방가이드

잠시 머물렀던 책방과 하룻밤 묵어갔던 민박집 주인장에게서 이야기를 전해 들을 뿐 별도의 관광안내소나 해설프로그램은 없다.

걷는 거리는
총 **15.5km**이고

상승 고도는 **353m**로
인왕산을 오르는 것과
비슷하며

그중 가장 높은 곳은 해발
464m의 북동교다.

고도표

버들치 반겨주는 천국으로 들어서다,

덕풍계곡 생태탐방로

용소골의 물빛은 밤물이라 불릴 만큼 짙은 갈색을 띤다.

"빙하가 빚어낸 협곡을 따라 오른다. 밤물 속에 쪼아대는 버들치들은 사람을 물 밖으로 쫓아낼 정도로 극성스럽다. 윗물과 아랫물 색이 확연히 달라지는 유건바위에서의 물놀이도 빼놓을 수 없는 즐거움이다."

모두 **12,460보**를 걷게 되며

3시간 26분이 걸리고

12분간의 고강도 운동 구간이 포함된 여정

천렵은 여름철 냇가에서 고기를 잡으며 즐기는 놀이를 말한다. 계곡에서 즐길 수 있는 대표적인 액티비티다. 강원도 삼척 덕풍계곡은 계곡 트레킹의 성지로 꼽히기도 하지만 나에게는 추억 속에서만 존재하는 천렵 장소 중 하나다. 20여 년 전 가족과 중복더위를 피해 물놀이나 즐겨볼까 해서 들른 곳이었다. 계곡이 이렇게 깊을 것이라고는 상상도 못 했다. 차량 한 대 간신히 지나갈 수 있는 좁은 길이었지만 계곡과 맞닿은 길은 끝없이 이어졌다. 굳이 상류 쪽에 좋은 곳을 찾아 헤맬 필요도 없다. 한 구비 코너를 돌아갈 때마다 펼쳐지는 비경은 감탄을 자아내기에 부족함이 없었다. 적당한 곳에 차를 세우고 자리를 잡았다. 여름날 땡볕과 부딪힌 계곡물은 에메랄드빛이 감돌았으며 그 속에서 작은 물고기가 끝없이 헤엄치며 놀고 있었다. 물장구를 치며 소란을 피워도 도망가기는커녕 잠시 흩어졌다가 다시 모여들기 일쑤였다. 가끔 씨알 굵은 놈도 보였으나 그림의 떡이었고 수확은 피라미뿐이었다. 잡은 놈들로는 도리뱅뱅을 해 먹었다. 갓 잡은 싱싱한 물고기를 손질해서 튀긴 다음 양념을 발라 먹으니 천상의 맛이었다. 아예 텐트를 치고 그 자리에 주저앉았다. 이곳에서 3일을 지내며 꿈결 같은 시간을 보냈다.

백두대간 동측에 위치한 계곡이 그러하듯 이곳은 수해가 나면 아주 크게 난다. 2002, 2003년 태풍 루사와 매미로 덕풍계곡 일

대는 탐방로는 물론이고 도로까지 사라질 정도로 큰 피해를 입었다. 물난리가 나면 계곡의 물고기도 다 휩쓸려가서 어종 구성이 변한다. 초토화된 계곡에 가장 먼저 나타나는 녀석은 바로 버들치다. 우리가 잡아먹은 녀석들이 바로 이놈인데 잉어과의 물고기로 맑은 물을 좋아한다. 이끼건 유충이건 닥치는 대로 먹어 치우는 왕성한 식욕과 공격성으로 계곡을 정화하는 덕풍계곡의 진정한 터줏대감이다.

덕풍계곡은 차량 통행이 가능한 하류와 탐방로로만 접근이 가능한 상류 지역으로 구분할 수 있다. 가곡천과 합수하는 하류에서부터 덕풍계곡마을까지는 차량으로 이동이 가능하다. 이 길의 길이는 5.5km나 된다. 다시 마을 끝자락에서 계곡을 따라 오르는 트레일이 시작되는데 이 지역을 용소골이라 부른다. 이곳에서부터 종착점인 3용소까지는 편도 9km다. 낙석 위험과 태풍 피해 등의 이유로 현재는 2용소까지만 갈 수 있다. 탐방로는 무인지경이라 할 만큼 인적이 드물다. 대부분의 피서객과 야영객은 하류 지역에서 안분자족하지 굳이 위쪽까지 올라오지 않기 때문이다.

상류 지역에서는 물 색깔이 바뀐다. 에메랄드빛을 띠던 계곡물은 보이지 않고 우롱차를 우린 듯 갈색의 물줄기가 유유히 흐른다. 햇빛을 받으면 황금색으로 빛나고 얕은 곳은 옅은 노랑색으로, 깊은 곳은 검은색으로 농도를 달리하며 흐른다. 계곡 밑바닥에 쌓인 낙엽

1 탐방로는 대부분 철제 데크 길로 만들어져 있다.

2 제1용소의 물빛은 밤물이라 불리는 누런 갈색이다.

3 암릉 구간도 통과하지만 그리 가파르지 않다.

4 계곡의 깊이에 비해 주변이 거칠지 않다.

5 제2용소의 물빛은 짙은 밤색을 띤다.

6 유건바위 주변은 물놀이 명당이다. 상류와 물빛이 확연하게 차이 난다.

송 퇴적층에서 새어 나온 탄닌 성분이 함유됐기 때문이다. 현지에서는 이를 밤물이라 부른다.

계곡의 깊이에 비해서 길은 이상하리만치 편안하다. 가장자리에 설치된 철제 잔도를 따라서 아주 완만하게 올라간다. 때로는 로프를 잡고 물을 건너고 바위에 박아놓은 돌멩이를 계단 삼아 걷기도 하지만 위압적이지 않고 부드럽다. 이 탐방로에는 한 가지 비밀이 숨겨져 있다. 마을까지 들어오는 도로도 이곳의 탐방로도 모두 과거 임목용 산림철도가 운행하던 철길이었다. 일제는 덕풍계곡이 있는 응봉산 자락의 산림자원을 수탈하기 위해 이곳에 산림궤도 열차를 설치했다. 이곳의 소나무는 삼척목이라 불리며 궁궐에서 사용될 정도로 품질이 좋은 황장목이었다. 용소골에서는 주로 소를 이용해서 나무를 날랐고 덕풍마을에서 가곡천까지는 단선열차가 운행됐다. 이곳까지 옮겨진 목재는 가곡천 물길을 따라 다시 바다로 옮겨졌다. 이 깊은 산골 안쪽까지 일찍감치 도로가 설치됐던 데는 이런 연유가 있었다.

2용소에 도착하면 아쉽지만 발걸음을 되돌려야 한다. 3용소까지 다녀올 수 있다면 왕복 20km에 달하는 장거리 트레일이 열리는 셈이다. 길이 막히기 전에는 응봉산 능선을 따라 오른 다음 계곡길을 따라 내려오는 코스도 가능했을 것이니 길이 막히기 전에 미리 와보지 못한 것이 안타까울 뿐이다. 이제 땀을 식히기 위해서 물에 몸을 담가본다. 상류도 물 반 버들치 반이다. 몸을 담그자마자 버들치가 모여든다. 10여 마리였던 녀석들이 금세 100여 마리까지 불어난다. 하류보다 더 인적이 드문 곳인 까닭일까? 이놈들은 도대체 겁이 없다. 밤물만 먹고 살아서 배고팠던 탓인지 이놈들의 애정 공세는 끝이 없다. 강아지가 핥아대듯 간지럽기도 하고 따끔하기도 해서 몇 분을 못 버티고 물 밖으로 쫓겨나오게 된다.

주의!

덕풍계곡은 2005년 삼림유전자원보호구역으로 지정되어 이제는 지정된 장소 이외에서 천렵, 야영, 취사를 금지한다.

덕풍계곡에는 유건바위라 불리는 장소가 있다. 널찍한 마당바위 모양인데 주변으로 제법 수심이 깊어 하류 쪽에서는 물놀이하기에 가장 좋은 스팟으로 꼽는다. 이곳의 물빛은 다시 에메랄드빛으로 바뀌어 있다. 여름철이면 이곳은 천연 수영장이 된다. 상류 쪽 트레킹을 위해 왔어도 하류 쪽을 그냥 지나치면 안 되는 이유다. 덕풍계곡 트레킹은 걷기가 반이고 버들치와 물놀이가 반이다.

1 용소골 탐방로 입구로 가기 위해서는 도로에서 벗어나 5.5km 길이의 계곡길을 따라 올라야 한다.
2 덕풍계곡에서 20km 거리에 있는 미인폭포는 크림블루빛이 난다.

길머리에 들고 나는 법

♦ 자가용

응봉산 생태체험탐방로 초소 맞은편 공터(삼척시 가곡면 풍곡리126)에 주차한다. 주차비 무료.
계곡 하류이자 입구인 덕풍계곡 제1야영장(삼척시 가곡면 풍곡리462)에서 트레킹 코스가 시작되는 등산로 입구까지는 좁은 마을길을 따라 5.5km를 들어가야 한다. 하절기에는 차량으로 붐비는지라 마을버스를 이용하는 것도 방법이다. 제1야영장 주차장에서 등산로 입구를 왕복 운행한다. 문의 010-2525-4595

♦ 대중교통

대중교통으로 이동은 불편하다. 행정구역상 삼척이지만 태백에서 하루 2회 운행하는 농어촌버스가 있다. 서울동서울터미널에서 태백터미널로 30분 간격으로 차편이 있다. 첫차는 06:00 출발, 3시간 10분 소요. 태백터미널에서는 13-7번 농어촌버스가 제1야영장이 있는 풍곡정류장을 경유해서 호산 터미널까지 하루 2회 운행. 태백에서 08:30, 15:00 출발, 풍곡까지 14개 정류장을 거쳐 37분 소요.

길라잡이

안내표지 있음, 네이버 지도 앱, 두루누비상 경로 표시 없음. 반려견 동반 가능
완벽한 무인지경의 오지를 따라 오르는 탐방로건만 경사도는 완만하고 급격한 오르막 구간도 없다. 탐방로에 진입하면 중간중간 응봉산 정상으로 오르는 갈림길, 문지골로 향하는 갈림길을 지나간다. 문지골의 경우 비법정탐방로로 종종 조난사고가 날 정도로 길이 험하다. 대부분 철제 데크길을 따라 오르도록 돼 있고 중간중간 계곡을 도하하기도 한다. 평상시는 수심도 깊지 않고 물살도 빠르지 않아 계곡 입수도 부담스럽지 않다. 단, 용소 주변으로 입수는 금지다. 일부 구간 낙석의 위험이 있어 초입에서 나눠주는 안전모를 쓰고 탐방을 진행해야 한다.

식사와 보급

코스 주변은 식사나 보급을 받을 만한 곳이 전혀 없다. 가장 가까운 매점도 5.5km 떨어진 제1야영장에 있는지라 상류로 들어갈 때 식수와 행동식을 충분히 준비해서 출발해야 한다. 지정 장소 이 외에서 취사는 불가하다. 대형마트를 이용하려면 태백 시내에서 장을 봐야 한다. 덕풍계곡과 태백 중간에 위치한 **가곡천휴게소**(삼척시 가곡면 가곡천로249) 감자전(10,000원)이 맛있기로 유명한 간이 음식점이다. 계곡 바로 옆에 있어 주변 풍광이 좋다.

숙박

덕풍계곡에는 마을에서 운영하는 야영장이 두 곳 있다. 하류에 있는 제1야영장보다 상류에 있는 제2야영장이 더 인기 있다. 특히 2야영장은 물놀이 명소로 알려진 유건바위에서 가깝다. 1야영장은 데크 18개, 잔디 12개, 2야영장은 데크 43개를 갖추고 있다. 전기는 불가하고 샤워는 성인 2,000원의 요금을 따로 내야 한다. 문의 **덕풍계곡마을** 033-576-0394.
사설야영장인 **덕풍계곡 별빛 야영장**(010-3240-7984, 삼척시 가곡면 덕풍길918)도 인근에 위치하고 있다. 전기, 온수, 장작 등이 가능하다.

탐방가이드

탐방로 3~10월 09:00~17:00, 11~2월 09:00~16:00 개방 | 비박, 취사 등 금지 | 코스 중간 마을해설사 배치

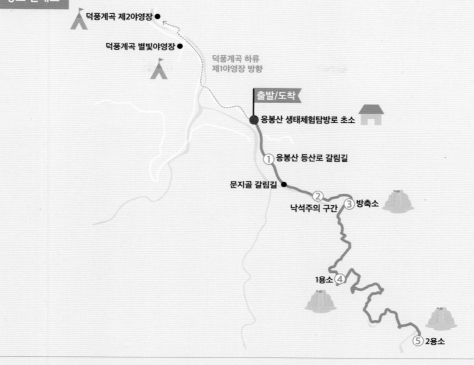

덕풍계곡 제2야영장 ●
덕풍계곡 별빛야영장 ●
덕풍계곡 하류
제1야영장 방향

출발/도착

● 응봉산 생태체험탐방로 초소

① 응봉산 등산로 갈림길

문지골 갈림길

② 낙석주의 구간
③ 방축소

1용소 ④

⑤ 2용소

걷는 거리는
총 **7.1km**이고

상승 고도는 **237m**로
남산을 오르는 것과 비슷하며

그중 가장 높은 곳은 해발
391m의 **2용소**다.

고도표

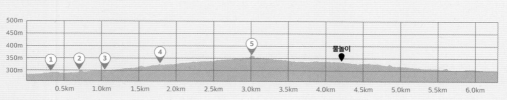

물놀이

은둔의 계곡으로 숨어들다,

아침가리계곡 트레킹

방동약수에서　　　　　방동안내센터를 거쳐　　　　　진동1리 마을회관까지　→

조경동 분교에서부터는 얼음장같이 차가운 계곡으로 입수가 시작된다.

"삼복더위에 지친 자들이여 모두 이곳으로 오라. 뼛속까지 시리는 은둔의 계곡이 여름 한철 사람들의 입수를 허용한다. 물 자국을 따라 가는 원시적인 길 찾기도 재미나다."

등산화·스틱 필수

모두 **23,692보**를 걷게 되며

4시간 **5**분이 걸리고

34분간의 고강도 운동 구간이 포함된 여정

조경동^{朝耕洞}, 아침가리라 불리는 이 지역은 여름철 계곡 트레킹의 성지로 꼽히는 곳이다. 삼복더위에 걸음을 옮긴다는 것처럼 고생스러운 일도 없지만 이곳 트레킹은 그 자체만으로도 피서이자 하나의 놀이가 된다. '시원하다'가 '춥다'로 바뀌는 체감온도의 경계선은 참 애매하기 마련인데 이 계곡에서 시원함을 즐길 수 있는 시기는 초복에서 말복까지 한 달 남짓에 불과하다. 해가 짧게 들어 아침에만 잠깐 밭을 갈 수 있을 정도라는 말이 허투루 들리지 않을 정도로 계곡은 몇 겹으로 에워쌌는지 가늠하기조차 어려운 깊은 산속에 숨어 있다.

방태산 주변 산골마을을 이르러 삼둔사가리라고 칭한다. '둔'은 산기슭에 있는 평평한 땅을, '가리'는 계곡 주변을 뜻한다. 사가리 중에서도 가장 깊은 계곡인 아침가리에는 꽤나 많은 사람이 모여 살

아침가리계곡
트레킹

1 서릿발 같은 차가움을 품고 있는 자작나무숲도 지나간다.
2 물봉선은 씨앗이 여물 때 손 대면 톡하고 터져버린다.
3 마타리는 우산같이 펼쳐진다.
4 등골나물에 나비들이 내려 앉았다.

던 적이 있었다. 계곡 안에 분교가 있었을 정도였으나 이제는 모두 떠나가고 학교는 폐교됐다. 6.25전쟁도 모르고 지나갔다는 오지이자 피장처지만 의외로 이곳을 탐방하는 방법은 그리 어렵지 않다. 과거 마을로 드나들 때 사용하던 포장임도가 그대로 존재하는 까닭에 출입통제초소가 있는 능선까지 차량으로 접근할 수 있다. 이 초소에서 출발한다면 오르막 한 번 없이 내리막길만 따라가는 코스를 걷게 된다. 구령덕봉에서 발현한 아침가리계곡은 그 길이가 총 14km에 달하지만 이렇게 하면 계곡에 닿기까지 3km를 이동한 뒤에 중간부터 시작해 하류 6km 구간만 통과하면 된다.

초반 코스는 계곡으로 연결되는 임도다. 내리막길이기도 하고 계곡 트레킹이 핵심인지라 발걸음에는 자연스럽게 가속이 붙는다. 하지만 이 구간은 걸음을 재촉해서 흘려 보내기에는 아까운 곳이다. 서릿발같이 하얗게 고개를 내밀고 있는 자작나무 군락지도 지나가고 양옆으로 야생화도 가득하기 때문이다. 여름철이면 마타리라는 양산같이 펼쳐진 노란 꽃이 피고, 손대면 톡하고 터져버린다는 물봉선에서 노란 짚신나물꽃과 달맞이꽃까지 만개하며 벌과 나비를 불러들인다. 오지 계곡에 입장하기 전 맞이하는 흥겨운 갈라쇼가 펼쳐지는 것이다. 어느 정도 땀이 차오를 쯤이면 길은 다시 평평해지며 계곡의 입구 격인 조경동교에 도착한다. 이곳에는 주민이 운영하는 작은 카페가 자리 잡고 있다. 주인장이 머무르는 시간보다 비어 있는 시간이 더

많아서 무인카페로도 불린다. 딱히 목 마르지 않더라도 물속에 둥둥 떠다니는 캔을 하나 집어 들고서 의자에 걸터앉아 잠시 숨을 돌린다. 이제부터 진정한 무인지경의 세상으로 들어서기에 인적이 배어 있는 공간에서 잠시 편안함을 느껴본다.

계곡 초입에서부터는 "어이쿠" "으아"라는 소리가 들려오기 시작할 것이다. 선답자들이 계곡물과 마찰하며 일으키는 비명이다. 자신이 체감하는 시원함의 온도를 가늠하기 위해 내뱉는 일종의 통과 의례인 셈이다. 계곡의 첫인상은 발끝부터 전해오는 차가운 촉감으로 시작하지만 어느 정도 적응이 된 뒤부터는 주변의 풍경이 눈에 들어온다. 핸드폰도 터지지 않는 오지 속으로 들어왔지만 예상외로 물길은 난폭하지도 거칠지 않다. 급작스럽게 낙차를 일으키며 폭포를 만들지도 감히 다가설 엄두조차 못 낼 정도의 구릉 구간으로 밀어 넣지도 않는다. 물은 너무 깊거나 얕지도 않으며 물속의 돌도 밟고 지나가기에 적당한 크기다. 잔잔하게 물결을 일으키며 흐르는 옥빛 물길을 보고 있노라면 이곳은 야생이라는 단어보다 은둔이라는 말이 더 어울리는 곳임을 실감하게 된다.

출발지에서부터 계곡은 14구비를 휘감아 흐른 뒤에야 비로소 갈천과 합수한다. 이 과정에서 계곡으로 몇 번을 들어갔다 나와야 하는지 모른다. 물에서 빠져 나와 좀 걸었다 싶을 때쯤이면 어김없이 다시 물속으로 끌어들여 차가운 감촉을 떠올리게 하는 것이다. 도대체 얼마나 입수하게 되는지 세어보려 노력하지만 40번까지 세다가 흐지부지됐다. 입수의 횟수는 개인마다 달라진다. 이곳에는 나무나 철제로 만들어진 인공구조물이 전무하다. 물길을 따라가는 큰 바운더리는 정해져 있으나 그 세세한 방법은 각자 알아서 찾아야 하는 것이다. 어차피 길은 계곡 물속 아니면 좌우 양옆, 셋 중 하나이기에 길을 잃어버릴 염려도 없다. 물가 오른쪽으로 따라가다가 길이 없어져버

1 무인카페에서는 각종 음료수를 판매한다.

2 사람들은 하나둘씩 물속으로 몸을 던져 넣는다.

3 계곡은 중간에 작은 폭포를 만든다.

4 깊은 산속이지만 계곡은 거칠지 않고 은둔의 장소답게 차분하다.

오지 계곡 순례

리면 물 건너 반대쪽으로 넘어가면 그만이다. 처음에는 어색하지만 몇 번을 찾아 헤매다 보면 길 찾는 데도 요령이 생긴다. 이럴 때면 선답자들이 자갈밭 위에 남겨놓은 물 자국이 아주 요긴한 힌트가 된다. 추적자라도 된 양 이리저리 단서를 찾아 두리번거리고 머릿속으로 경로를 예측하며 걷게 만드는 아주 능동적인 트레킹이다. 아침가리에서는 온몸을 계곡에 담그고 첨벙거리며 물살을 헤치고 나가는 말초적인 즐거움뿐만 아니라 오리엔티어링같이 길을 찾아 걷는 재미도 쏠쏠하다. 이곳에서는 나침반과 지도조차 사용하지 않으니 더욱 원초적인 길이라 할 수 있겠다.

1 절벽에서 내려오는 작은 물줄기가 아침가리로 흘러든다.

길머리에 들고 나는 법

✦ 자가용

진동1리 마을회관 맞은편 주차장(인제군 기린면 진동리 1025)에 주차한다. 주차비 무료. 주차 후에는 택시를 타고 방동약수(15,000원)나 백두대간 트레일 방동안내센터(35,000원)까지 이동해서 목적지로 되돌아오는 것이 일반적인 방법이다.

◆ 여름철 성수기에는 인파가 몰려 주차가 어려워 주변 공터가 유료주차장(진동리691-1)으로 변한다. 주차비 1일 5,000원.

✦ 대중교통

서울동서울터미널에서 현리터미널까지 하루 6회 차편이 있다. 첫차는 08:15 출발, 2시간 10분 소요. 터미널에서 진동리 쪽으로 가는 버스는 하루 5회 있다. 현리에서 출발하면 방동약수와 추대(진동1리 마을회관)를 거쳐 진동리 종점에서 회차해서 되돌아간다.

◆ 현리 마을버스 시간표 문의:현리버스터미널 033-461-5364

현리 발		진동리 발
06:20	▶	07:05
09:00	▶	10:10
12:40	▶	13:30
15:20	▶	16:30
18:10	▶	19:20

궁리하다

방동약수와 방동안내센터 중 어느 곳에서 출발할까?

택시 요금과 이동 거리, 난이도를 고려해서 결정한다. 방동안내센터에서 출발할 경우 이동 거리는 2km, 상승 고도는 350m를 건너뛸 수 있다. 이 구간은 콘크리트 포장된 임도길을 따라서 오르막이 계속된다. 버스를 대절해 온 단체의 경우는 방동약수까지만 진입이 가능하다.

길라잡이

안내표지 있음, 네이버지도상 경로 표시 있음(아침가리트레킹 코스). 반려견 동반 금지

어떤 식으로라도 수십 차례 입수하게 된다. 삼복더위 기간에 답사하는 것을 추천한다. 이 시기가 지나면 시원함은 서늘함과 추위로 바뀐다. 입수 상태로 걷는 구간이 많다. 물속에서 중심을 잡고 서 있기 위해 스틱은 필수다. 발목이 뒤틀리는 것을 방지하기 위해서 발목까지 올라오는 중등산화를 추천한다. 방동안내센터에서부터는 내리막이 계속되지만 물길, 자갈길을 헤치고 전진해야 하기에 생각보다 시간도 오래 걸리고 체력 소모도 크다. 방동약수에서 방동안내센터까지 3km 구간이 이 코스의 최대 오르막이다. 이리저리 돌리지 않고 한번에 치고 오르기에 꽤나 힘들다. 조경동교 이후부터는 휴대폰이 불통된다.

식사와 보급, 숙박

조경동교 인근의 **무인카페**(아침가리 약초상회 010-8901-1157)를 제외하면 중간에 식사와 보급을 받을 만한 곳은 전무하다. 음료와 간단한 간식류를 판매한다. 소액권 현금 결제만 가능. 인근의 식당, 숙소 정보는 인제 곰배령 탐방코스(100p)를 참고한다.

탐방가이드

이 구간은 봄철(2024.2.1~5.15)과 가을철(11.1~12.15) 산불방지 기간에 출입이 통제된다. 이 코스는 백두대간트레일 인제6구간과 일부 겹친다. 방동약수-방동안내센터-조경동교까지는 동일하고 이후 갈라져서 명지가리약수를 거쳐 홍천안내센터로 넘어간다. 아침가리계곡 트레킹은 백두대간트레일과 달리 사전 예약이 필요 없다. 15:00 이후에는 탐방로 출입이 금지된다.

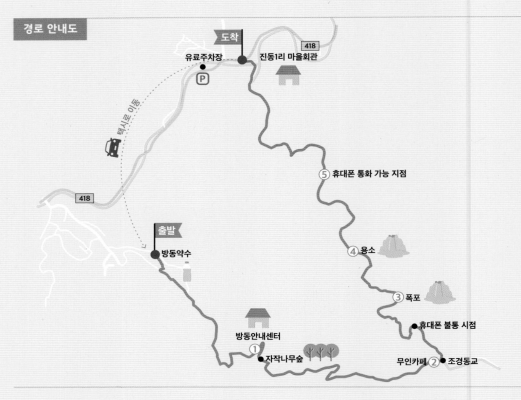

도착
유료주차장
진동1리 마을회관
418
휴대폰 통화 가능 지점 5
용소 4
폭포 3
휴대폰 불통 시점
출발
방동약수
방동안내센터
자작나무숲
무인카페 2
조경동교
1
택시로 이동
418

걷는 거리는
총 **13.5**km이고

상승 고도는 **499**m로
삼성산을 오르는 것과
비슷하며

그중 가장 높은 곳은 해발
850m의 방동안내센터다.

START 방동약수		1 방동 안내센터		2 무인카페		3 폭포		4 용소		5 휴대폰 통화 가능 지점		FINISH 진동1리 마을회관
	0:38m		1:20m		2:16m		2:39m		3:09m		4:05m	

소멸해 버린 변방을 그리는 길
이색 마을 순례

수물된 괴산구곡을 찾아 걷는,
괴산 산막이옛길

아홉 줄기 물길이 모이는 곳에 태어난 마을,
비수구미 생태길

느리게 살아서 행복한 사람들,
느린호수길, 느린꼬부랑길,
봉수산등산로

차에 진심인 사람들이 모여 살았던,
백운동 월하마을 산책길

수몰된 괴산구곡을 찾아 걷는,

괴산 산막이옛길

주차장에서   산막이마을을 거쳐   연하협구름다리까지 →

하늘에서 바라본 산막이마을.
멀리 괴산댐이 보인다.

"수몰 마을로 가는 길이 깔끔하게
재해석됐다. 오지의 느낌과
들고 나는 편리함이 절묘하게
어우러진다. 댐 공사로 잠겼던
괴산구곡도 새로 생긴 길을 따라
다시 한번 만들어지고 있다."

모두 **15,620보**를 걷게 되며

4시간 4분이 걸리고

28분간의 고강도 운동 구간이
포함된 여정

걷는 길에도 격格이라는 게 있다. 이 격을 구성하는 요소는 아주 다양한데 그중에서도 길이 가진 '진정성'을 가장 중요하게 친다. 이 진정성이라는 것은 길이 기본적으로 수행해야 할 본래의 역할인 통행에 관한 것을 의미한다. 필요에 의해서 자연스럽게 생겨난 것인지, 어떤 사연을 품은 사람들이 이용했는지, 얼마나 많은 발품으로 다져진 세월을 품고 있는지를 살펴보게 된다.

2011년에 개통한 괴산 산막이옛길은 언뜻 보면 새로 만든 길처럼 보인다. 이전까지 알려져 있지 않다가 갑자기 세상에 나타난 것도 그렇고 나무데크를 적극 활용해서 매끈하게 닦아놓은 코스는 거칠고 자연스러운 옛길이라기 보다는 인공적으로 만들어진 둘레길을 연상시키기 때문이다. 결론부터 말하자면 이 길이 품고 있는 세월의 역사는 괴산호의 깊이만큼이나 깊고 심지어 다층적이기까지 하다.

산막이옛길은 출발지 주차장 인근에 위치한 사오랑마을에서 산막이마을로 오고 가던 10리 길을 말한다. 1957년 괴산댐이 생기면서 원래 두 마을을 오고 가던 길은 물속에 잠겨버렸다. 이후 호수 옆을 따라 아슬아슬하게 오고 가던 비탈길을 복원해 재개통한 것이 오늘날의 산막이옛길이다. 옛길이 리모델링된 셈인데 일단 편의성이 좋다. 가장 높은 오르막이 마흔(계단)고개일 정도로 난이도는 무난하다. 리모델링 전에는 산비탈을 따라 꽤나 오르막 내리막이 심한 코스였지만 이제는 남녀노소 누구나 부담이 걸을 수 있는 코스가 됐다.

주변의 풍광도 만족스럽다. 압도적인 절경이 펼쳐지지는 않지만 괴산호가 담고 있는 풍부한 수량과 울창한 소나무숲은 그 자체만으로도 매력적이다. 코스 주변에는 깨알 같은 볼거리와 스토리를 만들어놓았다. 연리목과 고인돌 모양의 바위를 시작으로 노루가 물을 마셨다는 노루샘, 망세루라는 전망대, 호랑이가 살았다는 호랑이굴,

1 연하협구름다리를 걷는 사람들.
2 하늘에서 바라본 연하협구름다리.
3 소나무 사이에 구름다리를 만들어놓았다.
4 산막이옛길 주변은 소나무로 가득하다.

매를 닮은 매바위, 여우비를 피하는 바위굴, 뫼산(山) 자를 닮은 괴산바위까지 4km 남짓 되는 거리에 스무 개가 넘는 볼거리를 준비했다. 이 정도면 한순간이라도 지루함을 용납하지 않겠다는 서비스 정신이 엿보이는 듯하다.

　　길의 종착점에서 만나는 것은 산막이마을이다. 수몰된 마을 사람들이 옮겨와서 생긴 동네에는 열 가구가 모여 있다. 대부분은 막걸리와 간단한 안주를 내놓는 식당이다. 여정이 기억에 깊게 각인되려면 최종 목적지에서 경험이 중요하다. 이곳을 찾은 사람들은 고립된 오지마을을 엿보고 나온다는 색다른 체험과 함께 유쾌한 주인장과 수다 속에서 막걸리 한잔으로 여행의 마침표를 찍는다. 되돌아갈 때는 선착장에서 배를 타고 갈 수 있으니 이곳에서 보내는 시간은 무언가에 쫓길 필요 없이 더없이 편안한 순간인 셈이다.

　　산막이마을 바로 옆에는 수월정이라는 정자가 있다. 이곳에서 귀향살이를 했던 조선의 문인 노수신의 후손 노성도가 세운 것이다. 노수신은 당시 영의정의 자리에 오를 만큼 명망 있는 선비였다. 조선의 성리학자 사이에서는 구곡문화라는 것이 유행하였다. 산속 풍경이 좋은 아홉 구비의 계곡을 구곡이라 명명하고 그곳에 정자를 세워 시와 그림으로 풍류를 즐기는 선비 문화의 일종이다. 노성도는 선대의 유배지를 관리하고자 왔다가 이곳의 경치에 반해 이 일대를 '연하

구곡'으로 명명하고 수월정을 세웠으며 이곳의 풍경을 담은 〈연하구곡가〉를 남겼다. 그가 노래했던 아홉 곳의 장소는 대부분이 수몰되어 물속에 잠겨버렸다. 이제는 1경인 탑바위와 9경인 병풍바위의 일부가 물 위로 드러나 있을 뿐이다.

이곳은 과거에는 귀향을 보낼 만큼 고립된 지역이었으며 또한 선비의 마음을 빼앗을 만큼 품격이 있는 계곡이었다. 과거의 모습은 비록 물속에 잠겨버렸으나 그 수면 위로는 다시 사람이 다니는 길이 생겼고 이제는 그 위에 둘레길이 덧입혀져서 전국의 관광객이 모여드는 명소가 되었다. 이 모든 것은 서로 연결되어 있는 필연처럼 느껴진다.

오지마을을 트레킹할 때는 대부분 갔던 길로 되돌아 나와야 하는 번거로움이 있다. 이곳에서는 배를 타고 나올 수 있으니 이 또한 커다란 즐거움이다. 괴산호의 수위가 높아지며 구곡의 흔적은 사라져버렸으나 유람선을 띄울 수 있으니 잃은 것도 있지만 얻은 것도 있는 셈이다. 선상에서는 방금 지나왔던 삼신바위도 보이고 머리만 빼꼼 내밀고 있는 거북바위도 보이며 환벽정이라는 새로운 정자도 보인다. 괴산호의 수위가 높아짐에 따라 물속에 잠긴 연하구곡의 9경 역시 이렇게 고도를 높이며 새롭게 만들어지고 있는 것이다.

1 산막이마을을 오가는 여객선이 운행한다.
2 나무 사이로 뾰족한 매바위가 보인다.
3 꾀꼬리 전망대에서 바라본 괴산호의 풍경.
4 연하협구름다리로 가는 길에는 삼신바위가 있다.
5 신랑바위로 가는 길에 지나는 너덜지대.

지 가는 4.3km 코스를 따로 충청도 양반길 1코스라 한다. 이곳에서부터는 인적은 거의 끊어진 고요한 수변길을 걷게 된다. 연하협구름다리로 되돌아 나와 유람선을 타고 복귀한다.

길머리에 들고 나는 법

♦ 자가용

산막이옛길 대형주차장(괴산군 칠성면 사은리523)에 주차한다. 주차비 3,000원/1일. 입장료 없음. 올 때는 걸어와도 되고 연하협구름다리 선착장(갈론매표소)에서 배를 타도 된다. 주차장 매표소까지 성인 편도 6,000원, 17:00에 마지막 배가 출발한다.

♦ 대중교통

서울센트럴시티터미널에서 괴산터미널까지 약 1시간 간격으로 차편이 있다. 첫차는 06:45 출발, 2시간 소요. 괴산터미널에서 산막이옛길 정류소까지는 외사(수전) 방면 버스를 이용한다. 08:50, 11:10, 14:30, 17:30에 차편이 있다. 문의 괴산시내버스 043-834-3351. 터미널에서 옛길까지는 12km 거리고 택시비는 18,000원 정도.

궁리하다

괴산호 유람선을 잘 이용하면 답사가 편리해진다.

차돌배기	산막이마을	연하협구름다리
←	←	
→		
마지막 배 16:00	마지막 배 17:20	마지막 배 17:00

유람선 운행은 09:00부터 시작되며 요금은 1개 선착장 이동에 5,000원, 2개 선착장은 6,000원.

길라잡이

안내표지 있음, 네이버지도/두루누비상 경로 표시 있음(산막이옛길). 반려견 동반 금지

주차장에서 400m 정도 올라오면 관광안내소와 마주한다. 이곳이 산막이옛길의 시점이다. 연리목을 지나면 수변길과 나란히 만들어진 데크길을 걷게 된다. 소나무 군락 사이에 만들어놓은 출렁다리도 건너고 망세루라 불리는 전망대도 구경하며 천천히 걷는 코스다. 왕피천 코스와 비교하면 같은 협곡길이지만 난이도에서는 천지 차이가 난다. 산막이옛길은 출발지에서 산막이마을까지 3.9km 구간을 지칭한다. 이곳까지는 노약자나 어린이도 부담 없이 걸을 수 있다. 마을을 벗어나서 연하협구름다리를 지나 신랑바위까

식사와 보급

거리가 짧고 외지지 않아 식사나 보급에 부담이 없는 코스다. 주차장 주변으로 식당가가 형성되어 있고 산막이마을 주민도 대부분 식당을 운영한다. **산막이옛집**(괴산군 칠성면 산막이옛길315-5) 마을 초입에 있는 식당이다. 두부김치(15,000원), 묵 무침(15,000원), 메밀부추전(12,000원) 메뉴는 딱 3개다. 야외 평상 자리가 좋다. 괴산 읍내에 위치한 **맛식당**(043-833-1580, 괴산군 괴산읍 괴강로12) 올갱이해장국(10,000원)으로 유명한 지역 맛집이다.

탐방가이드

코스 초입의 **산막이옛길관광안내소**에는 자연환경해설사가 상주하고 있으며 방문 시 코스 탐방에 대한 오리엔테이션을 받을 수 있다.

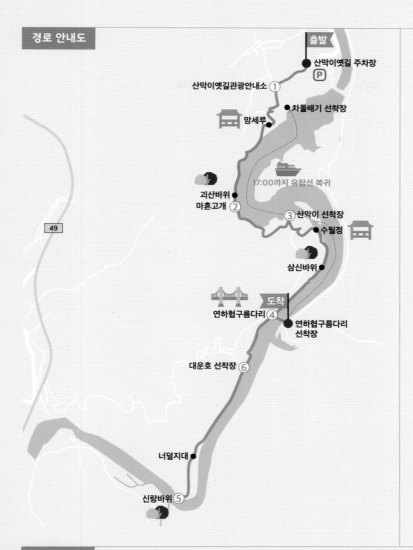

출발
산막이옛길 주차장
P

산막이옛길관광안내소 ①

망세루

차돌배기 선착장

괴산바위
마흔고개 ②

③ 산막이 선착장
수월정

17:00까지 유람선 복귀

삼신바위

도착
연하협구름다리 ④
연하협구름다리
선착장

연하협구름다리

대운호 선착장 ⑥

49

너덜지대

신랑바위 ⑤

걷는 거리는
총 8.9km이고

상승 고도는 255m로
남산을 오르는 것과
비슷하며

그중 가장 높은 곳은
해발 162m의
마흔계단이다.

고도표

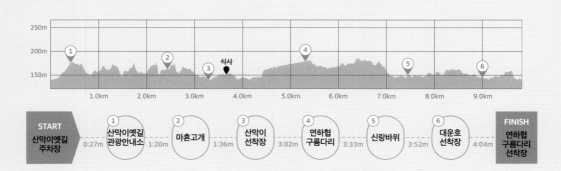

250m									
200m	①		②		④				
150m				③ 식사				⑤	⑥

1.0km 2.0km 3.0km 4.0km 5.0km 6.0km 7.0km 8.0km 9.0km

START
산막이옛길
주차장

① 산막이옛길
관광안내소
0:27m

② 마흔고개
1:20m

③ 산막이
선착장
1:36m

④ 연하협
구름다리
3:02m

⑤ 신랑바위
3:33m

⑥ 대운호
선착장
3:52m

FINISH
연하협
구름다리
선착장
4:04m

아홉 줄기 물길이 모이는 곳에 태어난 마을,

비수구미 생태길

해산터널에서   비수구미마을까지
→

| 출렁다리를 넘어가면 비수구미마을에 도착한다.

"이곳에서 맛보는 산채비빔밥은 순례자에게 제공되는 정성스러운 공양이자 거룩한 빵이다. 출발지가 되는 해산터널은 오지로 들어서는 마법의 게이트다. 평화의 댐 주변의 그로테스크한 분위기도 색다르다."

등산화
필수

모두 **34,222보**를 걷게 되며

5시간 38분이 걸리고

38분간의 고강도 운동 구간이
포함된 여정

변방이 소멸해 버린 세상에서 오지에 모여 살고 있는 사람들을 만난다는 것은 훨씬 더 어려운 일이 되어버렸다. 트레킹 코스로 개발된 오지마을길은 여러 곳이 있지만 대부분은 유명무실해졌다. 산막이마을은 유람선이 수시로 운행하고 분천마을은 관광열차가 다니더니 아예 산타마을로 이름을 바꿨다. 오지마을이 테마파크로 변해버린 세상에서도 여전히 발길이 닿기 어려운 곳에 사는 사람들이 있다.

비수구미마을(동천2리)은 6·25전쟁 때 내려온 피난민들이 자리 잡고 살아온 산골 마을이다. 100여 가구에 달하던 숫자는 불과 4가구로 줄어들었지만 여전히 명맥은 유지되고 있다. 이제는 뱃길뿐만 아니라 비포장 임도를 통해서도 차량이 오고 갈 수 있지만 엄연히 마을 사람들에게 한정된 이야기다. 오지 순례자들이 이곳을 찾아갈 수 있는 방법은 여전히 두 다리를 이용하는 것 외에는 없다. 이곳에서도 오지마을의 이미지는 희미해지고 있지만 아직 그 상징성을 잃지 않는 것은 해산령과 정상 부근에 위치한 해산터널 때문이다.

우리가 야생으로 들어가는 것을 인지하기 위해서는 어떤 경계선을 넘어간다는 행위가 필요한데 그 역할을 하는 것이 해산터널이다. 이 터널은 불과 얼마 전까지 우리나라에서 최북단(북위 38도선), 가장 높은 곳(해발 700m)에 설치된 가장 긴(1,986m)터널이라는 3관왕의 타이틀을 보유했던 곳이었다. 그 기록은 모두 깨져버렸지만 아흔아홉 구비 고갯길과 버려진 채 방치된 듯한 터널의 존재감은 가히 압도적이다. 특히 야간에 이 도로변은 야생동물의 천국으로 바뀐다. 간간히 차량이 지나가지만 이곳의 고라니들은 영역을 과시하듯 도망치지도 않고 길가에서 어슬렁거린다. 사람보다 동물이 더 많이 살고 있는 야생의 영역에서 비수구미마을로 가는 길이 시작되는 셈이다.

터널을 통과하는 것은 야생으로 들어서는 차원의 문을 넘어가는 것과 같다. 터널을 나오자마자 탐방로가 시작되는데 마을로 가는

1 비수구미마을로 가는 숲길은 고요한 임도다.
2 길 옆으로는 항상 물길이 나 있다.
3 함박꽃이 피었다.
4 출렁다리가 보이기 시작하면 마을에 거의 다 온 것이다.

길은 아주 단순하다. 코스는 마을 사람들이 차량으로 오고 가는 임도를 그대로 따라 내려간다. 신비로운 물이 만들어내는 아홉 가지 풍경이라는 이름답게 탐방로는 처음부터 끝까지 계곡과 함께 간다. 해발 1194m 해산 정상에서부터 흘러내려오는 물줄기들은 비수구미계곡으로 모여든다. 비라도 온 뒤에 이 계곡은 온통 물소리로 진동을 한다. 물길이 아홉 개의 풍경을 만드는 것인지 아홉 개의 물줄기가 모여서 풍경을 만드는 것인지 구분이 안 될 정도다. 왼쪽의 물줄기를 따라가면 갑자기 오른쪽에서 물줄기가 나타나기도 하고 이렇게 나타난 물길은 임도 좌우로 나란히 내려가다가 어느 순간 합쳐지길 반복한다.

내리막길이 끝나고 마침내 계곡이 파로호와 합류하는 지점에서 비수구미마을과 만난다. 목적지에 도착한 사람들은 누가 뭐랄 것도 없이 백반을 내어주는 마을 집을 찾아 자리를 잡는다. 이곳에서 나고 자란 나물로 차려낸 밥상은 언뜻 평범해 보이면서도 특별하다. 명아주, 곤드레, 취, 곰취, 부지깽이가 전부인데 식감이 얼마나 연하면서도 부드러운지 모른다. 비벼 먹는 고추장도 일품인데 아무리 몸을 움직인 뒤의 공복감과 주변의 풍광이 맛을 더한다고 해도 묵직하게 감기면서 올라오는 감칠맛이 일품이다. 예불을 끝낸 불자들이 절집에서 점심 공양을 받듯 오지 순례자들은 이곳에서 점심 공양을 받아야만 비로소 오늘의 정진을 완수하는 것이다.

내리막길만 내려와서 목적지에 도착한 탓에 힘이 남아도는 사람들은 마을에서 뭔가 다른 길을 찾아본다. 파로호를 따라 남쪽으로 내려가는 길도 있지만 결국은 다시 되돌아와야 한다. 이 길의 끝자락에 있던 야영장도 문을 닫은 탓에 이제는 찾아가야 할 명분도 사라져버렸다. 호수가 옆을 따라 들어오는 비포장도로가 생겼으나 낙석의 위험 탓에 이곳은 차마 추천을 못 하겠다. 새 길이 생겼으나 여전히 걸어 다니기는 어렵고 이리저리 머리를 굴려봐야 결국 출발지로 되돌아

1 장독대는 장을 담근 항아리로 가득하다.
2 평화의 댐.
3 전망대에서 바라보는 풍경.

가는 방법밖에는 없으니 이곳은 아직도 진정한 오지인 셈이다.

계곡만 오르내렸던 코스의 아쉬움은 다른 곳에서 채운다. 이곳에 오면 다들 한 번씩 올라가는 곳이 있는데 사람이 쌓아 올린 콘크리트의 산, 평화의 댐이다. 인적 드문 야생의 영역에 세워진 거대한 구조물은 그 존재만으로도 그로테스크한 분위기를 자아낸다. 탐방객은 마을에서 느끼지 못한 탁 트인 전망의 아쉬움을 스카이워크에서 달래고 떠난다. 평화의 댐 아래쪽에는 꽤나 번듯한 캠핑장이 자리 잡고 있다. 마을의 야영장이 없어진 현재는 하루 전 도착한 사람들의 베이스 캠프 역할을 한다. 캠핑장 옆에는 선착장이 위치하고 있어 때를 잘 맞춘다면 단체 여행객에 섞여서 고기잡이 배를 타고 마을로 들어가는 호사를 누릴 수도 있다. 이곳은 트레킹을 하든 캠핑을 하든 여전히 야생과 오지마을을 사랑하는 사람들을 불러들이는 장소다.

길머리에 들고 나는 법

♦ 자가용

해산터널 동측 출구에 위치한 해오름휴게소 입구 공터 (화천군 화천읍 평화로2393)에 주차한다. 주차비 무료.

♦ 대중교통

서울동서울터미널에서 화천터미널로 하루 8회 차편이 있다. 첫차는 06:45 출발, 2시간 55분 소요. 문제는 화천터미널에서 해산령으로 가는 버스가 없다. 화천 읍내에서 17km 정도로 택시를 타면 30,000원 정도.

궁리하다

이 코스에서는 산악회 버스를 이용하는 것도 방법이다.

이렇게 하면 출발지로 다시 올라갈 필요 없이 해산령 IN 하류 버스차단기에서 OUT할 수 있다. 단체 손님의 경우에는 식당 주인장이 버스까지 배로 데려다주기도 한다. 이때는 1인당 3,000원의 요금을 따로 받는다.

길라잡이

안내표지 있음, 두루누비상 경로 표시 있음(비수구미 생태길). 반려견 동반 가능

해발 700m에서 시작해서 해발 188m의 마을까지 6.6km 거리를 내려가는 코스다. 비수구미야영장을 다녀오려면 왕복 9km를 다녀와야 하고 선착장(승용차 주차장)까지는 1km 거리, 버스차단기까지는 다시 1.5km를 걸어야 한다. 자가용을 이용해서 왔다면 식사 후 다시 출발지로 되돌아가는 것이 최선이다. 이 경우 코스 길이는 13.2km가 되고 상승 고도는 520m에 달한다. 단체 여행객들은 버스 주차장까지 배를 타거나 걸어간다. 중간에 화장실이 없다. 유일한 공중화장실은 마을 초입에 위치한다.

♦ 일부 자전거 동호인들은 해산령에 주차 후 산악자전거로 하산해서 일반 도로를 타고 목적지로 되돌아가기도 한다.

식사와 보급

코스는 완전한 무인지경이다. 마을에는 식당이 몇 곳 있는데 **비수구미 민박**(033-442-0145, 화천읍 비수구미길470) 이장님 댁에서 운영하는 곳이다. 산채정식(12,000원)은 단체 주문 시에는 10,000원이다. 평화의 댐 주변도 무인지경인 것은 마찬가지다. 댐 정상 쪽으로 올라가야 매점이 한 곳 있다. **신천일막국수**(033-442-2127, 화천군 화천읍 중앙로 34-9) 오일장터에 위치한 식당. 막국수(8,000원)와 빈대떡 (4,000원)이 맛있다.

숙박

평화의 댐 오토캠핑장(033-440-4533, 화천읍 비수구미길 145-145) 화천군에서 운영하는 야영장이다. 총 40면의 사이트와 카라반도 10대 운영 중이다. 사이트 요금은 평일 20,000원으로 공립야영장 중에서도 저렴한 편이다. 반려견 동반 구역도 따로 운영한다. 동계 시즌에는 운영하지 않는다. 예약은 평화의 댐 오토캠핑장 홈페이지eco-school. ihc.go.kr/hb/camp/sub02_02_01 참고.

탐방가이드

입장료는 없고 연중무휴로 개방. 코스경로상 설치된 안내소와 배치된 해설사는 없으며 궁금한 점은 마을이장님께 문의한다.

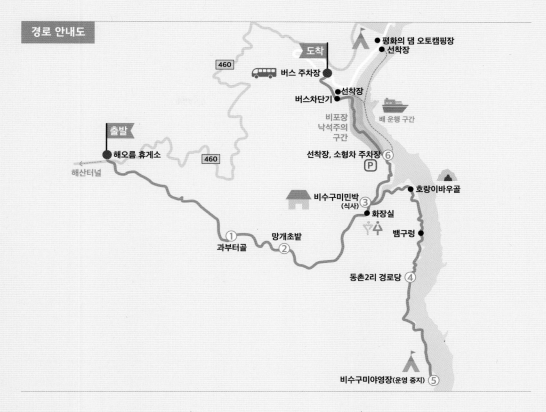

460

도착

평화의 댐 오토캠핑장
선착장

버스 주차장

선착장

버스차단기

비포장
낙석주의
구간

배 운행 구간

출발

해오름 휴게소

460

해산터널

선착장, 소형차 주차장 ⑥

P

비수구미민박
(식사) ③

호랑이바우골

화장실

① 과부터골

망개초밭

② 뱀구렁

동촌2리 경로당 ④

비수구미야영장(운영 중지) ⑤

걷는 거리는
총 **19.5km**이고

상승 고도는 **357m**로 인왕산을
오르는 것과 비슷하며

그중 가장 높은 곳은 해발
700m의 해산령이다.

고도표

| 600m |
| 400m |
| 200m |
| 0m |

① ② ③ 식사 ④ ⑤ ⑥

2.0km 4.0km 6.0km 8.0km 10.0km 12.0km 14.0km 16.0km 18.0km 20.0km

START 해오름 휴게소		① 과부터골		② 망개초밭		③ 비수구미 민박		④ 동촌2리 경로당		⑤ 비구수미 야영장		⑥ 선착장		FINISH 버스 주차장
	0:48m		1:05m		1:38m		3:15m		3:46m		5:18m		5:38m	

느리게 살아서 행복한 사람들,

느린호수길, 느린꼬부랑길, 봉수산등산로

출렁다리에서 　　　　　　의좋은형제마을을 거쳐 　　　　　　임존성까지
→

임존성은 남문지 부근이 비교적 온전하게 형태가
남아 있다.

"여기, 변화의 물결을 온몸으로
막아서는 마을이 있다. 이제 이
사람들은 빠르게 살기를 거부한다.
전쟁과 산성, 우애와 순교, 그리고
댐과 수몰까지 이 고요한 호수
주변에서는 참 많은 일이 일어났다."

등산화
필수

모두 **27,027보**를 걷게 되며

6시간 8분이 걸리고

66분간의 고강도 운동 구간이
포함된 고난한 여정

슬로시티란, 유유자적한 도시, 풍요로운 마을이라는 뜻의 이탈리아어 치타슬로^{Cittaslow}에서 유래된 말이다. 초기에는 패스트푸드에 반대하는 슬로푸드 운동에서 시작됐으나 이제는 음식을 넘어 느림의 철학을 바탕으로 자연과 문화를 지켜가는 삶의 방식으로 확장됐다. 국제슬로시티연맹에서는 이런 철학에 부합되는 지역 공동체를 선정해 슬로시티로 공식 인증해 주고 있다.

예당호와 맞닿아 있는 대흥마을은 우리나라에서 여섯 번째로 슬로시티가 됐다. 사람들이 유유자적하기로는 둘째가라면 서러운 곳이 충청도요, 그 안에서도 풍요로운 동네로 손꼽히는 곳이 예당평야 지역이다 보니 그 중심에 있는 대흥면이 슬로시티가 된 것은 어찌 보면 너무나 당연하다. 작고 평범해 보이는 시골마을이지만 이곳을 돌아보는 걷기길의 경로는 잠시 스쳐갈 수 있을 정도로 짧지도 단순하지만도 않다. 이 마을이 담고 있는 사연을 따라 걷다 보면 예당호는 물론이고 마을 뒤의 봉수산까지 공간이 확장되기 때문이다.

예당관광지에서 대흥마을까지는 수변을 따라 만들어진 느린 호수길이라는 걷기길이 조성돼 있다. 정지된 듯한 풍경과 세월을 낚고 있는 강태공의 유유자적한 태도는 느림이라는 주제와 더할 나위 없이 잘 어울린다. 다만 출발지는 짐짓 단조롭기만 한 풍경이 걱정됐

느린호수길,
느린꼬부랑길,
봉수산등산로

1 예당호 주변으로 산책로가 잘 만들어져 있다.
2 데크길을 따라서 대흥면으로 향한다.
3 의좋은형제공원.
4 봉수산자연휴양림에서 임존성으로 가는 등산로가 시작된다.

는지 출렁다리라는 거대한 구조물을 세워놓았다. 출렁다리가 유행같이 번지던 시기에 국내 최장이라는 타이틀을 거머쥐었으나 얼마 전 논산에 그 왕좌를 물려주었다. 슬로시티와는 맥락 없어 보이는 출발이었지만 적당한 길이로 만들어진 데크길은 충분하다 싶을 때쯤 여행객을 마을 안으로 들여보낸다.

　　마을 전체를 아우르는 것은 '의좋은 형제'로 회자됐던 이성만, 이순 형제에 관한 미담이다. '형님 먼저 아우 먼저'라는 말이 생각날 정도로 훈훈했던 이야기는 예당호에 잠겨 있던 효제비가 발견되면서 실화였음이 밝혀졌다. 이를 다시 증명이라도 하듯 마을 입구에는 형제의 선행을 재현한 테마공원을 만들어놓았다.

　　슬로시티 운동은 무작정 느림을 추구하는 것은 아니다. 감당할 수 없을 정도로 빠르게 바뀌는 세상에 대한 일종의 반작용인 셈이다. 이곳에서는 과거부터 반복됐던 변화의 압력과 그에 대항하는 반발의 역사를 발견할 수 있다. 때로는 부드러운 형태의 사회운동이 아닌 배척과 투쟁이라는 극단적인 형태로 나타나기도 했다. 대흥동헌에 세워져 있는 척화비와 바로 옆에 있는 형옥원에서는 당시 밀려들어오는 외세에 대한 반발로부터 야기된 위정척사운동과 천주교 박해에 대한 역사가 담겨 있다. 사촌형제였던 김정득, 김광옥은 같은 날 순교해 '의좋은 순교자'라 불린다. 이들의 우애는 이성만 형제에 못지

않았으나 서학을 받아들였다는 이유만으로 그들은 신유박해 때 죽임을 당했다.

　봉수산 동측 산자락에는 예당호가 내려다보이는 근사한 경관 탓에 전망 좋은 통나무집이 있는 휴양림과 아찔한 높이의 스카이워크가 있는 수목원이 자리 잡고 있다. 이곳을 지나 정상으로 향하는 등산로는 꽤나 힘겹고 가파르지만 일단 능선 위로 올라서면 천 년의 세월을 버틴 임존산성과 마주하게 된다. 주변 산봉우리를 휘감듯 성벽을 쌓아 올렸는데 그중에서도 북동치에서 남문을 거쳐 북서치로 이어지는 남측 성벽길 구간이 비교적 명확하게 복원돼 있다. 여행자에게는 성벽 트레킹을 즐길 수 있는 이색적인 코스지만 이곳에는 백제의 멸망을 받아들이지 못했던 사람들의 투쟁의 역사가 담겨 있다. 그들은 이곳을 마지막 거점으로 삼아 나당연합군에 맞서 싸웠고 이를 백제부흥운동이라 했다.

　조용해 보이는 마을에서 왜 이렇게 많은 일이 일어났던 것일까? 이에 대한 힌트는 배맨나무라 불리는 느티나무를 통해서 유추해볼 수 있다. 백제부흥운동 당시 이를 진압하러 온 당나라 소정방은 이 나무에 타고 온 배를 묶어놓고 내렸다 전해진다. 예당댐도 삽교방조제도 없던 시절에는 이곳까지 바닷물이 들어왔었다 한다. 이 말대로라면 내포內浦의 중심이었다는 대흥은 중국으로 오고 가는 교역로의 중심이자 지정학적인 요충지였던 것이다. 백제 부흥에서 위정척사 그리고 슬로시티까지 이 마을에서는 참 다양한 운동이 일어났다. 시대와 명칭은 달랐어도 참 한결같았던 점은 자신들의 정체성을 지켜내고자 했던 고집과 신념이었다. 운동이라는 것은 어떤 목적을 달성하기 위한 에너지를 투입하는 것을 의미한다. 변화하는 것만큼 변하지 않으려는 것에도 그 이상의 노력이 필요하다.

1 대흥옥에는 의좋은 순교자의 사연이 담겨 있다.
2 남문지를 지나 북서치로 향해 간다.

1

2

길머리에 들고 나는 법

✦ 자가용

예당관광지 관리사무소 방면 주차장(예산군 응봉면 예당관광로163)에 주차한다. 주차비 없음. 출발지로 돌아올 때는 택시를 이용한다. 5km 거리, 요금은 10,000원 정도.

✦ 대중교통

서울센트럴시티터미널에서 예산터미널로 하루 7회 차편이 있다. 첫차는 07:10 출발, 2시간 소요. 용산역에서 무궁화호 열차가 예산역으로 운행. 첫차는 05:34부터 있으며 2시간 소요. 예산터미널과 예산역에서 예당관광지까지 하루 5회 차편이 있다. 30분 소요.

예산터미널 발	예산역 발	예당관광지 발
07:45	08:00	07:05
09:55	10:10	10:50
13:35	13:50	14:30
15:50	16:05	17:00
19:20	19:35	20:00

길라잡이

안내표지 있음, 네이버지도/두루누비상 경로 표시 있음. 자연휴양림 내 반려견 동반 금지
예당관광지에서 의좋은형제공원까지는 느린호수길, 대흥마을을 둘러보는 느린꼬부랑길, 휴양림으로 진입해서 임존산성으로 오르는 봉수산등산로까지 3개의 개성 있는 길을 이어 걷게 된다. 느린호수길은 경사 없는 수변데크길이 6km 정도 이어진다. 마을 지나 봉수산으로 오르는 등산로는 상대적으로 꽤나 고되게 느껴진다. 특히 휴양림에서 능선까지 2km 구간이 가장 가파르다 임존성을 따라 봉수산을 시계 방향으로 돌게 된다. 남문지-북서치-정상을 들렸다가 봉수산수목원으로 하산한다. 수목원의 명물 스카이워크를 걷는 것도 잊지 말자. 느린호수길은 그늘이 전혀 없다. 하절기에는 모자, 팔토시 필수.

식사와 보급

봉수산 구간을 제외하면 식사나 보급이 어렵지 않다. 16km 이상을 걷게 되기에 식수와 행동식은 충분히 챙겨서 출발해야 한다. **오장동함흥냉면**(041-333-8588, 예산군 대흥면 예당로829) 마을에 위치한 식당이다. 땀 흘린 뒤에 먹는 물냉면(11,000원)이 시원하다. **대흥식당 본점**(041-335-6034, 예산군 대흥면 노동길14) 예당관광지 맞은편에 위치한 어죽(10,000원) 맛집이다. 민물새우를 튀겨주는 새우튀김(20,000원)도 맛있다. 인근 삽교시장 곱창거리에 있는 **삽다리곱창**(041-338-5060, 예산군 삽교읍 삽교로4길7) 곱창구이(12,000원)와 전골(24,000원) 모두 맛있다. 하루 전날 도착한다면 포장해서 숙소에서 먹어도 좋다.

숙박

하루 먼저 도착해서 숙박한다면 **예당호국민여가캠핑장**(041-339-8299, 예산군 응봉면 예당관광로123)이 최선의 선택이다. 코스 출발 지점까지 도보로 이동할 수 있고 출렁다리 야경과 분수쇼를 관람하기에도 좋다. 특히 A구역은 일부 출렁다리 조망이 나온다. 예약은 예당관광지 국민여가캠핑장 홈페이지camping.yesan.go.kr/main.do 참고. 인근에 위치한 **봉수산자연휴양림** 객실에서도 일부 예당호 조망이 가능하다. 숲나들e 홈페이지www.foresttrip.go.kr 참고.

탐방가이드

예당관광지 주차장에 있는 관리사무소 건물에 **관광안내소**가 있다. 탐방로 지도 등을 구할 수 있다. 대흥초등학교 맞은편에 **슬로시티방문자센터**(041-331-3727, 예산군 대흥면 중리길49)가 있다. 문화관광해설사가 배치돼 있어 마을에 대한 안내와 꼬부랑길 탐방 정보를 제공받을 수 있다. 예약 예산군 문화관광 홈페이지www.yesan.go.kr/tour/ 참고 | 예당호출렁다리 이용 시간 09:00~22:00

예당관광지 주차장
예당호국민여가캠핑장
출발/도착
출렁다리
① 팔각정
예당저수지
616
② 황새둥지탑
의좋은형제공원
③ 생태공원
대흥동헌
봉수산 순교성지 ④
배맨나무
도착
대흥마을
하늘데크길 ⑧
⑤ 등산로 입구
봉수산 정상 ⑦
북서치
묘순이 바위
북동치/갈림길
⑥ 남문지

걷는 거리는
총 **15.4**km이고

상승 고도는 **599**m로
불암산을 오르는 것과
비슷하며

그중 가장 높은 곳은
해발 **483**m의
봉수산 정상이다.

고도표

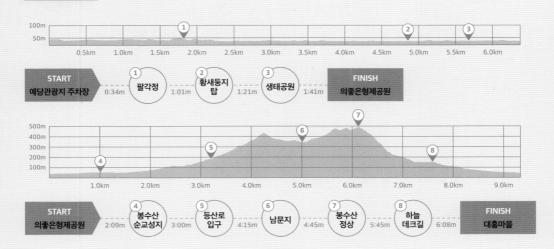

START	① 팔각정	② 황새둥지탑	③ 생태공원	FINISH
예당관광지 주차장	0:34m	1:01m	1:21m	1:41m 의좋은형제공원

START	④ 봉수산 순교성지	⑤ 등산로 입구	⑥ 남문지	⑦ 봉수산 정상	⑧ 하늘 데크길	FINISH
의좋은형제공원	2:09m	3:00m	4:15m	4:45m	5:45m	6:08m 대흥마을

차에 진심인 사람들이 모여 살았던,

백운동 월하마을 산책길

월출산 다원주차장에서 　　　　　　백운동정원을 거쳐 　　　　　　월남사지터까지 →

운당원은 백운동원림 뒤편에 늠름하게 하늘로 솟은 왕대나무숲을 말한다.

"우리 역사상 이렇게까지 차에 진심인 사람들이 있었던가? 이 동네에서는 찻물 달이는 연기가 구름이 되어 하늘로 되돌아간다. 마실과 차실이 함께하니 이 또한 즐겁지 아니한가?"

모두 **11,407보**를 걷게 되며

3시간 5분이 걸리고

8분간의 고강도 운동 구간이 포함된 여정

221

기가 세기로는 조선 제일이라는 월출산, 그 드세 보이는 우락
부락한 산자락이 남쪽으로 두 팔을 벌려 포근하게 감싸안은 듯한 지
역이 있다. 마치 터프가이의 다정함이 묻어나오는 듯한 모습을 보여
주는 그곳에 백운동이라 불리는 동네가 있다. 월출산에서 흘러 내려
온 계곡물이 다시 안개가 돼 구름으로 올라가는 곳이라 하니 그 이름
만으로도 신비롭기 그지없다. 도대체 그 안에는 무엇이 있길래 그리
소중하게 품었을까? 속내를 살펴보면 백운동원림이라는 숨어 있는
공간을 발견하게 된다.

원림, 혹은 별서정원이라고도 불리는 이곳은 수많은 문인과
선비가 찾아와 하룻밤 묵어가며 풍류를 즐기던 장소였다. 이곳을 찾
은 사람 중에는 다산 정약용 선생도 있었다. 그는 백운동의 경치에 반
해 초의선사에게 그림을 그리게 하고 12곳의 풍경에 시를 입힌 화첩
을 만들었다. 당대의 거성이 시 한 수를 읊을 정도였다니 호남의 3대
정원이란 수식어를 쓰지 않더라도 이곳의 멋과 격은 이미 검증받은
것과 진배없다.

백운동으로 향하는 길은 초록의 융단이 펼쳐진 듯한 강진다
원 한복판을 가로지른다. 울퉁불퉁 삐져 나와 성이 난 산봉우리와 다
원의 차분한 분위기가 상반되는 이색적인 풍경이다. 비밀의 정원이
라고도 불리는 원림은 그 이름에 걸맞게 들어가는 입구조차 찾기 쉽
지 않다. 차밭을 따라 내려가다 오솔길로 접어들면 비로소 백운동계
곡과 마주한다. 숲은 울창하나 번잡스럽지 않고 물은 흐르고 있으나
사납지 않다. 이 원림은 손을 댄 듯 단아하면서도 만져지지 않은 듯한
자연스러움이 공존한다. 원림은 정원과 달리 자연을 그대로 둔 채 정
자나 연못 같은 구조물을 살짝 끼워 넣은 공간이다. 별서로 들어가는
문과 담장이 안과 밖을 구분하고 있지만 12경이라 불리는 경관은 상
당수가 차경借景이라 하여 자연에서 빌린 것이다. 마치 그 시절 선비

1 월하마을 산책은 푸르른 기
운으로 가득한 강진다원에
서 시작된다.
2 다원 뒤로 뾰족뾰족한 봉우
리가 도열해 있는 월악산의
풍경이 펼쳐진다.
3 유상곡수라 하여 계곡의 물
길을 정원 안쪽으로 끌어들
였다.
4 별서로 들어서는 입구.

라도 된 양 정선대에 올라 옥판봉도 한번 바라보고 운당원의 왕대숲도 걸어본다. 유상곡수라해 집 안으로 끌어들인 물줄기 옆 평상에 걸터 앉으니 곡차든 녹차든 뭐든 한잔 마셔야 직성이 풀릴 지경이다.

백운동을 말할 때 원림과 함께 빼놓을 수 없는 것이 바로 차와 다원의 존재다. 월출산의 경관이 좋아서 곁들일 차가 필요했던 것인지 이곳의 차가 좋아서 이런 공간이 만들어진 것인지 선후관계는 알 수 없으나 다산이 이곳을 찾은 것도 우연이 아닐 것이다. 이 동네에는 차를 사랑했던 또 다른 선인의 자취가 남아 있는 장소가 있다. 고려시대 차 시詩의 대가로 꼽히는 진각국사가 창건했다는 월남사지터다. 옛 절터로 가기 위해서는 원림에서 벗어나 민가가 있는 아랫동네로 내려가야 한다. 마을길을 걷다 보면 얼마 지나지 않아 폐사지 터에 도

착한다. 전각이 모두 비워져 나간 자리는 크고 넓게만 느껴진다. 유일하게 남았다는 3층 석탑의 존재감은 월출산을 배경으로 더욱 두드러진다. 최근 다시 세웠다는 대웅전은 빈 공간을 채운 것 이상으로 석탑의 존재감을 깎아 먹어 못내 아쉬울 나름이다. 텅 빈 공간을 바라보고 있노라면 무엇인가 채워 넣기 위한 오만가지 감정이 떠오르기 마련이다. "북두로 은하수를 길어다가 밤중에 차를 달이니, 차 달이는 연기 달 속 계수나무를 감싸네." 국사의 시 한 편을 읽으면 이곳은 반짝이는 은하수와 하얗게 올라오는 연기로 금세 채워지는 듯하다.

절터 맞은편에는 이한영차문화원이라는 다도체험장이 있다. 하루 종일 목말라했던 끽다의 욕구를 떡차 한잔을 우려내며 해갈한다. 이한영은 1920년대 '백운옥판차'라는 최초의 차 브랜드를 만들었기에 근대 차의 아버지로 불리는 인물이다. 그는 다산이 묵었던 백운동별서 동주의 후손이기도 하다. 별서에서 맺어진 인연은 동주의 아들 이시헌이 다산의 문하로 들어가는 계기가 되었고 그는 자연스럽게 차의 세계로 입문하게 된다. 다산이 해배되자 제자들은 스승과 다신계를 맺는다. 이시헌 역시 다산이 알려준 제다법에 따라 떡차를 만들어서 스승에게 꾸준하게 올려 보냈다. 대를 이어 숙성된 백운동 원주 이씨의 다맥은 끊기지 않고 지금까지 이어져 내려오고 있다.

1 별서의 가장 높은 곳에 옥판봉이 보이는 정자가 있다. 옥판봉은 구정봉의 서남쪽 봉우리의 이름이다.

2 다실 주변의 풍경.

3 월출산을 배경으로 서 있는 월남사지 삼층석탑. 대웅전은 최근 복원되었다.

4 진각국사비는 월남사를 창건한 진각국사를 기리는 비석이다.

5 이의경 선생의 유적지는 소류지 인근에 감춰져 있다.

백운동 주변은 해발 800m에 달하는 암봉의 존재 탓에 일교차가 크고 안개가 자주 낀다. 대신 기온은 온화하고 비는 자주 내리는데 이는 차 농사에 있어 최적의 생육 조건이다. 이런 이유로 강진의 차는 떫은맛이 적고 향이 강해 예로부터 사람들에게 사랑받았다. 발걸음은 원림에서 시작했으나 가는 곳마다 차와 관련된 인물과 그 흔적을 마주하게 되니 과히 차의 성지요, 차에 진심인 사람들이 모여든 마을이라 하지 않을 수 없다. 과거 백운동에서 피어났다는 안개의 절반은 일교차 때문이 아닌 찻물 달이는 연기 때문이었을 것이다.

1 월하마을의 날씨는 변화무쌍하다. 맑은 날에도 갑자기 소나기가 내린다.

길머리에 들고 나는 법

◆ 자가용

강진다원 주차장(강진군 성전면 백운로237)에 주차한다. 주차비, 입장료 없음.

◆ 대중교통

서울센트럴시티터미널에서 강진터미널로 하루 4회 차편이 있다. 첫차는 07:30 출발, 4시간 50분 소요. 동서울터미널에서 출발한다면 직행은 없고 정안휴게소에서 1회 환승해야 한다. 강진터미널에서는 성전, 무위사, 경포대 방향 농어촌버스를 이용한다. 하루 6회 차편이 있다. 시간표 참고. 문의 강진터미널 061-432-9666

◆ 강진 읍내에서 다원까지 17km이고 영암 읍내에서 12km로 거리상으로는 영암 쪽에서 더 가깝다.

강진터미널 발▶
06:40
08:20
10:30
13:40
15:00
17:20

길라잡이

안내표지 없음, 두루누비상 경로 표시 있음(남도유배길 4코스). 반려견 동반 가능

코스 안내표시는 없고 각 지점을 알아서 찾는 방식으로 돌아봐야 한다. 강진군에서 조성한 남도유배길 4코스와 일부 겹치는 구간이 있지만 완전히 같지 않다. 강진다원 주차장-백운동원림-이한영차문화원-월남사지터 순서로 돌아보고 출발지로 되돌아간다. 이의경 선생은 사도세자의 스승으로 월남소류지에서 제자를 양성했던 학당 터가 남아 있다. 출발지인 주차장이 가장 고도가 높고 월남사지 쪽이 가장 지대가 낮지만 고도차는 100m에 불과하다. 마을길, 임도를 번갈아 가며 걷는 코스로 난이도는 무난하다. 하절기에는 소나기에 대비하는 것이 좋다. 남해에서 불어온 해풍이 월출산과 부딪치는 까닭에 맑은 날이라도 갑자기 비가 내리는 등 날씨가 변덕스러운 경우가 많다.

식사와 보급

한적한 마을을 산책하는 코스로 식사나 보급에 부담이 없다. **녹향월촌한우명품관**(061-433-3118, 강진군 성전면 백운로95-5) 마을에서 운영하는 식당으로 한우육회비빔밥(12,000원)이 맛있다. 코스 이동경로상에 위치한다. **백운차실**(0507-1345-4995, 강진군 성전면 백운로107) 이한영 선생의 후손이 운영하는 찻집으로 툇마루에 걸터앉아 백운산을 바라보며 마시는 차가 운치 있다. 월산떡차(7,000원), 말차에이드(7,000원) 추천.

◆ 강진 읍내의 식사와 숙소 정보는 다산초당에서 백련사 가는 길(334p)을 참고한다.

숙박

달빛한옥마을은 코스에서 도보 거리에 13곳의 한옥이 모여 있는 마을공동체다. 각기 개성 있는 숙소를 선택할 수 있다. 홈페이지www.gangjinhanok.kr 참고.

탐방가이드

이동 경로에 관광안내소같이 문화관광해설사가 상주하는 곳은 없다. 10인 이상 단체의 경우 10일 전 예약 시 관광해설사 배정이 가능하다. 강진군에서는 매년 봄 시즌에 '강진 월출산 봄소풍 가는 날'이라는 축제를 개최한다. 행사 무대는 월하마을 인근이며 행사 프로그램 중 '이가월기(이야기가 가득한 월출산 기행)'라는 프로그램이 있다. 다양한 행사 프로그램과 함께 차와 관련된 마을 명소를 도보로 둘러본다. 강진군 문화관광 홈페이지www.gangjin.go.kr/culture에서 축제/행사 메뉴 참고.

경로 안내도

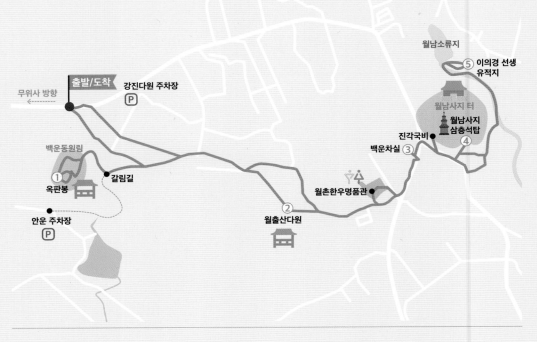

걷는 거리는
총 **6.5**km이고

상승 고도는 **164**m로
응봉산 팔각정을
오르는 것과 비슷하며

그중 가장 높은 곳은 해발
213m의
강진다원 주차장이다.

고도표

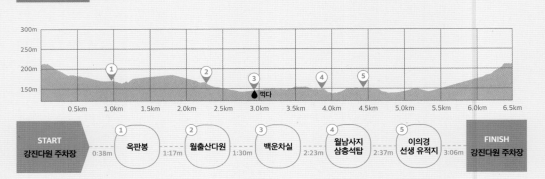

START 강진다원 주차장	① 옥판봉	② 월출산다원	③ 백운차실	④ 월남사지 삼층석탑	⑤ 이의경 선생 유적지	FINISH 강진다원 주차장
	0:38m	1:17m	1:30m	2:23m	2:37m	3:06m

3

치열했던 삶의 자취를 따라 걷는 길
이야기가 있는 마을 순례

자원봉사자들이 만들어낸 기적의 길,
태안 솔향기길 1코스

석탄의 도시 모운동에서 출발하는,
운탄고도 3코스 광부의 길

절영마 키우던 섬에 피난 온 사람들,
영도 절영해안산책로

말테우리 오가던 으슥한 목장길,
쫄븐갑마장길

VILLAGE PILGRIMAGE ROUTE

자원봉사자들이 만들어낸 기적의 길,

태안 솔향기길 1코스

만대항에서 꾸지나무골해수욕장까지 →

숲길로 들어서면 절벽을 따라 작은 언덕을 오르내리는 길이 시작된다.

"이 길은 태안의 기적을 담고 있다. 기름때를 닦으러 수없이 해안으로 들고 났던 봉사자들의 노고가 배어 있다. 이원반도에는 땅끝의 적막감과 섬 같은 이국적인 정취가 어우러진다."

모두 **17,901**보를 걷게 되며

3시간 51분이 걸리고

30분간의 고강도 운동 구간이 포함된 여정

길의 주인공은 그 길을 걸었던 사람들이다. 보부상이 걸어 다녔으면 보부상길이 되고 선비가 걸었으면 선비길이 된다. 높으신 양반이 걸었던 길이라면 그분들의 별호나 성함이 붙는다. 정약용이 걸었던 길이 다산길이나 남도유배길이라 불리는 식으로 말이다. 반면 우리는 그 길을 처음 만들었던 사람에 대해서는 전혀 아는 바가 없다. 자연발생적으로 만들어진 것이 대부분이니 선답자를 알아낼 방법이 없기도 하고 또 알아야 할 필요성도 없기 때문이다. 이런 익명성은 과거에서부터 현재까지 이어져 내려오는 개척자들의 운명이었다.

태안반도의 솔향기길에는 이곳을 개척한 명확한 원작자가 존재한다. 차윤천 씨는 태안군 이원면 출신으로 2007년 태안기름유출 사고 당시 자원봉사를 위해서 고향으로 내려왔다. 그는 외지에서 온 자원봉사자들이 해변으로 내려가는 것에 어려움을 겪는 것을 보고 로프를 달고 계단을 만들어 길을 터주었다. 일종의 경로 개척자 역할을 한 것이다. 이후 그는 동서로 짧게 뚫었던 해변 진입로를 남북으로 길게 이어 붙이며 10km에 달하는 둘레길을 만들었다. 약 5개월의 기간 동안 중장비 없이 오로지 곡괭이와 삽, 톱을 사용해서 만들어낸 까닭에 원래부터 있었던 것 같은 아주 자연스러운 길이 완성됐다.

솔향기길은 51km에 걸쳐 다섯 개 구간이 만들어져 있지만 그가 만든 길은 만대항에서 시작해 꾸지나무골까지 이어지는 1코스다. 태안반도는 들어봤어도 이원반도는 생소할 것이다. 태안의 가장 북쪽 육지 한 줄기는 뿔이 솟은 것처럼 삐쭉하게 바다로 돌출돼 있다. 출발지가 되는 만대항은 그 끝자락인 가로림만의 입구에 위치한다. 일종의 땅끝마을인 셈인데 접근성이 좋지 않다. 서울에서 직선거리는 80km에 불과하지만 차로 진입하려면 160km를 넘게 돌아가야 해서 3시간이 넘게 걸린다. 항구에서 반도 끝으로 올라가는 길에는 바다 건너 대산공단의 모습이 보인다. 공단에는 거대한 석유화학단

1 꾸지나무골해변은 낙조 맛집이다.

2 코스 초반 삼형제바위로 가는 데크길이 이어진다.

3 모래사장 맞은편으로 삼형제바위가 보인다.

4 하늘에서 바라본 용난굴의 모습. 입구가 바다 쪽으로 나 있어 썰물 때만 드나들 수 있다.

5 솔향기길에는 코스개척자인 차윤천 씨의 조형물이 설치되어 있다.

지가 자리 잡고 있다. 당시 기름유출사고를 낸 허베이 스피릿호도 이곳으로 원유를 옮기던 중이었다. 인적이 드문 길가에서 마주 보이는 거대한 산업단지의 모습은 이질적이다. 이런 풍경 탓인지 반도 끝자락에서 사무치는 감정은 적막감보다는 변방의 쓸쓸함이다.

　　가로림만의 입구 격인 수인등대를 지나면 트레일은 방향을 틀어 서쪽으로 바다를 끼고 남쪽을 향해서 내려가기 시작한다. 우리가 서해에서 예상외의 풍경을 마주했을 때 "와, 여긴 서해 같지 않다"라고 말하는데 딱 그런 곳이다. 질척한 뻘 대신 바위 절벽과 모래사장이 반도의 서쪽 해안선을 이루고 있다. 소나무가 트레일 주변을 가득 채우고 있음은 물론이다. 육지 속 트레일 같지 않고 저 멀리 외연도나 승봉도 같은 섬에서 보았던 것 같은 풍경이 펼쳐진다. 이원반도는 서쪽에서 불어오는 바람과 파도, 그리고 기름 유출로부터 가로림만을 지켜주는 천혜의 방파제였던 것이다.

　　바다로 들어가는 잘록한 통로인 '회목쟁이'라는 지명도 간간히 존재하지만 당시 대부분의 자원봉사자는 바위 절벽과 언덕을 넘어 '앙뗑이'라 불리는 급경사를 이용해서 아슬아슬하게 해변을 오고 갔다. 그들을 위해서 접근로를 만들어야 했던 필요성도, 두 손으로 밧줄을 잡고 위태로운 걸음을 내디디며 기름을 닦아냈을 봉사자들의 노고도 이 길을 걸으면서야 비로소 깨닫게 된다. 트레일을 따라 걸으면 걸을수록 섬에서 봤던 것 같은 익숙한 풍경이 펼쳐진다. 썰물 때 육지와 연결된다는 여섬은 삽시도에서 본 면삽시의 모습과 닮아

1 여섬은 물이 빠지면 육지와 연결된다.

2 작은 언덕을 오르락내리락 하는 길은 코스가 끝날 때까지 이어진다.

3 솔향기길의 독수리바위는 와랑창이라 불리는 수직동굴을 지킨다.

있다. 역시 물이 빠지면 드러나는 해식동굴인 용난굴은 말 그대로 용이 승천했다는 전설을 담고 있었는데 그 모습은 임자도에서 봤던 용난굴과 판박이다. 어쩌면 이원반도는 과거에 섬이었을지도 모른다는 생각이 들었다. 반도의 남쪽으로 내려가다 보면 시목공원캠핑장에 도달하는데 이곳이 반도에서 가장 폭이 좁은 곳이다. 500m 정도로 좁아진 반도의 허리는 금방이라도 끊어져 육지와 분리될 것 같다. 끊어졌던 땅이 이어졌다면 이곳일 것이고 지금까지 육지였다면 이제는 반도에서 분리돼 섬으로 돌아가는 준비를 하고 있는지도 모른다. 만대항의 분위기는 땅끝이면서도 외지지 않았고 둘레길의 풍경은 육지이면서도 섬 같았다.

이 둘레길의 이름은 솔향기길이다. 소나무의 냄새보다는 자원봉사자가 남기고 간 아름다운 체취가 더 두드러진 코스였다. 이렇게 명확하고 감동적인 스토리를 갖고 있는데 너무 소나무만 내세운 것 같아 아쉬움이 남는다. 코스 개척자 한 명만 부각시키기 부담스러웠다면 자원봉사자의 길로 명명했으면 어땠을까 싶다. 원작자인 그도 자원봉사자 중 한 명이었으니 말이다.

✦ 자가용

만대항 주차장(태안군 이원면 내리39-29)에 주차한다. 주차비 무료. 돌아올 때는 꾸지나무골해변에서 내3리 정류장까지 1.4km 도보로 이동 후 만대항 방향 농어촌버스를 이용한다. 하루 7회 차편이 있다.

◆ 만대항에 있는 횟집은 식사를 할 경우 대부분 솔향기길로 픽업을 온다. 항구에서 식사한다면 고려해 볼 만한 리턴 방법이다.

✦ 대중교통

서울센트럴시티터미널에서 태안터미널까지 하루 14회 차편이 있다. 첫차는 07:20 출발, 2시간 10분 소요. 태안터미널에서 만대항까지는 400번 농어촌버스를 이용. 버스는 항구 안쪽으로 들어가지 않고 500m 직전 종점에서 회차.

태안 발 ▶	내3리 착		◀ 만대항 발
06:10	06:53	07:08	07:00
08:00	08:30	09:03	08:55
09:50	10:35	11:08	11:00
11:40	12:25	13:08	13:00
14:20	15:05	15:28	15:20
16:35	17:15	17:53	17:45
18:50	19:30	19:48	19:40

길라잡이

안내표지 있음, 네이버지도/두루누비상 경로 표시 있음(솔향기길 1코스). 반려견 동반 가능

솔향기길은 총 51km로 5개 코스로 나뉘어져 있다. 만대항에서 시작해서 태안 읍내 냉천골까지 남하하는 코스다. 그 중 1코스는 해안 절벽을 따라 내려간다. 말이 절벽이지 최고봉이라 해봐야 해발 60m 이내의 낮은 언덕이 대부분이다. 문제는 이 언덕을 끝없이 올라가고 내려가야 한다는 점이다. 해안선을 따라 걷는 코스지만 꽤나 상승 고도가 나오는 구간이다. 길을 찾는 것에는 별 어려움이 없고 출발지로부터 6km 지점에 위치한 용난굴의 경우에는 바닷가 쪽으로 빠져 나와야 한다. 굴 입구가 바다 쪽을 향하고 있어 잘 보이지 않는다. 밀물 때가 돼야 걸어갈 수 있기 때문에 탐방 당일 물때 시간을 확인해 봐야 한다.

식사와 보급

만대항을 벗어나면 코스 주변으로 카페가 몇 곳 운영 중일 뿐 식사할 만한 곳은 없다. **해랑해카페**(010-8214-5594, 태안군 이원면 원이로2771-160) 용난굴 직전에 전망 좋은 곳에 자리하고 있다. 아메리카노 6,500원. 내3리 버스정류장 옆에 있는 **바다마트**에서는 식료품뿐만 아니라 라면, 김밥 같은 간단한 요깃거리도 판매한다. **이원식당**(041-672-8024, 태안군 이원면 원이로1539) 박속밀국낙지탕(20,000원)이 대표 메뉴. 산낙지의 식감도 좋고 국물도 개운하다. 마지막에는 칼국수를 넣고 끓인다.

숙소

1박을 고려한다면 위치상 **꾸지나무골해수욕장캠핑장**(010-2637-4592, 태안군 이원면 꾸지나무길81-17)이 최선이다. 마을 어촌계에서 운영하며 솔숲에 있어 그늘이 풍부하고 해변과 맞닿아 있다. 전기, 온수샤워, 장작이 가능하며 반려견도 동반할 수 있다. 예약은 전화나 꾸지나무골해수욕장캠핑장 홈페이지www.kkujicamping.com 참고.

탐방가이드

코스 경로상 문화관광해설사가 상주하는 관광안내소는 존재하지 않는다. 대신 주말에는 차윤천 씨가 만대항으로 나와서 종종 탐방객들에게 코스 해설을 진행하기도 한다. 원작자를 직접 만나보고 싶다면 식당, 캠핑장 등 현장에서 그의 일정을 주민들에게 문의해 보자.

붉은 앙뗑이

입성끝 전망대

당봉 전망대 ②

삼형제바위

회목쟁이

출발

가마봉 전망대 ③

① 솔향기길 입구

만대기지
종점

여섬 전망대 ④

603

카페

용난굴 ⑤

뱃면

독수리바위 전망대 ⑥

독수 이동 바지

도착

꾸지나무골
해수욕장

도보 이동

내3리 정류장

걷는 거리는
총 **10.2km**이고

상승 고도는 **361m**로
인왕산을 오르는 것과
비슷하며

그중 가장 높은 곳은
해발 **60m**의
당봉 전망대다.

100m

50m

0m

② ③ ④ 휴식 ⑤ ⑥

①

1.0km 2.0km 3.0km 4.0km 5.0km 6.0km 7.0km 8.0km 9.0km 10.0km

START 만대기지 종점	① 솔향기길 입구	② 당봉 전망대	③ 가마봉 전망대	④ 여섬 전망대	⑤ 용난굴	⑥ 독수리바위 전망대	FINISH 꾸지나무골 해수욕장
0:15m	0:54m	1:34m	1:46m	2:50m	3:32m	3:51m	

운탄고도라 불리는 이곳은 과거 까시랑차라 불리
던 탄차가 오고 가던 길이었다.

"돈과 사람이 몰리던 그 시절
모운동을 엿보러 떠난다. 망경대산
속 광부의 도시는 이제 사라졌지만
애써 그 흔적을 더듬어본다.
임도와 삭도를 오가는 길은
꽤나 터프하다."

등산화
필수

모두 **29,484보**를 걷게 되며

5시간 39분이 걸리고

32분간의 고강도 운동 구간이
포함된 고난한 여정

걷기라는 행위가 단순한 운동이 될지 아니면 견문을 넓혀주는 소중한 경험이 될지는 그 길이 품고 있는 스토리가 결정한다 해도 과언이 아니다. 길에서 보이는 아름다운 풍광은 여행의 동기를 제공하지만 걸으면서 체득한 사실은 여행의 여운을 더 짙게 만들어준다.

그런 의미에서 2022년에 개통한 운탄고도1330의 코스는 의미가 있는 곳을 찾아다니는 도보순례자에게는 흥미로운 대안을 제시하는 것처럼 보인다. '운탄'이라는 이름에서 알 수 있듯 이 코스들은 과거 탄광 지역에서 석탄을 나르던 길을 기반으로 만들어졌다. 그 길이 영월과 정선 그리고 삼척의 고원지대를 지나가기에 '고도'라는 단어도 붙었다. 이 트레일이 개통되기 이전에도 운탄고도라는 명칭은 존재했고 그 오리지널리티는 만항재에서 예미역까지의 구간을 말했다. 이번에 개통한 코스를 기준으로 보면 4, 5코스에 해당한다. 사실 이코스는 트레킹보다는 산악자전거 코스로 더 유명했다. 길이가 43km에 달하기 때문에 하루에 걷기에는 너무 길었고 라이딩코스로는 적당했기 때문이다. 기본적으로 무인지대인 임도를 따라가는 길인지라 단조로운 풍경이 이어지는 탓에 호불호가 나뉘기도 한다.

그런 의미에서 석탄의 도시, 모운동을 출발지로 삼는 운탄고도 3코스는 당시 광부의 삶의 모습을 엿볼 수 있을 것이라는 기대감

1 동발제작소. 동발은 갱도가
  무너지지 않게 받치는 나무
  기둥을 말한다.
2 광부의 샘은 광부들이 동전
  을 던지며 안전을 기원하던
  옹달샘이다.
3 코스 초입에는 광부의 동상
  이 세워져 있다.
4 하늘에서 바라본 황금폭포.
  철 성분이 섞여 황금색을
  띤다.
5 광산 주변의 돌들은 검은빛
  을 띤다.

을 불러일으키기에 충분하다. 여기에 부흥하듯 3코스의 명칭은 광부의 길로 명명됐다. 어떤 길을 걸을 때 스토리와 볼거리가 어떤 순서로 배치돼 있는지는 여행의 경험을 결정짓는 중요한 사항이다. 코스에 따라 출발지에 힘이 실리는 경우도 있고 목적지에 볼거리가 많은 경우도 있다. 3코스는 전자에 해당한다. 이 여정이 초행길인 사람에게 모운동의 존재는 광산의 일상을 가늠해 볼 수 있는 경이로운 장소다.

　　사람들은 마을이 자리 잡고 있는 높이와 올라오는 과정을 체험하면서 두 번 놀라게 된다. 모운동은 해발 1,087m, 망경대산 7부 능선에 자리 잡고 있다. 높이도 높이지만 마을까지 올라가는 좁고 구불구불한 열한 구비 오르막길은 안반데기나 육백마지기를 오를 때나 보던 극한의 난이도인 것이다. 지금이야 50여 명 남짓 살고 있어 여느 한적한 산골마을과 별다를 바 없어 보인다. 모운동의 옥동광업소가 잘나가던 시기에는 2,000명의 광부와 만 명에 달하는 식솔들이 이 가파른 산비탈에 모여 살았다. 당시 영월 읍내에도 없던 영화관까지 있었다고 한다. 예비군 중대본부가 있었던 장소를 알려주는 이곳 토박이 할매의 설명이 아니더라도 남아 있는 폐교의 흔적에서 당시의 영화를 짐작해 볼 수 있다. 남미의 안데스산맥에서나 볼 수 있을 법했던 공중도시가 몇십 년 전까지 이곳에 실존했던 셈이다. 마을

이 위치한 망경대산의 산자락에는 당시 차량이 오고 갔을 법한 임도가 거미줄같이 연결돼 있다. 이 임도 역시 폐광 후 쓰임새를 다하자 망경대산 mtb코스로 변신해서 다른 쓰임새를 찾았고 운탄고도가 한 겹 덧입혀지면서 둘레길로서의 역할이 추가됐다. 이 길은 마을을 크게 한 바퀴 돌고 나서야 북쪽으로 방향을 잡는다. 갱도를 받쳐주던 나무기둥을 만들던 동발제작소의 흔적도, 광부의 샘이라 이름 붙여진 옹달샘도, 철분을 품은 채 누런 물줄기를 흘려 보내는 황금폭포 전망대도 모두 마을 주변에 자리 잡고 있다. 과거 광부가 탄 가루를 씻어냈던 목욕탕 자리와 갱도 입구를 지나서 싸리재를 넘어간다. 둘레길은 해발 1,000m까지 오르내리며 이어진다. 마을에서 멀어질수록 광부의 흔적은 희미해지지만 고원지대에 버티고 서 있는 아름드리나무 사이를 지나가는 숲길은 그 자체로도 충분히 만족스럽다.

이 코스는 중반 이후 커다란 반전을 숨기고 있다. 수라삼거리를 지나면 얼마 지나지 않아 휴식 장소에 도착하는데 이곳에서부터 편안했던 임도길에서 벗어나 좁은 등산로로 진입하게 된다. 이곳에서부터는 굉장히 가파른 경사면을 따라서 하산하게 된다. 발가락에 온 힘을 다 주고 내려가야만 고꾸라지지 않을 정도다. 옥동광업소에서 채취한 무연탄은 북쪽에 있는 석항역으로 옮겨졌다. 이 탄을 옮겼던 방법이 까시랑차라 불렸던 탄차가 아닌 케이블카같이 공중으로 이동하는 운반장치였다. 이를 '삭도'라 한다. 석탄은 공중으로 매달려 이동했으니 임도는 보이지 않고 길은 거칠어졌다.

삭도에서 떨어진 석탄 굴러가듯 비탈길을 헤치고 내려오다 보면 어느덧 석항삼거리에 도착한다. 이 정도면 운탄이 아닌 낙탄落炭고도라 할 만하다. 초반 호기심으로 가득했던 여정이 고행으로 마무리된 셈이다. 이 길 역시 기존 운탄고도와 마찬가지로 호불호가 나뉘지만 광부의 도시를 둘러보려는 순례자의 발걸음은 계속될 것이다.

1 마을을 벗어나면 울창한 침엽수림 지대를 걷게 된다.

삭도가 운행되던 거친 구간이 막아서나 이 또한 그들의 여정을 멈추지는 못할 것이다.

길머리에 들고 나는 법

◆ 자가용

운탄고도마을호텔 주차장(영월군 김삿갓면 모운동 길463-8)에 주차한다. 주차비 무료. 돌아올 때 택시를 이용하면 예미역에서 28km이고 요금은 45,000원 정도. 예미역에서 기차나 버스로 영월로 이동 후 다시 17번, 17-1번 버스를 타고 모운동으로 이동하는 것도 방법이다.

◆ 대중교통

갈 때 서울동서울터미널과 청량리역에서 영월행 차편이 있다. 영월에서 모운동으로 운행하는 17번, 17-1번 버스는 하루 4회. 6시간이 정도 걸리는 코스를 고려한다면 늦어도 10:02에 출발하는 버스를 타야 한다. 청량리에서 첫 열차를 타면 영월에 10:04에 도착해서 버스를 놓친다.

올 때 예미역에서 기차나 버스를 이용해 되돌아온다. 기차는 하루 4회. 영월을 거쳐 청량리까지 간다. 버스는 20번, 20-1번이 영월역으로 간다.

◆ KTX, 영월, 정선군 대중교통정보 2024년 3월 기준.

덕포시장 입구 발	모운동 발	예미역 발 버스		기차
06:17	07:00	13:07	19:37	07:49
10:02	10:50	14:28	20:28	14:08
14:02	14:50	16:37	-	17:24
18:27	19:15	18:28	-	20:14

궁리하다

대중교통 이용 시에는 동서울터미널에서 7:00 첫차를 이용하는 것이 좋다.

이렇게 해야 10:02에 모운동으로 출발하는 버스 시간에 맞출 수 있다.

동서울	→	영월터미널	
발 07:00	시외버스	**착 09:00**	1.3km

덕포시장 입구	→	모운동
발 10:02	군내버스	**착 10:45**

길라잡이

안내표지 있음, 네이버지도/두루누비 상 경로 표시 없음. 반려견 동반 가능 모운동에서 시작한 3코스는 모운초등학교를 지나 동발제작소, 광부의 샘, 황금폭포 전망대를 거쳐서 비로소 마을을 벗어난다. 옥동납석광업소가 있던 싸리재를 넘어가면 망경대산 정상에 가깝게 근접했다가 수라삼거리 쪽으로 내려간다. 8km에 달하는 오르막길이 이어지지만 완만한 임도길이라 힘이 들지는 않다. 수라삼거리를 지나 500m쯤 내려가면 벤치와 임시 화장실이 마련된 장소가 나오는데 이곳에서 길을 잘 찾아가야 한다. 임도를 따라가는 것이 아니라 휴게소 안쪽의 좁은 등산로로 진입해야 된다. 석항삼거리로 내려오는 2.5km의 비탈길은 오르막보다 힘들다. 터프한 산행이 부담스러운 사람은 수라삼거리에서 출발지로 되돌아가는 것도 방법이다. 잘 미끄러지지 않는 등산화와 스틱은 필수다. 비까지 내리면 길은 더욱 미끄러워진다.

식사와 보급

석항삼거리에 도착하기 전까지 코스 주변으로는 식사나 보급을 받을 만한 곳이 없다. 출발지인 모운동 운탄고도마을호텔에서 **모운 밥집**을 운영 중이다. 컵밥 3,000원, 컵라면 2,000원, 부침개 5,000원. 간단한 요깃거리와 우비 등을 판매한다. 아침 식사는 미리 예약해야 한다.

탐방가이드

산불 조심 기간 중 입산을 통제한다. 봄철 2024년 2월 1일~5월 15일, 가을철 | 3코스 통제 구간 싸리재~수라삼거리 구간 | 문의 운탄고도1330 홈페이지www.untan1330.com | 통합안내센터 033-375-0111

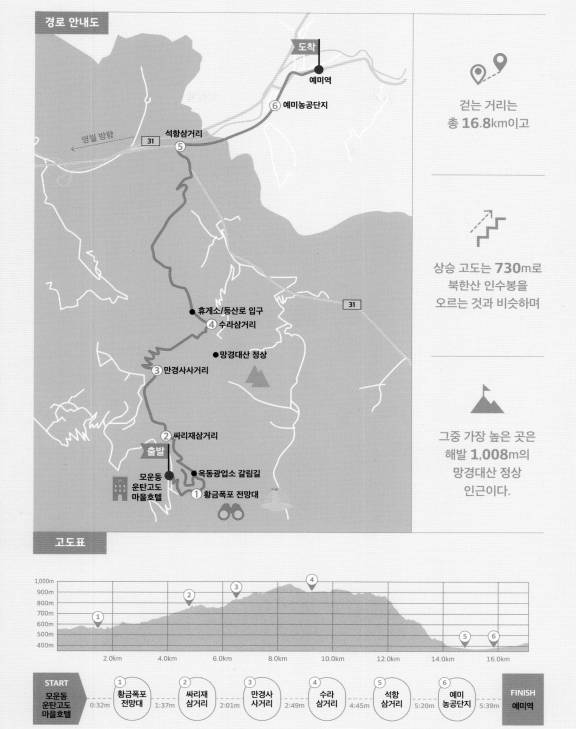

도착
예미역

⑥ 예미농공단지

영월 방향

석항삼거리
31
⑤

걷는 거리는
총 16.8km이고

31

휴게소/등산로 입구
④ 수라삼거리

●망경대산 정상

상승 고도는 730m로
북한산 인수봉을
오르는 것과 비슷하며

③ 만경사사거리

② 싸리재삼거리

출발

모운동
운탄고도
마을호텔

옥동광업소 갈림길

① 황금폭포 전망대

그중 가장 높은 곳은
해발 1,008m의
망경대산 정상
인근이다.

고도표

1,000m					④				
900m		②	③						
800m									
700m									
600m	①								
500m							⑤ ⑥		
400m									
	2.0km	4.0km	6.0km	8.0km	10.0km	12.0km	14.0km	16.0km	

START	①	②	③	④	⑤	⑥	FINISH
모운동 운탄고도 마을호텔	황금폭포 전망대	싸리재 삼거리	만경사 사거리	수라 삼거리	석항 삼거리	예미 농공단지	예미역
	0:32m	1:37m	2:01m	2:49m	4:45m	5:20m	5:39m

절영마 키우던 섬에 피난 온 사람들,

영도 절영해안산책로

흰여울문화마을에서

중리해녀촌까지 →

하늘에서 바라본 흰여울문화마을. 아래쪽 해안길이 절영해안산책로다.

"실향민의 삶을 따라 걷는다. 이 섬에는 외지인이 만들어내는 가장 부산다운 모습이 깃들어 있다. 노을이 질 무렵의 중리해변은 걸어도 걸어도 벗어날 수 없는 뫼비우스의 띠와 같다."

모두 **6,143보**를 걷게 되며

1시간 45분이 걸리고

7분간의 고강도 운동 구간이 포함된 가벼운 산책 같은 여정

부산을 국제도시라 말한다. 부산역 맞은편 초량동의 차이나타운과 러시아 거리를 걸어보면 그 말이 맞는 것 같기도 하다. 이 도시의 다양성을 인종적인 구성에서 찾아보려고 한다면 그건 근거가 부족한 이야기인 것 같다. 외국인의 규모가 서울의 이태원이나 대림동 차이나타운의 규모에 비할 바는 아니기 때문이다. 부산의 다양성은 오히려 다른 지방에서 온 외지인의 존재에서 찾는 게 맞다.

그런 의미에서 영도는 타지에서 모여든 이주민이 만들어놓은 삶의 흔적이 두드러지는 곳이다. 영도는 부산 앞바다의 큰 섬이다. 예로부터 인적이 드물고 절영마라 불리던 말을 키우던 목장이 있었다. 생계를 위해서 부산으로 모여든 사람들은 빈 땅이었던 이 섬에 자리를 잡았다. 일제 시대 섬 북쪽 봉래동에 조선중공업주식회사가 생긴 이후에는 일자리를 찾아온 전국의 노동자들이 모여들었고 6.25전쟁 때는 북한에서 내려온 피난민은 물론이고 제주4.3사건으로 육지로 피난 온 제주도 사람들도 이 섬에 들어왔다. 이곳에 해녀촌이 있는 이유이기도 하다.

영도에서 가장 유명한 트레일은 섬 남쪽 끝에 있는 태종대 둘레길이지만 바다와 함께 이 섬에 살았던 사람들의 자취를 찾아보려면 서쪽의 절영해안산책로를 걸어야 한다. 산책로는 흰여울문화마을에서 시작한다. 가파른 절벽 위에 올라가 있는 알록달록한 건물의 모습이 이국적이다. 그리스 산토리니 마을을 연상시키기도 해서 이미 유명 관광지가 됐다. 원래 이곳은 사람이 살던 자리가 아니었다. 일제 시대에는 일본인의 공동묘지가 있었다. 해 저무는 서쪽을 바라보는 망자의 자리였다. 북한에서 내려온 피난민이 비어 있는 땅을 찾다 보니 어쩔 수 없이 묘지에 터를 잡고 마을을 이룬 셈이다. 지금이야 낭만적으로 보이지만 당시에는 높아서 위험하고 불편한 곳이었다. 볼일을 해결하러 나갔던 아이가 절벽에서 떨어져 죽는 일도 비일비재

1 마을에서 내려다본 해안 산책로.
2 흰여울문화마을의 풍경.
3 해안길로 가려면 가파른 길을 내려가야 한다.
4 영도 앞바다 묘박지는 항상 배로 가득하다.
5 터널을 지나면 전형적인 해안 트레일이 이어진다.

했다고 한다. 이곳은 고향을 잃은 망향의 슬픔과 가난이 공존하는 삶의 애환으로 가득한 곳이었다. 관광객이 몰려들지만 밤이 되면 이 마을은 다시 사람이 살지 않는 무인지대가 된다. 원주민이 떠나가고 상업 시설로 대체되는 젠트리피케이션이 완료돼 버렸기 때문이다. 마을안내소에 근무하는 토박이 주민만이 과거의 기억을 전해줄 뿐 이제 마을에 거주하는 사람은 거의 없다. 어쩌면 이곳은 애초부터 사람이 살 수 없는 곳이었고 잠시 피난민들에게 자리를 내주었다가 본래의 모습으로 되돌아간 것인지도 모르겠다. 마을 앞바다인 영도와 송도 사이는 배들이 항구에 정박하지 않고 바다에서 잠시 머물다가 가는 배의 주차장 묘박지다.

흰여울해안터널을 빠져나오면 전형적인 해안 둘레길과 마주한다. 몽돌해변을 걷다가 갯바위를 오르내리는 철제 계단으로 들어서기도 하고 짧은 출렁다리를 건너기도 한다. 묘박지에 정박해 있는 거대한 화물선은 영도 앞바다에서만 볼 수 있는 배경이다. 해안선을 따라 오르내리기를 반복하면서 힘이 좀 부친다 싶을 때쯤 중리해변에 도착한다. 이곳에는 제주도에서 건너온 해녀들이 운영하는 해녀촌이 자리 잡고 있다. 영도에는 아직도 100여 명이 넘는 해녀들이 남아 있다. 이들은 태종대를 비롯해서 영도 일대에서 활동하는데 이곳도 그중 한곳이다. 고층아파트를 배경으로 물질하는 해녀 할매의 모

1 중리해변의 터줏대감은 해녀들이다.
2 갯바위에 해산물 한 상이 차려졌다.
3 정서향의 해녀촌은 노을 맛집이다.

습은 참 이질적이다. 몇 년 전까지만 해도 물질로 잡아온 해산물을 바로 앞 갯바위 위에서 손질해서 팔았다. 그늘막 하나에 의지해서 한겨울에도 바닷바람을 아랑곳하지 않고 헐벗은 상태로 영업했지만 이제는 번듯한 건물을 지어서 들어갔다. 과거처럼 갯바위에 야장을 대놓고 깔 수는 없지만 손님들은 그때의 분위기를 잊지 못해 오공쟁반을 들고 기어이 바위 위에 다시 자리를 잡는다.

    부산에 점심쯤 도착해서 국밥 한 그릇으로 요기하고 걷기 시작한다. 그러면 해가 떨어질 때쯤 이곳에 도착한다. 산속에서 해가 기울기 시작하면 마음이 급해지고 걸음은 빨라지지만 바닷가에서는 마음이 느슨해지고 다리는 힘이 풀려버린다. 해녀촌이 자리 잡은 곳은 정서향이라 노을은 또 얼마나 예쁘고 선명하게 떨어지는지 모른다. 출발 전의 결심은 오늘은 꼭 태종대까지 완주하는 것이었지만 항상 그래왔듯 트레킹은 이곳에서 마무리된다. 이때 내뱉는 핑계도 변함없다. '부산까지 왔는데 뭐 어때, 노을 보면서 한잔해야지.'

길머리에 들고 나는 법

♦ 자가용

절영해안산책로 앞 공영주차장(영도구 영선동4가186-66)에 주차한다. 1일 주차 4,700원. 일요일은 무료지만 주말에는 혼잡할 수 있다. 가능하다면 대중교통을 추천한다. 중리에서 돌아올 때는 남고교 정류장에서 승차한 뒤 부산보건고등학교에서 하차한다.

♦ 대중교통

서울역에서 부산행 KTX를 이용한다. 첫차는 05:13부터, 2시간 40분 소요. 부산역에서 508번, 82번 버스가 흰여울마을까지 환승 없이 한번에 간다. 12개 정류장을 이동하며 약 20분 소요.

길라잡이

안내표지 있음, 네이버지도/두루누비상 경로 표시 있음(절영해안 산책로). 반려견 동반 가능
절영해안산책로는 흰여울마을 아래쪽 해변길을 의미하지만 마을 구간은 흰여울길로 불리는 절벽 위 길을 따라 이동한다. 버스에서 내리면 절벽 위쪽 마을 초입에서 하차하게 되는데 들머리는 아래쪽에 있는 흰여울문화마을안내센터로 삼는다. 마을길은 1km가 채 안 되는 짧은 거리지만 주변 풍광과 상점을 구경하느라 통과하는 데는 꽤나 시간이 걸릴 것이다. 이송도 전망대가 있는 피아노 계단을 통해서 해안로로 내려간다. 이렇게 하면 바로 해안터널로 갈 수 있다. 터널 입구는 인증샷을 찍는 사람들로 항상 붐빈다. 터널을 통과하면 비포장 해안산책로로 바뀐다. 중리해변까지 2km 구간은 제법 오르막과 내리막이 반복된다. 중리해변을 지나 해변 끝으로 들어가면 중리해녀촌이 보인다. 초행길이라면 거리에 비해 시간이 많이 소요되는 코스다.

식사와 보급

도심 구간이라 보급이나 식사에는 전혀 부담이 없다. **중리해녀촌**(영도구 중리남로2-36) 해산물모듬(소 30,000원)에 김밥(5,000원/2줄)과 성게알(10,000원)까지 추가하면 훌륭한 한 상이 차려진다. 부산역 인근에 위치한 **본전돼지국밥**(051-441-2946, 부산 동구 중앙대로 214번길3-8) 부산 도착 후 허기를 해결하기에 좋은 식당이다. 돼지국밥 10,000원.

탐방가이드

흰여울문화마을거점센터(051-403-1862, 영도구 절영로 194)에는 마을해설사가 배치돼 있어 이곳의 이야기를 들려준다. 3층에는 짐 보관함이 있어 짐을 맡기고 이동할 수도 있다. 요금은 소형 2시간 1,500원. 단체의 경우 문화관광해설사가 동행하는 투어를 신청할 수 있다. 영도구청 홈페이지 참고. 이외에도 영도구청에서는 2024년 흰여울문화마을을 포함해서 영도의 주요 관광지를 문화관광해설사와 함께 돌아보는 투어버스를 운영한다. 상품명은 절영마영도 스토리 투어버스이며 7시간(10:00~17:00) 소요, 요금 25,000원. 영도구청 홈페이지www.yeongdo.go.kr, 부산여행특공대 홈페이지busanbustour.co.kr에서 신청.

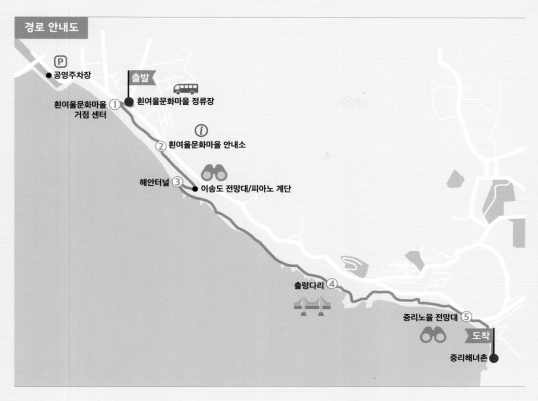

P
공영주차장

흰여울문화마을
거점 센터

출발
흰여울문화마을 정류장 ①

흰여울문화마을 안내소 ②

해안터널 ③
이송도 전망대/피아노 계단

출렁다리 ④

중리노을 전망대 ⑤

도착
중리해녀촌

걷는 거리는
총 3.6km이고

상승 고도는 86m로
응봉산 팔각정을
오르는 것과 비슷하며

그중 가장 높은 곳은
해발 45m의
이송도 전망대다.

고도표

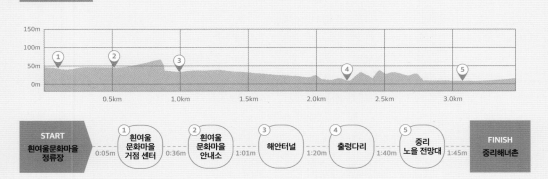

말테우리 오가던 으슥한 목장길,

쫄븐갑마장길

조랑말체험공원에서   따리비오름과 대록산까지 →

마장의 경계를 나누던 잣성숲은 세상에서 가장 좁고 가장 어두운 숲이다.

"고독한 남자가 걷던 길이다. 오름은 육지 속의 외딴섬이요, 잣성은 세상의 경계를 나누던 울타리다. 몰아치는 바람을 헤치고 어둠 속 외로움을 견딜 수 있는 자만이 이 길을 걸을 자격이 있다."

등산화
필수

모두 **17,023보**를 걷게 되며

2시간 53분이 걸리고

35분간의 고강도 운동 구간이
포함된 여정

255

육지 사람들에게 이 길의 명칭은 단번에 그 뜻을 짐작하기 어려운 암호문과도 같다. 쫄븐은 '짧다'는 제주 방언이고 갑마장은 조선시대 말을 사육했던 국영목장을 뜻한다. 목장을 둘러보는 짧은 둘레길이란 뜻이다. 기존 20km에 달하던 목장길 코스를 10km로 단축해 놓았다 해서 쫄븐이란 수식어가 붙었지만 다채로운 풍경과 반전 매력으로 가득 차 있어 절대 '쫄븐'길이라 할 수 없다.

코스가 위치한 가시리는 봄이면 유채꽃과 벚꽃이 흐드러지게 피어나는 경관도로인 녹산로가 관통하는 지역이다. 가시리^{加時里}, 시간을 더하는 마을이라는 이곳은 한라산과 해안 지역을 이어주는 중산간 지대로 광활한 목초지가 펼쳐져 있다. 바닷가는 숨비소리로 가득한 해녀의 영역이었지만 이곳은 예로부터 제주마와 함께 생활하던 말테우리의 땅이었다. 조선 최고의 말, 갑마를 생산하던 갑마장도, 가장 큰 산마장이었던 녹산장도 모두 이곳에 자리 잡고 있었다.

순환 코스인 이 둘레길은 총 세 곳을 들머리로 삼아 트레킹을

시작할 수 있는데 어떤 곳을 시점으로 삼을지 또 어떤 방향으로 돌지에 따라서 길의 첫인상이 180도 달라지는 아주 흥미로운 트레일이다. 조랑말체험공원에서 시작해 반시계 방향으로 진행한다면 가장 먼저 마주하게 되는 것은 가시천이다. 이 하천은 이곳에서 발원해서 세화리로 흘러간다. 제주의 여느 물길과 마찬가지로 곶자왈로 불리는 암괴 지대를 통과하는 까닭에 평상시에는 물이 흐르지 않는 건천이다. 목가적인 풍경의 드넓은 초지와 마주할 것이라는 예상과는 달리 용암이 흐른 듯한 가시천의 모습은 육지 사람들의 시선으로는 낯섦을 넘어서 기괴함을 느끼게 할 정도다. 유채꽃 만발한 도로에서 얼마 들어가지 않았음에도 하늘이 보이지 않을 정도로 울창하게 우거진 숲은 하천을 따라서 길게 이어진다. 짙게 낀 이끼와 군데군데 고여 있는 물구덩 안에는 바위를 움켜쥔 채 버티고 있는 수목이 가득 들어차 이곳이 물길인지 숲길인지조차 구분되지 않는다.

　　짙은 숲속에서 한바탕 사투를 벌인 뒤에나 초원으로 빠져 나오는데 바로 그 앞에는 따라비오름이 버티고 있다. 제주의 수많은 오름 중에서도 다랑쉬와 함께 오름의 여왕이란 칭호를 받을 만큼 수려한 풍모를 자랑하는 곳이다. 오름의 중앙에는 세 개의 분화구가 모여 있는데 흡사 그 모습이 태극의 형태를 닮아 있다. 능선을 올라 오름

1　코스 출발지는 제주조랑말 공원이다.

2　공원 입구에 있는 행기머체는 지하에 있던 마그마가 시간이 지나 노출된 것을 말한다. 동양에서 가장 큰 규모다.

3　제주의 모든 하천이 그러하듯 가시천은 물이 밑으로 빠지는 건천이다.

분화구 위에 올라서야 비로소 목초지의 풍광이 눈앞에 펼쳐진다. 암막 같던 곶자왈의 숲을 뚫고 맞이하는 장쾌한 풍경이건만 몰아치는 맞바람을 두들겨 맞으며 스미는 감정은 고독과 외로움이다. 목초지 위에 솟아 있는 오름은 흡사 절해고도와 비슷하다. 둘레길에서 마주하는 옛 목관의 무덤이 쓸쓸함을 더한다.

바다에는 경계가 없지만 이곳에는 잣성이라 불리는 길다란 목장 경계용 돌담이 바둑판같이 구획을 나눠놓으며 들판을 선명하게 가로지른다. 오름에서 내려오면 경계를 더욱 선명하게 구분하기 위해서 잣성과 함께 나란히 심어놓은 삼나무숲으로 들어선다. 이 숲은 폭이 불과 수십m에 불과하지만 수목의 밀도가 아주 높은 곳이라 태양과 외부의 시야로부터 완벽하게 차단된 공간을 만들고 있다. 주변의 풍력발전기가 돌아가는 백색소음까지 더해지니 목장의 담벼락이 아닌 세상의 경계 밖으로 내몰린 듯한 착각을 불러일으킨다. 이곳을 찾은 사람들의 발걸음이 점점 빨라지는 이유는 아마도 외진 숲에서 느끼는 두려움뿐만 아니라 단절된 지역에서 벗어나고 싶은 본능도 작용한 것일 게다.

세상에서 가장 좁고 긴 것만 같이 느껴졌던 잣성숲을 벗어나면 이번에는 큰사슴이오름으로도 불리는 대록산과 마주한다. 위에서 보면 말발굽 모양이라는 이 오름은 아래에서 보면 사슴을 닮아 있다고도 하니 가시리의 목초지를 대표하는 상징이기도 하다. 오름의 완만함은 따라비와 다를 바 없으나 높이는 이곳이 100m 정도 더 높다. 다시 한번 오름을 힘겹게 넘어서면 유채꽃프라자에 도착한다. 이곳에서부터는 우리가 상상했던 정도의 외롭지도 낯설지도 않은 목가적인 풍경이 펼쳐진다. 가을에는 유채꽃을 대신해 코스모스와 억새가

1 용암이 흐르다 굳은 듯한 가시천은 육지 사람에게는 생소한 풍경이다.

2 오름 정상에서 바라본 풍경. 잣성숲이 경계를 나누듯 선명하게 보인다.

3 대록산에서 내려오는 길에 정석비행장이 보인다.

4 꽃머체는 머체 위에 구실잣밤나무와 제주참꽃나무가 함께 자라고 있어 붙여진 이름이다.

5 곤저리윗물통은 옛날 우마 급수용으로 사용하기 위해 만든 것이다.

나풀거리며 탐방객들을 맞이한다. 당최 보이지 않던 제주마들도 이곳에서부터는 모습을 드러내 한가로이 풀을 뜯으며 여유로움을 더한다. 잣성길 안에서는 기괴하게 들렸던 풍력발전기들의 바람개비 돌아가는 소리도 이곳에서는 그리 거슬리지 않는다. 이 모든 평온함은 인적이 느껴지는 경계선 안쪽으로 들어왔다는 안도감 때문일 것이다.

얼마 남지 않은 귀환 길에는 다시 한번 가시천과 동행한다. 두 번째로 마주하는 풍경인지라 어느 정도 익숙해질 만도 하건만 이 길은 그리 호락호락하게 끝을 맺지 않는다. 꽃머체라 불리는 커다란 용암석 위로는 밤나무와 참꽃나무가 자라고 우마에게 물을 먹이기 위해 파놓은 물통에는 깊이를 알 수 없는 시커먼 반영이 드리워져 있다. 암막 같은 숲과 탁 트인 목초지의 풍경이 쉴 새 없이 교차되며 대비를 일으키는 선명한 인상의 둘레길이다. 길을 걷는 것만으로 말테우리들이 느꼈을 고독과 외로움을 불러일으키는 몰입감이 강한 길이기도 하다. 익숙함보다는 낯섦을, 평온함보다는 긴장감을 즐기는 순례자들에게 추천하고 싶은 길이다.

길머리에 들고 나는 법

✦ 자가용
조랑말체험공원 주차장(서귀포시 표선면 가시리 산41-8)에 주차한다. 주차비 무료.

✦ 대중교통
렌터카 이외에 출발지까지 운행하는 버스가 없다. 표선 읍내에서 조랑말체험공원까지는 15km 거리고 택시비는 15,000원 정도.

◆ 매년 3월 말에서 4월 초까지 가시리 일대에서 개최되는 '서귀포유채꽃축제' 기간에는 대천환승센터에서 조랑말공원까지 10:00~18:00 사이 무료 셔틀버스가 운행된다.

길라잡이

안내표지 있음, 두루누비상 경로 표시 있음(쫄븐갑마장길). 반려견 동반 가능
쫄븐갑마장길은 조랑말체험공원, 따리비오름 주차장(서귀포시 표선면 가시리 산63), 유채꽃프라자까지 총 3곳을 들머리 삼아 출발할 수 있다. 이 책에서는 조랑말체험공원에서 출발해서 반시계 방향으로 도는 코스를 안내한다. 주차 후 녹산로를 횡단해서 코스 입구로 진입한다. 2km 구간은 가시천을 따라 하류로 내려가는 코스다. 중간에 1회 징검다리를 건너 도하할 뿐 코스 난이도는 무난하다. 이후 오름 정상으로 가는 우측 오르막길로 진입한다. 오름 정상까지는 600m 거리이고 중간에 편백나무숲을 지나간다. 이후 잣성길로 들어선다. 이 구간은 2km 거리이며 이후 숲에서 빠져 나와서 대록산 분화구로 오른다. 잣성길에서 빠져 나오는 출구를 잘 찾아야 한다. 나무벤치가 있는 휴게소에서 200m 정도 가면 왼쪽으로 나무에 흰색 노끈을 묶어놓은 곳이 출구다. 이후 유채꽃프라자를 지나 도로(녹산로) 직전에 있는 숲길로 다시 접어들어 꽃머체, 곤저리윗물통을 지나 출발지로 되돌아온다.

◆ 하절기에는 풀이 무성하게 자라 길을 잘 찾아야 한다. 풀에 팔다리가 쓸리기 때문에 여름에도 긴 바지, 긴 팔을 권한다. 인적이 드물고 어두운 코스라 여성의 경우 동행과 함께 걷는 것이 좋겠다.

식사와 보급

코스 주변으로는 식사나 보급을 할 만한 곳이 전혀 없다. 이동 경로상에 식당이 있는 유채꽃프라자를 지나가나 시즌 이외에는 영업을 안 한다. **명문가시리식당**(064-787-1121, 서귀포시 표선면 중산간동로5218) 몸국(10,000원), 두루치기(10,000원)가 맛있다. 표선 읍내에는 말고기를 취급하는 전문식당이 있다. **고수목마식당**(064-787-4210, 서귀포시 표선면 표선중앙로64) 육회(20,000원), 숯불생구이(20,000원/1인)를 판매한다.

탐방가이드

이동 경로상에 안내소나 해설사가 상주하는 공간은 없다. 조랑말체험공원 안에는 **제주조랑말박물관**이 운영 중이다. 제주의 목축 문화, 조랑말의 생태와 습성에 관한 유물과 문화예술품 100여 점이 전시돼 있는 장소다. 관람료 무료 | 문의 064-787-3966
조랑말체험공원에서 진행되는 서귀포 유채꽃 축제는 2024년에는 3월 30일~3월 31일 2일간 행사가 진행됐다. 상세 내용은 행사 안내 홈페이지www.seogwipo.go.kr/festivals/uchae/index.htm 참고.

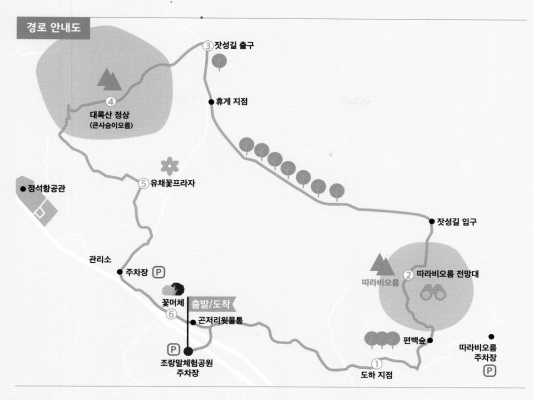

③ 잣성길 출구

④ 대록산 정상
(큰사슴이오름)

● 휴게 지점

● 정석항공관

⑤ 유채꽃프라자

● 잣성길 입구

② 따라비오름 전망대

따라비오름

관리소

주차장 🅿

꽃머체

출발/도착

⑥

● 곤저리윗물통

🅿
조랑말체험공원
주차장

● 편백숲

● 따라비오름
주차장
🅿

① 도하 지점

걷는 거리는
총 **9.7**km이고

상승 고도는 **329**m로
인왕산을 오르는 것과
비슷하며

그중 가장 높은 곳은 해발
466m의
대록산 전망대다.

고도표

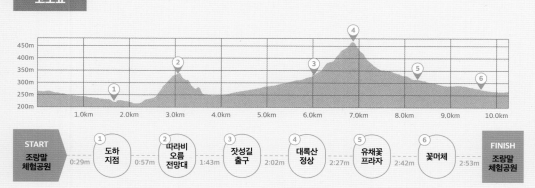

START 조랑말 체험공원		① 도하 지점		② 따라비 오름 전망대		③ 잣성길 출구		④ 대록산 정상		⑤ 유채꽃 프라자		⑥ 꽃머체		FINISH 조랑말 체험공원
	0:29m		0:57m		1:43m		2:02m		2:27m		2:42m		2:53m	

역사 탐방 순례길

PART 3

태조 이성계의 꿈을 따라 걷는 길
조선 건국 신화 순례

조선 왕조가 태동한 백우금관의 명당터로 가는,
준경옛길

왕의 숲을 지나 개국도량으로 향해가는,
상이암 왕의 길

금척 신화의 무대를 거닐다,
진안고원길 1코스

HISTORICAL EXPLORATION ROUTE

조선 왕조가 태동한 백우금관의 명당터로 가는,

준경옛길

활기리마을에서   준경묘를 거쳐   대왕소나무까지 →

하늘에서 바라본 준경묘의 전경. 정자각과 비각,
홍살문까지 왕릉의 형태를 갖추고 있다.

"천하의 명당이란 이런 곳인가?
산속 한복판에서 마주한 드넓은
묏자리가 신비롭다. 그곳을 겹겹이
둘러친 금강송의 존재도 경이롭다.
미인송의 매끈한 자태 또한
매혹적이다."

모두 **8,950보**를 걷게 되며

2시간 5분이 걸리고

18분의 고강도 운동 구간을 포함하는
의외로 힘들었던 여정

준경묘로 가는 옛길은 조선 건국 신화의 최상류로 거슬러 오르는 길이다. 이 길의 끝에는 태조 이성계의 5대조인 이양무 장군의 묘가 있다. 조상 묘를 잘 써야 그 음덕으로 후대에 발복한다는 믿음은 음택풍수의 기본 철학이다. 복이 쌓이는 데도 시간이 필요하듯 선대의 묘를 잘 쓰면 그다음 손주 대에 발복한다고 한다. 그런 의미에서 보면 이 묏자리는 무려 5대에 걸쳐 발복해 후손을 창업 군주로 만들었으니 천하의 명당이라 할 만하다.

이런 묏자리를 잡은 사람은 태조의 고조할아버지인 이안사다. 그는 "해동 육룡龍이 나라샤 일마다 천복이시니"로 시작하는 〈용비어천가龍飛御天歌〉에 등장하는 첫 번째 용인 목조다. 이성계가 왕위에 오르자 4대조까지 왕으로 모시는 유교 예법에 따라 추존국왕이 되었다. 그는 본디 전주 호족이었으나 관기 문제로 중앙에서 파견된 산성별감과 마찰이 일어나자 식솔을 이끌고 삼척현으로 피신했다. 목조 일가가 자리 잡은 곳은 당시 노지동이라 불리는 삼척의 서측 산악 지역인데 현재 주소로는 미로면 활기리에 해당한다. 타지로 온 지 얼마 되지 않아 아버지가 죽자 그는 '백우금관百牛金冠의 터'로 알려진 현재 자리에 묘를 쓴다. 그가 받은 계시에 따르면 개토제를 할 때 100마리 소와 금관을 바치면 후대에 왕이 나올 것이라 했다. 형편이 넉넉치 않던 이안사는 일백百 대신 흰백白이라고 흰소 한 마리와 금 대신 귀리로 짠 관을 바쳤다고 한다.

얼마나 대단한 명당이기에 조선 왕조의 태동이 시작됐을까? 궁금증과 호기심은 이 외진 마을까지 찾아와 길을 걷게 만드는 원동력이 된다. 여느 왕릉을 둘러보는 것과 마찬가지로 가벼운 마음가짐으로 찾아왔건만 주차장에서부터 시작되는 임도는 가파르기 그지없다. 우아한 산책을 기대했건만 시작부터 전투적인 등산 모드로 돌입하는 것이다. 콘크리트 바닥에는 미끌미끌한 물기에 이끼까지 끼어

1 준경옛길은 초반에는 가팔랐다가 이후 완만해진다.
2 준경묘는 금강송으로 둘러싸인 분지에 자리 잡고 있다.
3 미인송은 수고가 높고 곧으며 외피는 결이 곱게 갈라져 있다.
4 봉분 주변에 진응수라 불리는 물줄기가 솟아나온다.

조선 건국 신화 순례

269

걸음이 더욱 조심스럽다. 생각지도 못한 난코스는 준경옛길이라 불리는 계단길을 통과할 때까지 쉴 새 없이 이어진다. 고갯마루를 하나 넘었다 싶으면 다시 마른 계곡을 따라 길이 이어진다. 사방이 나무로 막혀 있는 빽빽한 숲길을 걷다 보면 어느 순간 마법같이 탁 트인 공간으로 들어선다. 어찌 이 깊은 산속에 이런 넓은 자리가 숨어 있었는지 운동장 두 개쯤 합친 평지가 나타난다. 봉분을 둘러싸듯 감싸안은 좌청룡 우백호의 산세도 명확하니 더욱 신기하다. 이 분지의 절반 정도는 습지로 이루어져 있다. 미끄러웠던 바닥과 오르막길 내내 느껴졌던 축축한 기운이 어디에서 시작됐는지 알 수 있는 대목이다. 봉분 앞 홍살문 근처에는 땅에서부터 물줄기가 솟구쳐 나온다. 이를 진응수라 부르는데 땅속의 지기가 왕성해 혈을 맺고도 남은 기운이 솟구쳐 오르는 것이라 한다. 사실 이 묘소의 위치는 조선 왕조 내내 풀지 못한 미스터리였다. 이곳에 묘를 쓴지 얼마 되지 않아 목조는 함경도 의주로 다시 거처를 옮긴다. 그 후 목조 일가는 태조가 왕위에 오르기 전까지 4대에 걸쳐 동북 지역에서 자리를 잡았기에 5대조의 묘소는 그 행방이 묘연해진 것이다. 준경묘가 삼척이 아닌 태백 황지에 있다는 등 여러 설이 있었지만 대한제국을 선포한 고종 황제에 이르러서야 비로소 이 자리가 맞다고 공인됐다.

　봉분 주변을 도열하듯 지키고 있는 나무는 금강송이라 불리는 소나무다. 나무 줄기에 불그스름한 기운이 도는 육감적인 수형은 분명 일반 소나무와는 확연하게 구분된다. 이곳을 찾아봐야 할 이유는 조선의 건국이라는 서사뿐만이 아니라 금강송 군락지를 둘러보는 숲에도 있다. 군락을 이루는 송림에서 뿜어져 나오는 기운도 범상치 않지만 숲을 이루고 있는 나무 하나하나에도 독특한 사연이 담겨 있다. 그중 미인송이라 불리는 나무는 산림청에서 인정할 정도로 수형이 아름답다. 산림청장의 주례로 속리산 정이품송과 혼례까지 올렸는데

1 일제가 송진을 채취하기 위해 남긴 상처는 흉터로 남았다.

2 능선 위에 자리 잡은 대왕 소나무. 어른 두 명이서 끌어안아야 할 굵기다.

3 준경묘 재실 인근에는 활기리마을의 성황당이 자리 잡고 있다.

정이품송의 화분을 가져와 미인송의 암술에 찍어 발라 100여 그루의 후손을 얻었다고 한다. 하늘을 향해 미끈하게 뻗은 가지와 결이 곱게 갈라져 있는 외피를 보고 있노라면 소나무에게 적용되는 미의 기준에 대해서도 곱씹어보게 된다.

준경묘로 가는 옛길은 끝났지만 금강송을 더 보고 싶다면 뒤쪽의 숲길로 들어서면 된다. 조금 걷다 보면 댓재로 연결되는 능선 위에 도착하는데 이곳에는 이 숲속에서 가장 오래되고 크다는 대왕소나무가 자리 잡고 있다. 주변으로는 남대문 복원 당시 목재 수급을 위해서 벌목당한 금강송의 흔적도 남아 있다. 대목장이 "어명을 받아라"라고 외친 뒤에 벌목했다 하여 어명받은 소나무라 부른다. 어명을 피해간 나무도 밑동을 보면 V자 모양의 커다란 상채기가 남아 있는데, 이는 일제가 전쟁 말기 항공유를 만들 목적으로 송진을 채취하면서 남긴 흉터다. 왕조 몰락의 여파가 나무에게까지 미친 셈이다. 명당 자리를 확인해 보고 싶다는 풍수적인 호기심에서 시작된 걸음이었으나 금강송의 거친 듯 불그스름한 매력에 빠져드는 여정이었다.

✦ **자가용**

삼척터미널에서 18km 거리로 대중교통을 이용한 접근이 극히 불편하다. 자가용을 이용하는 것을 추천한다. 준경묘 주차장(삼척시 미로면 활기리67-1)에 주차하고 도보로 왕복한다. 주차료, 입장료 무료.

궁리하다

활기마을 주변으로는 조선 왕조와 관련된 유적지가 흩어져 있다. 영경묘는 이양무 장군 부인의 묘다. 활기마을 주차장에서 2.5km 방우재산 건너편에 위치한다. 영경묘, 준경묘의 재실은 1km, 목조대왕구거지는 0.8km 거리에 있다. 재실 인근 성황당에는 팽나무, 복자기나무 등 9본의 나무가 모여 군집을 이루고 있는 모습도 독특하다.

길라잡이

안내표지 있음, 네이버지도, 두루누비상 경로 표시 없음. 반려견 동반 금지 사항은 없음

활기마을 주차장에서 출발해서 준경묘까지 연결되는 코스는 엄밀하게 말하면 등산로가 아닌 임도길이다. 출발지에서 바로 오르막길이 시작되는데 특히 초반 800m가 매우 가파르다. 400m쯤 오르면 좌측으로 계단길이 나오는데 이쪽으로 오고 가야 거리를 단축시킬 수 있다. 계단길은 200m로 그 끝에서 다시 임도와 합류한다. 미인송은 홍살문에 도착하기 약 300m 지점 우측 언덕에 숨어 있다. 대왕소나무로 가기 위해서는 정자각을 지나서 봉분을 오른쪽에

두고 다시 왼쪽 숲길로 들어서야 한다. 0.5km 정도 이동하면 두타산 자락으로 연결되는 능선 위에 올라서는데 안내표지판 바로 맞은편 기우뚱한 나무가 대왕송이다. 주변으로 어명을 받은 소나무와 송진을 채취한 흔적이 남아 있는 소나무들이 모여 있다. 준경묘를 오고 가는 코스는 단순하나 소나무는 신경 써서 찾아다녀만 발견할 수 있다.

◆ 산지형 습지라 하절기에는 무척 습하고 모기와 같은 날벌레가 많다. 여름에도 긴 바지, 긴 팔은 필수다. 뿌리는 해충기피제도 필요하다.

식사와 보급

활기마을 주차장 주변에 매점이나 식당은 없다. **대궐**(033-575-8320, 삼척시 미로면 준경길108) 주차장 인근의 한옥카페. 커피(4,000원), 와플(9,000원) 같은 차와 디저트를 판매한다. 식사를 하려면 환선굴이 있는 이웃 신기면이나 삼척 시내로 이동해야 한다.

숙박

인근에 **삼척활기자연휴양림**과 **치유의 숲**이 자리 잡고 있다. 치유의 숲에서는 산림치유프로그램을 운영하고 휴양림에서는 숙박이 가능하다. 휴양림에서는 한옥, 숲속의 집, 휴양관에 4~12인까지 묵을 수 있는 다양한 객실을 운영하고 있다. 예약은 숲나들e 홈페이지www.foresttrip.go.kr와 앱을 통해서 가능하다.

탐방가이드

활기마을 주차장 관광안내소에는 주말에만 문화관광해설사가 상주한다. 운영 시간 10:00~17:00 | 문의 033-575-1050 | 삼척문화관광www.samcheok.go.kr/tour.web 참고.

● 영경묘

삼척활기 치유의 숲

방우재산

삼척활기 자연휴양림 ●

● 목조대왕 구거지

성황당

● 영경묘·준경묘 재실

출발/도착

● 준경묘 주차장 ℙ

계단 시점 ①

준경옛길

홍살문 ③　미인송

대왕소나무 ⑤　준경묘 봉분 ④　② ●계단 종점

● 어명받은 소나무

걷는 거리는
총 **5.1**km이고

상승 고도는 **314**m에 달하며
이는 인왕산을 오르는 것과
비슷하며

그중 가장 높은 곳은
해발 **389**m에 있는
대왕소나무다.

350m
300m
250m
200m
150m
100m

0.5km　1.0km　1.5km　2.0km　2.5km　3.0km　3.5km　4.0km　4.5km　5.0km

START 준경묘 주차장	0:10m	① 계단 시점	0:37m	② 미인송	0:44m	③ 홍살문	0:57m	④ 준경묘 봉분	1:15m	⑤ 대왕소나무	2:05m	FINISH 준경묘 주차장

조선 건국 신화 순례

왕의 숲을 지나 개국도량으로 향해가는,

상이암 왕의 길

성수산자연휴양림에서   상이암을 거쳐   성수산 정상까지

상이암의 화백나무는 이곳이 구룡쟁주의 터라는
것을 증명이라도 하듯 아홉 갈래로 갈라져 자란다.

"아홉 마리의 용이 여의주를 품기
위해 달려든다. 조선의 건국 신화가
시작된 장소에서 성지순례가
시작된다. 내가 왕이 될 상인지
궁금한 사람이라면 반드시 걸어봐야
할 길이다."

등산화
필수

모두 **18,252보**를 걷게 되며

4시간 5분이 걸리고

55분간 고강도 운동 구간이
포함된 여정

누군가 "기^氣의 존재를 믿으십니까?"라고 물어본다면 한 치의 망설임도 없이 "네, 그렇습니다"라고 대답할 것이다. 세상의 모든 것은 기를 품고 있다는데 그중 땅의 기운이 좋은 곳을 명당이라 한다. 사람이 입신양명하기 위해서는 땅의 좋은 기운을 흠뻑 받아야 하는데 어떤 곳은 그 기운이 하도 강해서 왕을 점지해 준다. 이런 영험한 곳을 우리는 명당을 넘어서 개국 성지라 부른다.

임실 성수산에는 상이암이라는 아주 작은 암자가 산 중턱에 자리 잡고 있다. 평범해 보이는 절집은 그 외관과 달리 깔고 앉은 터가 특별하다고 전해진다. 땅의 기운이 산줄기를 따라 흐르는 것을 지맥이라 하는데 이곳에는 성수산 능선에서 내려온 아홉 개의 지맥이 합쳐지는 꼭지점에 위치하고 있다. 지맥의 기세를 용에 비유해서 소위 구룡쟁주의 터라 말한다. 이곳에서 기도를 드리다가 하늘의 계시를 받아 나라를 세웠다는 인물로는 고려의 창업주 태조 왕건과 조선의 창업주 태조 이성계가 있다. 이 산의 이름이 성수인 것도 이곳에서

기도정진하던 태조 이성계가 "이李공은 성수聖壽 만세를 누리리라"라는 하늘의 계시를 받은 것에서 유래한다.

　　상이암으로 가는 길은 성수산자연휴양림에서 시작한다. 임도를 따라 사찰까지는 차로 이동할 수 있지만 기를 받으러 가는 여정에서는 차곡차곡 땅의 기운을 쌓듯 한발 한발 밟고 올라가야 한다. 지금은 군에서 운영하는 공립휴양림이지만 이 숲을 가꾼 사람은 개인 독립가인 김한태 님이다. 그는 이 일대에 300만 그루의 나무를 심어 한국의 조림왕으로 불렸던 인물이다. 암자로 가는 길에는 그가 심어놓은 여러 종류의 나무와 마주하는데 그중 눈에 띄는 것은 남쪽 지방에서만 볼 수 있는 울창한 편백나무 군락이다.

　　편백 특유의 향을 맡으며 걷다 보면 어느새 암자에 도착한다. 고려와 조선의 개국 신화를 담고 있는 곳치고는 평범해 보인다. 원래 '기'는 눈에 보이지 않지만 그래도 뭔가 있겠지 하고 주변을 살펴보니 본당 앞에 심어져 있는 화백나무가 눈에 들어온다. 한 줄기로 올라가던 나무 줄기가 중간에서 아홉 줄기로 갈라지며 장쾌하게 펼쳐졌다. 이곳에 맴도는 아홉 가닥의 기운의 정체를 이 나무 한 그루가 증명해주는 듯하다. 기가 모이는 꼭지점에 해당하는 자리는 본당 맞은편에 있는 커다란 바위다. 이곳의 기를 느껴보기 위해 바위의 가장 높은 모서리 위에 올라본다. 두 눈을 감고 땅의 기운을 느껴본다. 고요한 정

1 하늘에서 바라본 상이암의 전경. 팔작지붕같이 사방으로 펼쳐진 화백나무의 수형이 또렷하다.
2 더 높은 하늘에서 바라본 상이암의 전경. 아홉 개의 지맥이 모이는 자리라 구룡쟁주의 터라 부른다.
3 상이암으로 오르는 숲길은 왕의 길이라고도 불린다.
4 암봉에서 바라본 구룡쟁주의 터.

적 속에서 두 다리에서부터 복부로 따뜻한 기운이 채워지는 듯하다.

　　이곳에는 두 분의 창업주가 다녀갔다는 표식이 바위 속에 남아 있다. 왕건은 '환희담歡喜潭'이라는 글자를 남겼고 얼마 떨어지지 않은 곳에 이성계가 남기고 갔다는 '삼청동三淸洞'이라는 글씨가 암각돼 있다. 이곳으로 그들을 이끈 것도 당대 최고의 고승이자 풍수가였던 도선국사와 무학대사였다고 하니 두 개의 건국 설화는 복사를 한 듯 닮아 있다.

　　여기까지 왔으니 당연히 성수산 정상까지 가봐야겠지만 바로 올라가지 않고 서쪽에 있는 이름 없는 봉우리인 암봉을 들렀다 가기로 한다. 구룡쟁주의 터에서 기운은 느낄 수 있었으나 그 실체는 확인할 수 없었기에 사찰 주변이 가장 잘 내려다보이는 곳으로 확인차 오르는 것이다. 이제부터는 임도에서 벗어나 가파른 등산로를 올라간다. 암봉 위에 올라서자 비로소 주변 경관이 거침없이 터진다. 멀리 진안의 마이산까지 또렷하게 조망될 정도다. 장수 쪽에서 이어져온 산맥이 정상 부근에서 꺾어지며 진안 쪽으로 내달린다. 산은 그리 높

지 않은데 산세가 희한하다. 쭈글쭈글 주름진 것 같은 지맥이 암자가 있는 계곡을 향해 모여들고 있다.

　이 신묘한 자리를 최초로 발견한 사람은 신라 도선국사로 알려져 있다. 그는 이곳을 천자봉조지상天子奉朝地像, 임금을 맞이할 성지라 칭하고 자신의 이름을 딴 도선사를 세웠다. 조선 시대에 이르러 주상主上의 귀耳에 "성수 만세" 소리가 들린 암자라 해 다시 상이上耳암으로 바뀌었다. 태조 이성계는 1380년 남원 인근에서 벌어진 황산대첩에서 승리하고 개경으로 귀환하던 중 이곳을 들른 것으로 전해진다. 그는 이 전투에서 승리함으로써 변방의 무장에서 일약 구국의 영웅으로 떠오르게 된다.

　천하명당터를 밟아보고 싶다는 호기심에서 시작된 여정이었지만 어쩌면 이 길은 태조 이성계의 창업의 꿈이 시작된 개국성지순례였을 지도 모른다. 지금도 선거철만 되면 이곳으로 찾아오는 정치인의 발길이 끊이지를 않는다고 하니 대업의 꿈을 가진 사람이라면 반드시 찾아와서 한번 걸어봐야 할 길이 아닐까 싶다. "내가 왕이 될 상인가?" 하고 말이다.

1 태조 이성계가 썼다는 삼청동비. 뒤쪽 바위는 구룡쟁주의 꼭지점에 해당하는 자리다.
2 태조가 기도를 올렸다는 기도터.
3 상이암 산신각에는 다른 곳과 달리 태조 이성계의 어진이 모셔져 있다.

길머리에 들고 나는 법

✦ 자가용

대중교통 이용은 불편, 자가용 이용을 추천한다. 성수산자
연휴양림 주차장(임실군 성수산길374)에 주차하고 도보로
왕복한다. 입장료, 주차비 무료.

✦ 대중교통

갈 때   서울남부터미널에서 임실로 가는 차편이 있다.
06:00부터 1시간 간격으로 배차되며 3시간 30분
소요. 임실터미널에서 성수산자연휴양림까지는 군
내버스를 이용. 거리는 14km로 하루 2회 차편이
있다. 10:00, 16:30, 택시비는 28,000원 정도.

올 때   휴양림에서 임실터미널로 나가는 버스는 10:20,
16:50에 있고 임실터미널에서 서울로 가는 막차는
20:00. 차 시간이 애매할 경우에는 전주로 이동한
뒤 환승하는 것도 방법이다.

길라잡이

안내표지 있음, 네이버지도, 두루누비상 경로 표시 없음. 자
연휴양림, 캠핑장, 사찰 반려견 동반 금지

출발지에서 상이암까지는 3km 거리로 이 길을 '왕의 길'
이라 칭한다. 성수천을 따라 만들어진 성수임도를 걷는 구
간이다. 자연휴양림 휴양관까지는 데크길이 만들어져 있
고 이후부터는 포장임도를 따라 이동한다. 상이암을 돌아
본 뒤에는 왔던 길로 다시 500m를 내려오면 등산로 입구
에 도착한다. 이후부터는 성수산 등산로를 따라 산행코스
로 접어든다. 암봉으로 오르는 1km 능선길은 최고의 난코
스다. 이곳에서 다시 능선을 타고 0.4km 거리의 정상으로
이동한다. 정상에서는 0.4km 거리에 있는 지장재로 향한
다. 이곳을 지나 905고지로 가는 능선길을 타고 가다 보면
0.6km 지점에 태조 기도처에 도착한다. 돌아올 때는 지장
재 계곡길을 따라 하산한다.

◆ 해발 900고지로 오르는 등산로가 포함되어 있는 코스다. 등산화 착용
필수.

식사와 보급

코스 주변으로는 식사할 만한 곳이
전무하다. 식사는 미리 임실터미널 주
변에서 해결하고 물과 행동식을 충분하
게 챙겨서 움직여야 한다. 임실터미널은 임실전통시장과
붙어 있다. **개미집**(063-642-3370, 임실군 임실읍 운수로26)
시장 안 유명한 노포로 피순대가 들어가는 순대국밥(8,000
원)이 맛있다. **고산집** 인터넷에 전화번호도 주소도 나오지
않는 허름한 국숫집. 터미널에서 시장으로 가는 골목에 위
치한다. 할매가 말아주는 투박한 물국수(5,000원) 한 그릇
이 정겹다.

숙박

성수산왕의숲국민여가캠핑장 2023년 개장했고 2024년
자연휴양림도 재개장을 앞두고 있다. 캠핑장에는 캐빈하우
스, 카라반, 오토캠핑장의 시설이 갖춰져 있다. 예약 성수산
왕의숲국민여가캠핑장 홈페이지(임실성수산왕의숲국민여가
캠핑장.com) 참고 | 문의 063-642-6068 | 일반 객실을 갖
춘 자연휴양림도 2024년 10월부터 운영 예정

탐방가이드

상이암 도착 0.4km 전 임도삼거리에 **문화관광해설사의 집**
이 있다. 운영 시간 10:00~17:00 | 문의 063-640-2344
| 임실군 문화관광 홈페이지www.imsil.go.kr/tour 참고

걷는 거리는
총 **10.4**km이고

상승 고도는 **738**m에 달하며
이는 북한산을 오르는 것과
비슷하며

그중 가장 높은 곳은
해발 **876**m에 있는
성수산 정상이다.

고도표

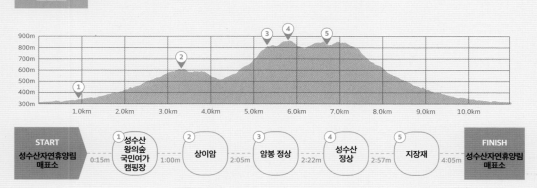

금척 신화의 무대를 거닐다,

진안고원길 1코스

이산묘에서   은수사를 거쳐   북마이산 정류장까지

탑사는 암마이봉의 타포니가 가장 잘 보이는 자리
에 위치한다.

"태조 이성계의 꿈은 마이산에서
완성된다. 타포니 지형과
어우러지는 탑사의 풍경은
건국 신화의 무대로 손색없다.
신화의 개연성을 짚어가며 걷는
발걸음도 흥미진진하다."

모두 **10,354보**를 걷게 되며

2시간 10분이 걸리고

10분간의 고강도 운동 구간이
포함된 여정

진안 고원 한복판에는 해발 600m가 넘는 암마이봉과 숫마이봉이 불쑥 솟아 있다. 산의 모습이 영험한 것으로는 우리나라에서 으뜸일 것이다. 구름이라도 끼는 날에는 영험함을 넘어 기이함마저 느껴질 정도다. 마이산 은수사에는 이성계가 꿈속에서 하늘의 선인으로부터 금척을 받았다는 신화가 전해져 내려온다. 금척金尺은 금으로 만든 자를 뜻한다. 이는 사물을 재고 분별하는 기준이기에 신라 시대부터 신물로 여겼으며 제왕의 권위를 나타내는 물건이었다. 그는 황산대첩에서 승리한 후 귀경길에 이곳에 들른 것으로 알려졌다. 남원 황산벌에서 시작된 승전의 행군이 임실 상이암을 거쳐 진안까지 도착한 셈이다. 진안 마이산을 남에서 북으로 횡단하는 진안고원길 1코스는 단순한 탐방로를 넘어 태조 이성계의 금척신화의 발자취를 따라가는 코스다.

조선 왕조의 건국 신화를 따라가는 여정은 마이산 남측 출입구인 이산묘에서 시작된다. 이산묘는 조선 말 충신 송병선과 독립운동가 최익현을 기리기 위해 세운 사당이다. 이곳에는 태조의 영정이 모셔져 있기도 하지만 정작 신화와 관련된 장소는 사당 옆 주필대駐蹕臺라는 암각서가 새겨져 있는 바위다. 주필대는 임금이 거동할 때 말을 매고 쉬는 장소를 의미한다. 신화가 사실이라면 태조는 이곳을 거쳐서 은수사로 올라갔을 것이다. 마이산으로 오르는 남측 탐방로에서는 금당사를 시작으로 탑사를 거쳐 은수사까지 세 개의 사찰을 차례대로 지나가게 된다. 이 중에서 고려 승려 무상이 창건한 금당사가 열반종의 본산으로서 역사의 깊이나 종교적인 중량감이 가장 두드러지지만 탑사의 이국적인 풍경에 가려서 그 존재감이 미미한 편이다. 사람들은 천년 고찰의 역사보다는 바로 위쪽에 있는 저수지 탑영제에 드리우는 마이산의 반영을 보고 더 열광한다. 북쪽으로 넘어가면 반대쪽에 있는 사양제에서 마이산의 반영을 한 번 더 볼 수 있으니 이

1 이산묘는 조선의 충신 송병선과 독립운동가 최익현을 기리는 사당이다.

2 주필대라는 암각서는 이산묘 동편 암벽에 새겨져 있다.

3 금당사는 승려 무상이 창건한 열반종의 본산이다.

4 탑영제에서는 마이봉의 봉우리가 살짝 비쳐보인다.

5 타포니는 암석 표면에서 자갈 성분의 암석이 떨어져 나가면서 형성된 구멍을 말한다.

영험한 산을 감상하는 방법은 참으로 다양하다.

바위에 구멍이 숭숭 뚫려 있는 지형을 타포니Tafoni라 하는데 암마이봉의 타포니가 가장 잘 보이는 자리에 탑사가 자리 잡고 있다. 마이산은 멀리서 보는 것 못지않게 가까이에서 살펴봐도 그 풍경이 참으로 기이하다. 사찰 주변에 세워진 80여 개의 돌탑은 밑은 넓고 위로 갈수록 가늘어진다. 겨울철에 고드름이 생길 때면 하늘을 향해 거꾸로 자라난다고 한다. 탑사의 돌탑도 타포니에서 떨어져 나온 돌멩이가 모여 자라난 역고드름 같다. 손대면 툭하고 무너져 내릴 것 같은 돌탑은 보기와 달리 한번도 무너진 적이 없다고 한다. 숫마이봉의 턱밑에 자리 잡은 은수사에 도착하면 금척 신화를 뒷받침해 주는 증거들과 마주하게 된다. 가장 먼저 눈에 들어오는 것은 이성계가 심

었다는 청실돌배나무다. 이 고목의 나이는 대략 650살 정도로 파악
돼 태조의 활동 시기와 얼추 일치한다. 현재 천연기념물 386호로 지
정됐는데 수형이 특이하다. 하나의 줄기가 자라다가 다시 네 개의 줄
기로 갈라졌다 붙었다가 한다. 줄기가 여러 개로 갈라지며 자라는 모
습은 상이암에서 본 화백나무의 수형과도 흡사하다. 은수사에는 본
당 이외도 부속 건물이 존재하는데 그중 태극전은 오직 은수사에만
있는 전각이다. 이곳에는 태조가 금척을 수여받는 〈몽금척수수도夢金
尺授受圖〉와 왕실의 권위를 상징하는 〈일월오봉도日月五峯圖〉가 모셔져
있다. 이 절에는 금척 신화를 담고 있는 작은 신전이 별도로 존재하고
있는 셈이다.

　　금척 신화는 마이산이라는 공간에 한정되지 않고 조선 왕조의
역사 속으로 확장된다. 궁궐에서의 항상 왕의 어좌 뒤에 걸렸던 〈일
월오봉도〉 속 산의 모습은 영락없이 마이산의 모습을 빼다 박았다.

1　은수사는 숫마이봉 바로
　밑에 자리 잡았다.

2　이성계가 심었다는 청실돌
　배나무의 수형은 상이암의
　화백나무를 닮았다.

3　태극전 안에는 〈몽금척수수
　도〉가 모셔져 있다.

태조의 첫째 아들인 이방우가 진안鎭安대군으로 책봉된 것도 이 신화의 개연성을 확인시켜 주는 상징과도 같다.

이곳을 거쳐간 이성계의 승전 행렬은 전주 오목대에 이르러서 절정을 맞이한다. 오목대는 태조의 5대조 목조 이안사의 생가 인근에 있는 누각이다. 그는 이곳에서 승전을 자축하는 축하연을 벌였다. 이때 태조는 한고조 유방이 불렀다는 대풍가를 읊으며 개국의 야망을 만천하에 드러냈다. 이를 눈치챈 정몽주는 전주 남고산성의 만경대에서 고려를 걱정하는 시를 읊었다고 한다. 목조가 삼척에 백우금관의 터를 잡으며 염원했던 대업의 꿈이 비로소 그의 생가 터에서 선포된 셈이다. 이로부터 12년 뒤인 1392년 조선 왕조가 개국했다.

1 사양제에서 마이산이 뚜렷
하게 보인다.

길머리에 들고 나는 법

✦ 자가용

마이산 남부주차장(진안군 마령면 마이산남로182)에 주차하고 은수사까지 갔다가 돌아온다. 주차료 무료, 입장료 성인 3,000원.

✦ 대중교통

갈 때 서울센트럴시티터미널에서 진안행 직행버스가 하루 2회(10:10, 15:10) 출발, 3시간 30분 소요. 시간대가 여의치 않으면 전주로 이동한 뒤 진안행 시외버스로 환승하는 것도 방법이다. 진안터미널에서는 하루 3회(09:30, 13:30, 17:50) 탑사로 가는 차편이 있다. 10km 거리 30분 소요.

올 때 북마이산 정류장에서 진안터미널까지 군내버스 이용. 3.6km 거리. 오후에는 12:30, 14:30, 16:30, 17:30, 18:30에 차편이 있다.

길라잡이

안내표지 있음, 네이버지도, 두루누비상 경로 표시 없음, 도립공원 내 반려견 동반 금지

코스의 출발지가 되는 이산묘는 버스정류장이 있는 마이산 도립공원 제1주차장에서 아래쪽으로 400m 거리에 있는 제3주차장 맞은편에 있다. 버스로 이동했다면 내려왔다가 다시 올라가는 번거로움이 있다. 주필대라 쓰여진 암각서는 이산묘 우측 암벽에 자리 잡고 있다. 매표소를 지나 금당사-탑사-은수사 순서로 오르면 된다. 외길이라 코스는 단순하다. 계속되는 오르막이지만 탑사에서 은수사, 은수사에서 천왕문까지 구간이 계단길로 짧지만 가파르다. 이곳을 지나면 사양제까지 내리막길이 이어진다. 천왕문을 지나 100m 정도 내려가면 우측으로 갈림길이 나온다. 마이열차가 운행하는 임도로 접어드는 분기점으로 계단길이 부담스럽다면 이쪽으로 내려가도 된다. 단, 이동 거리는 늘어난다.

◆ 진안고원길 1코스 마이산길은 탑사에서 천왕문까지 일부 구간만 겹칠 뿐 전혀 다른 코스다.
◆ 북마이산 정류장에서 천왕봉까지 마이열차가 운행한다. 2km 거리로 이 길을 연인의 길이라 부르기도 한다. 왕복 요금은 5,000원.

식사와 보급

코스 초입 매표소 주변으로 마이산 등갈비 골목이 있다. 대부분 산채비빔밥(8,000원)을 기본으로 등갈비나 목살구이가 포함된 세트 메뉴를 판매한다. 진안의 특색 있는 향토음식으로는 애저찜을 꼽는다. 출산하지 못하고 죽은 돼지새끼를 요리한 것을 뜻하는데 현재는 어린 돼지찜을 통칭한다. **진안관**(063-433-2629, 진안군 진안읍 진장로21) 애저찜(40,000원/2인) 전문점 중 한 곳이다.
부드러운 식감은 물론이고 다 먹은 뒤 김치를 넣고 끓여주는 찌개도 독특하다.

숙박

여관, 모텔급 숙소가 터미널 주변에 모여 있다. 탑영제 인근에 **진안고원마이산청소년야영장**이 운영되고 있다. 일반인도 이용 가능하며 야영데크와 몽골텐트가 설치돼 있다. 온수샤워, 전기, 화롯대 이용 가능하다. 데크당 1박에 20,000원이고 1인당 사용료 3,000원이다. 문의 063-432-1800 | 예약 마이산청소년야영장 홈페이지www.maisancamp.org 참고. 용담호 쪽에도 **운장산자연휴양림**이 위치하고 있다. 숲나들e 홈페이지www.foresttrip.go.kr 참고.

탐방가이드

남마이산 주차장 인근 관광안내소에 문화관광해설사가 상주한다. 운영 시간 10:00~17:00 | 문의 063-430-2651 | 예약 진안군 문화관광 홈페이지www.jinan.go.kr/tour 참고

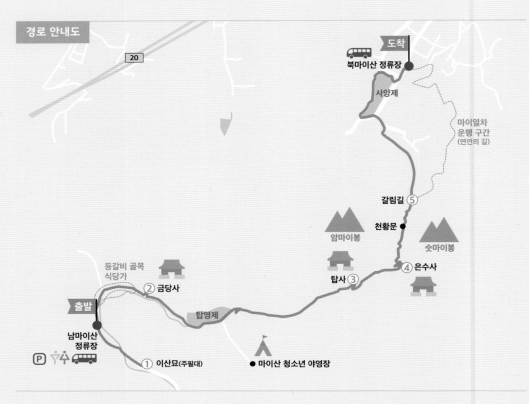

경로 안내도

도착
북마이산 정류장

사양제

마이열차
운행 구간
(연인의 길)

갈림길 ⑤

암마이봉

천황문

숫마이봉

④ 은수사

등갈비 골목
식당가

② 금당사

탑사 ③

출발

탑영제

남마이산
정류장

① 이산묘(주필대)

● 마이산 청소년 야영장

걷는 거리는
총 **6km**이고

상승 고도는 **215m**에 달하며
이는 남산을 오르는 것과
비슷하며

그중 가장 높은 곳은
해발 **506m**에 있는
천황문이다.

고도표

START 남마이산 정류장		① 이산묘		② 금당사		③ 탑사		④ 은수사		⑤ 갈림길		FINISH 북마이산 정류장
	0:22m		0:36m		1:05m		1:25m		1:47m		2:10m	

임진왜란의 격전지를 찾아 걷는 길
전적지 순례

동북아 7년 전쟁의 서막이 오르다,
동래읍성 둘레길

이순신의 학익진, 날개를 펼치다,
한산도 역사길

고니시 유키나가, 전라도 최후의 방어기지를 쌓다,
순천 정유재란 전적지 순례

성곽의 도시 울산을 걷다,
울산성곽 탐방

하늘에서 내려다본 북문 일대. 동래읍성역사관과
복천동 고분군이 인근에 위치한다.

"충렬사에 발을 들이는 순간,
시간은 1592년 4월 15일로
되돌아간다. 주변은 피비린내로
진동하고 평화롭던 읍성은
아비규환으로 변한다.
동북아 7년 전쟁의 진실이 궁금한
사람이라면 반드시 걸어봐야 한다."

모두 **15,268보**를 걷게 되며

4시간 16분이 걸리고

20분간의 고강도 운동 구간이
포함된 여정

293

동래는 부산의 뿌리다. 삼한 시대부터 이곳은 가야연맹의 성읍 국가인 독로국의 영토였다. 동래라는 이름을 얻게 된 것은 통일신라 경덕왕 때 일이다. 조선 시대 동래읍성은 남방의 거점이자 일본과 가장 가까운 관문 성이었다. 당시 부산은 동래부 소속의 일개 면으로 군사기지인 부산진성이 설치돼 있었다. 1592년 4월 13일(음력), 임진 왜란의 전화가 동래읍성을 덮쳤다. 당시 전쟁을 예상하지 못한 사람들이 맞이한 결과는 참혹했다. 침공일로부터 3일간 이곳은 피비린내나는 살육의 현장으로 변했다. 부산 상륙 첫날 700여 척의 전선을 타고 온 2만 여 명의 일본군 선공이 부산진성을 공격했다. 정발이 이끄는 조선군이 항전했으나 성은 무너지고 천여 명의 군민이 죽었다. 일본군은 여세를 몰아 동래부사 송상현이 지키고 있는 동래성으로 향했다.

동래읍성 뿌리길을 걷는다는 것은 부산의 본류를 찾아간다는 것이자 전쟁 발발 3일차, 풍전등화의 위기에 처한 당시의 전황 속으로 시간을 되돌리는 일이다. 뿌리길의 출발지는 충렬사다. 충렬사는 당시 순절한 호국선열의 위패를 모신 공간이다. 기념관에는 숨가빴던 전황을 그려놓은 〈동래부순절도東萊府殉節圖〉가 걸려 있다. 그림 속에서는 막 20,000대 3,000의 싸움이 시작되려 하고 있다. "명나라로 가는 길을 빌려달라"라는 적장에게 "싸워서 죽기는 쉽고, 길을 빌리기는 어렵다"라며 전사이戰死易 가도난假道難 목패를 세웠던 송상현, 이 지역 육군을 책임지는 경상좌병사면서 북문으로 도망치는 이각, 기왓장을 던지며 일본군에 맞선 부사의 애첩 금섬까지 죽음을 목전에 둔 사람들의 모습은 이렇게 제각각이었다. 충렬사 안의 모든 시간은 1592년 4월 15일에 멈춰 있다.

충렬사를 나와 군관청을 지나 동장대로 향한다. 한양도성과 마찬가지로 이곳도 북쪽은 산이 받쳐주고 남쪽은 평평한 평산성의

1 동래읍성 뿌리길은 충렬사에서 시작한다.
2 충렬사에서 동장대로 오르는 숲길.
3 군관청의 모습.
4 동장대의 모습.
5 북장대는 동래읍성에서 가장 높은 곳에 위치한다.
6 북장대부터는 성벽길을 따라 걷는다.

모습이다. 동래관아가 있는 평지는 도심화가 진행돼 성벽의 존재는 이제 흔적도 없다. 고지대인 북문 주변에 약 1.9km의 성곽길이 복원돼 있을 뿐이다. 말이 좋아 평산성이지 가장 높은 곳에 있는 북장대도 해발 150m에 불과하다. 충렬사를 지난지 한참이지만 시간은 1592년 그날에서 돌아올 줄을 모른다. 현재 복원된 동래읍성은 조선 후기의 모습을 참고한 것이다. 왜란 당시 동래읍성은 성벽의 길이가 1.4km 정도로 지금의 4분의 1 규모였다. 이 작고 아담한 읍성에서 어찌 거대한 적과 맞서 싸웠을지 안타깝고 애처로운 마음이 떨쳐지지 않는다.

　　북장대를 지나 북문으로 내려오면 오늘 여정의 중심지를 만난다. 이곳에 있는 동래읍성역사관에서는 정교한 미니어처를 통해 당시 읍성의 모습을 그려보는 데 도움을 받을 수 있다. 조금 더 아래쪽으로 내려가면 조선 이전의 왕조였던 독로국의 고분군을 확인할 수 있다. 북측 마안산에서 완만하게 뻗어 내린 구릉 위에 자리 잡았다. 200여 기의 유구와 1만여 점의 유물이 쏟아져 나온 또 다른 역사의 흔적이다. 구릉은 남쪽으로 길게 뻗어나갔는데 그 모습이 흡사 읍성 안 가장 좋은 자리를 차고 앉은 듯하다.

　　성벽길은 서장대를 지나 얼마 되지 않아 흐지부지 끝난다. 내친 김에 동래향교까지 들렀다가 읍성 안쪽으로 들어선다 읍성 안으

1 〈동래부순절도〉 중 북문을 통해서 도망가는 경상좌병사 이각의 모습(출처_육군사관학교 육군박물관).

2 동래향교.

3 송공단은 송상현을 비롯한 순국 선열들에게 제사를 지내기 위한 제단이다.

4 동래부 동헌에는 충신당이라는 현판이 붙어 있다.

로 들어왔것만 어느 한곳 그날의 기억에서 자유로운 공간이 없다. 전
적지 순례의 여정은 인근에 있는 부산도시철도 4호선 수안역 역사까
지 이어진다. 이곳에 위치한 임진왜란역사관에서는 전투가 끝난 이
후의 참상을 확인할 수 있다. 전국 시대 일본군은 항복하면 살려주고
저항하면 사람뿐만 아니라 가축까지 피가 흐르는 모든 것을 죽였다.
기록으로만 전해지던 당시 상황은 우연한 기회를 통해서 세상에 드
러난다. 2005년 수안역 지하철 공사 현장에서 동래성 외곽의 해자
에 묻혀 있던 임진왜란 당시 조선군의 무기와 유골이 대량으로 출토
됐다. 약 80여 구의 유골이 발견됐는데 유골의 상태가 처참했다. 총
알이 뚫고 나간 어린아이의 두개골, 목이 베인 여성의 유골, 턱뼈가
잘려나간 두개골이 있었다. 당시 일본군이 학살한 시신과 조선군의
무기를 해자에 던져놓고 메워버린 것으로 추측된다.

　　　동래부 부산면은 세월이 흘러 부산시 동래구로 그 위상이 역
전됐다. 행정구역은 바뀌었으나 동래에서 부산이 시작되었다는 사실
에는 변함이 없다. 동북아 7년 전쟁이 어떻게 시작되었는지 그 진실
을 알고 싶은 전적지 순례자들은 필히 이 길을 걸어봐야 할 것이다.

✦ 자가용

충렬사 주차장(동래구 충렬대로345)에 주차하고 움직인다. 돌아올 때는 수안역에서 부산지하철 4호선을 이용한다. 주차료, 입장료 무료. 운영 시간 09:00~18:00

✦ 대중교통

부산역에서 지하철 1호선으로 동래역까지 이동한 뒤 4호선으로 환승해 충렬사역에서 하차. 약 40분 거리다. 부산종합터미널(노포역)에서는 지하철로 약 30분 거리다.

궁리하다

동장대로 오르는 충렬사 산책로는 11월 1일부터 이듬해 5월 31일까지는 폐쇄된다. 개방 기간에도 우천 시에는 통행 불가, 개방 시간은 09:00~17:00. 이곳이 막혀 있다면 경내에서 빠져 나온 뒤 충렬사를 좌측에 놓고 반시계 방향으로 돌아 동래화목타운아파트 사잇길을 이용해야 한다. 문의 충렬사 관리사무소 051-888-7211(경로는 상세 지도에서 확인).

길라잡이

안내표지 있음, 두루누비상 경로 표시 있음(얼쑤옛길 동래읍성장대길), 충렬사 경내 반려견 동반 금지
충렬사역 1번 출구로 나와서 경내를 관람한다. 충렬사 사무실 옆쪽으로 군관청을 거쳐 동장대로 오르는 산책로가 있다. 500m 정도 짧지만 가파른 구간이다. 동장대에서 벗어나면 마을길을 따라 인생문을 건넌 뒤 북장대로 오르는 1km 남짓 오르막길이 이어진다. 삼일운동기념비를 지나 북장대를 찍고 북문으로 내려온다. 북문 주변으로는 동래역사관이 있고 더 아래쪽으로는 복천동가야고분군과 복천박물관이 자리 잡고 있다. 다시 성벽을 따라 서장대를 지나면 성벽길은 끊어진다. 이후부터는 동래향교-송공단-동래관아-수인역 임진왜란역사관 순서로 돌아본다.

◆ 동래읍성 장대길은 충렬사에서 서장대까지 2km 구간을 말한다. 나머지 사적지들은 별도의 코스 없이 지점별로 찾아다니면 된다.

식사와 보급

도심 코스라 식사와 보급이 용이하다. 동래시장 주변으로 식당이 모여 있는데 **재민국밥**(051-553-0034, 동래구 명륜로98길66) 푸짐한 양의 돼지국밥(9,000원)이 맛있다. **동래할매파전**(051-552-0792, 동래구 명륜로 94번길43-10) 동래구를 대표하는 식당으로 파전(28,000원)이 촉촉하고 내용물이 실하다.

탐방가이드

경유하는 대부분의 사적지에 문화관광해설사가 상주하고 있다. 충렬사에는 기념관 건물에 해설사가 상주한다. 운영 시간 10:00~16:00 | 연중무휴 | 부산관광포털 비짓부산 홈페이지www.visitbusan.net 참고. | 동래읍성역사관, 동래향교, 동래부동헌, 임진왜란역사관 운영 시간 충렬사와 동일 | 매주 월요일 휴무 | 입장료 무료 | 동구 문화관광홈페이지www.dongnae.go.kr/tour/index.dongnae 참고

◆ 복천동 고분군: 과거 판자촌이었던 이곳에서 4~5세기 가야 시대 200여 기의 유구와 10,000여 점의 유물이 출토됐다. 특히 고분군 한복판에 마련된 야외전시관에서는 53, 54호 고분의 복원된 석곽묘와 목곽묘 내부를 관람할 수 있다. 인근의 복천박물관에서는 이곳에서 발굴된 유물이 전시돼 있는데 특히 2전시관에 있는 철기갑옷이 눈길을 끈다.

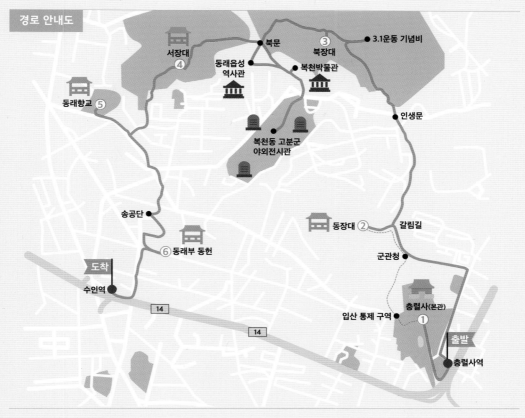

경로 안내도

걷는 거리는
총 **8.7**km이고

상승 고도는 **329**m에 달하며
이는 인왕산을 오르는 것과
비슷하며

그중 가장 높은 곳은
해발 **145**m에 있는 북장대다.

고도표

전적지 순례

이순신의 학익진, 날개를 펼치다,

한산도 역사길

제승당에서 　　　　　　　망산을 거쳐 　　　　　　　진두마을까지
→

제승당은 삼도수군통제영이 있었던 곳이다. 한산도 천혜의 방파제 안쪽 가장 은밀하고 안전한 곳에 자리 잡았다

"구국의 영웅 이순신 장군을 만나러 간다. 그가 머물렀던 본진에서는 그의 안목과 성품에 감탄할 수밖에 없다. 이 길은 장군에게 가장 가깝게 다가설 수 있도록 인도한다."

모두 **18,427보**를 걷게 되며

3시간 24분이 걸리고

45분간의 고강도 운동 구간이 포함된 터프했던 여정

역사 속 인물과 관련된 길을 걸을 때는 역사 속 인물이 되어 보려고 노력한다. 책을 읽거나 영화를 볼 때와 마찬가지로 길을 걸을 때도 경관보다는 인물에 더 몰입해 본다. 단종유배길에서는 유배지로 떠나는 왕의 슬픔을 느껴보고 마재옛길에서는 정약용 선생의 유배 이후의 삶을 이해해 보려는 식이다. 같은 길을 걸었다는 연결고리 하나로 시대를 초월한 공감대를 형성하기 위해 애써보는 것이다.

어떤 인물의 경우에는 아무리 그의 자취를 찾아다니고 몰입해도 이해나 공감대를 형성하기 어려운 경우가 있다. 충무공 이순신 장군이 그 대표적인 예다. 진도의 울돌목에 가보고 영화 〈명량〉을 봐도 장군의 전술은 내 머리로는 상상도 할 수 없는 경지에 있으며 장군의 결기는 이해는커녕 흉내조차 낼 수 없다. 그는 공감하거나 이해할 수 있는 상대가 아니라 내 가슴을 웅장하게 만들어주는 영웅인 것이다.

남해 어느 곳 하나 그의 발자취가 닿지 않은 곳이 없지만 그에게 가장 가깝게 다가섰던 장소를 꼽는다면 통영의 한산도를 말할 수 있겠다. 전시에는 제해권이라는 개념이 중요하다. 이는 전시, 평시를 막론하고 무력으로 바다를 지배해 군사, 통상, 항해에 관해 해상에서 갖는 권력을 의미한다. 장군은 한산대첩에 승리하면서 제해권을 되찾았고 그 권력을 한산도 제승당에서 행사했다. 7년 동안 이어진 전

쟁 기간 동안 장군이 한산도에 머문 기간은 1,340일에 달한다.

처음으로 한산도에 발을 내디뎠을 때의 감동을 잊지 못한다. 섬을 찾는 이유는 주로 캠핑이나 트레킹 같은 레저가 목적이었지만 그때만큼은 제승당에 가기 위해 섬을 찾았다. 한산, 커다란 산이 바다를 품어 안은 이름이다. 산줄기 두 개가 긴 팔같이 튀어나와 앞바다를 끌어 안았다. 천혜의 방파제 속 가장 은밀하고 안전한 곳에 삼도수군통제영이 자리 잡고 있다. 입구는 육지 쪽으로 열려 있어 먼 바다에서 보이지 않으며 안쪽은 복잡한 해안선 탓에 이곳이 섬 안쪽인지 아니면 바깥쪽인지 잘 구분되지 않는다.

선착장에서 제승당으로 걸어가는 길은 고요하기 그지없다. 천혜의 요새에 감춰진 바다는 마치 호수처럼 고요하다. 제승당은 승리를 만드는 집이다. 이 멋진 이름의 건물은 장군의 집무실이자 삼도수군통제영의 본영으로 사용된 곳이지만 정작 더 유명한 건물은 바로 옆에 있는 수루다. 바다가 마주 보이는 곳에 위치한 이 건물이 〈한산도가閑山島歌〉의 배경이 됐던 장소기 때문이다. 이곳을 방문한 사람이라면 누구나 이곳에 올라 '긴 칼 옆에 찬' 장군의 심정을 닮아보려 애쓴다. 전쟁의 와중에도 《난중일기亂中日記》라는 기록을 멈추지 않았던 그의 평정심에 놀랄 따름인데 멋진 시조를 써내려간 감수성에도 감

탄할 따름이다.

　　대부분의 관람객은 제승당만 돌아보고 섬을 빠져나가지만 장군의 안목과 전쟁 상황을 상세하게 이해하려면 섬을 종주하는 한산도 역사길을 걸어봐야 한다. 한산도는 다리로 연결된 미륵도를 제외하면 통영에서 가장 큰 섬이다. 제승당이 위치한 곳은 한산도의 일부분일 뿐이다. 트레일은 북측 선착장에서 출발해 한산도의 최고봉 망산(해발 293m)을 넘어 반대쪽 진두마을로 연결된다. 딱따구리 소리밖에 들리지 않는 무인지경의 숲길이지만 능선 위에 올라서면 섬의 지형이 한눈에 들어온다. 뜻밖에도 한산도의 중앙에는 넓은 분지가 자리 잡고 있다. 신거마을과 망곡마을이 있는 두억리 일대다. 장군은 전쟁에 능한 무장이었던 동시에 둔전을 조성해 보급을 자급자족했던 유능한 목민관이기도 했다. 섬 안에 풍부한 물과 넓은 경작지의 존재는 이곳을 통제영으로 결정한 주요한 요인 중 하나였을 것이다. 망산 위에 올라서면 주변의 섬이 발 아래에 도열한다. 멀리 거제에서 소매

물도와 매물도를 거쳐 비진도까지 가깝게는 추봉도와 용초도가 한눈에 들어온다. 어느 누구도 이곳의 눈을 피해서 한려해상으로 들어오거나 빠져나가지 못했을 것이다. 맞은편 미륵도 정상에도 봉수대가 세워져 있을 터이니 적의 동태는 신속하게 수루로 전달됐다. 섬 안에는 23개의 마을이 있는데 대부분의 지명이 수군의 주둔과 관련된 것이다. 종주길의 종착지인 진두는 '수군의 진영이 있던 곳'을 뜻하며 이웃의 야소는 '무기 만들던 곳'을 말한다. 한산도의 부속 도서 중 한곳인 대섬은 대나무 자생지로 화살을 만들던 장소였으며 해갑도는 '갑옷을 벗었던 곳'을 뜻한다.

한산대첩이 일어났던 곳은 섬의 서북쪽 앞바다다. 대첩을 기념하는 거대한 탑이 전장을 내려다보는 위치에 자리 잡고 있다. 이 일대를 문어問語포라고 하는데 '패배한 왜적이 길을 물어본 곳'이라 이런 지명이 붙었다고 한다. 바로 이웃에 있는 지명은 두억개다. '왜적의 머리를 수없이 베었다'는 뜻이며 그 옆의 개미목은 패배한 왜적이 개미 떼같이 기어 올라와서 붙여진 이름이라 전한다. 이렇게 섬 구석구석 어디를 가든 장군의 흔적이 남지 않은 곳이 없다. 성웅의 발자취를 따라가고 싶다면 반드시 한산도를 걸어봐야 하는 이유다.

1 망산 정상에는 과거 봉수대가 있었으며 용초도, 매물도를 비롯해서 한려해상의 섬이 내려다보인다.
2 한산도 중심에는 넓은 분지가 존재한다.
3 문어포에서 한산대첩기념비로 가는 길은 동백터널이다.
4 한산대첩기념비는 거북선을 형상화했다.

길머리에 들고 나는 법

✦ 자가용

통영항 여객선터미널(통영시 통영해안로234)에 주차한다. 1일 주차료 5,000원. 터미널에서 한산도 제승당행 배편이 07:00부터 두 시간 간격으로 있다. 30분 소요되며 마지막 배편은 19:30이다.

✦ 대중교통

갈 때 서울고속버스터미널에서 통영까지 1시간 간격으로 차편이 있다. 첫차는 07:00에 출발하며 4시간 10분 소요된다. 통영종합터미널에서 통영여객선터미널까지 시내버스를 이용한다. 10분 간격으로 차편이 있으며 30분 소요된다. 서호시장 정류장에서 하차한다.

올 때 진두 정류장에서 출발지인 제승당으로 돌아가는 버스가 1시간 간격으로 있다. 공영버스 제1노선으로 막차는 17:00에 출발하고 제승당까지 20분 소요. 제승당에서 통영으로 가는 배는 13:35부터 17:35까지 매시 35분에 출발한다.

◆ 진두항에서 통영으로 나가는 배가 하루 1회 15:45에 있다.

궁리하다

> **한산대첩기념비로 가려면 진두에서 제2노선 버스를 타고 문어포에서 하차한다.**
>
> 진두에서 13:35, 15:00, 17:00에 버스가 있다. 20분 소요되는데 버스는 문어포로 들어갔다가 의항으로 돌아 나온다. 문어포에서 기념탑까지는 300m 거리고 통영으로 가는 배편이 있는 의항까지는 도보로 2km 거리다. 통영행 배편은 오후 기준 13:45, 15:45, 17:45에 있다.

길라잡이

안내표지 있음, 두루누비상 경로 표시 있음(한려해상 바다백리길 2코스 한산도 역사길), 경내반려견 동반 금지

제승당 선착장에서 출발해서 제승당을 관람하고 되돌아 나온다. 왕복 2km 정도 거리다. 선착장에서 반대편으로 0.5km 이동하면 등산로로 진입하는 입구에 도착한다. 이 곳에서부터 한산도 역사길이 시작된다. 산길을 따라 2개의 오르막을 넘어가야 한다. 특히 망산으로 오르는 마지막 1km 구간은 꽤나 가파르다. 이후 내리막길은 한산중학교를 끼고 진두항으로 내려온다. 섬을 종주하는 코스는 단순해서 길을 찾기 어렵지 않다. 단, 인적이 거의 없는 무인지경이라 홀로 움직이는 것보단 일행과 동행하는 것을 추천한다.

식사와 보급

제승당과 코스 주변으로 보급이나 식사할 만한 곳이 전혀 없다. 식수와 행동식을 충분히 준비해야 한다. 출발지인 여객선터미널 맞은편 서호시장에 남해바다의 먹거리가 즐비하다. 그중 **원조시락국**(055-646-5973, 통영시 새터길12-10) 04:30부터 영업해 이른 아침 식사를 해결하기에 좋다. 시락국(7,000원)이 맛있다. **나포리충무김밥**(055-643-7333, 통영시 통영해안로 225-4) 충무김밥(4,500원)을 포장해 배 안에서 먹는 것도 별미다.

숙박

여객터미널 우측 항남동에 다양한 숙소가 밀집돼 있다. **한산호텔**(010-2508-3384, 통영시 통영해안로247) 터미널 바로 옆이라 섬 여행 시 편리하다. 한산도 제승당 선착장 인근에는 **통제영오토캠핑장**(0507-1355-8254)이 운영 중이다. 전기, 온수, 화롯대가 가능하며 반려견은 출입 금지다. 네이버를 통해 실시간 예약할 수 있으며 한산농협카페리 이용 시 20% 할인된다.

탐방가이드

제승당 선착장 맞은편 **한산도탐방지원센터**에 문화관광해설사가 상주한다. 운영 시간 09:00~16:00 | 연중무휴 | UTOUR 통영관광 홈페이지www.utour.go.kr 참고 | 문의 055-650-0515

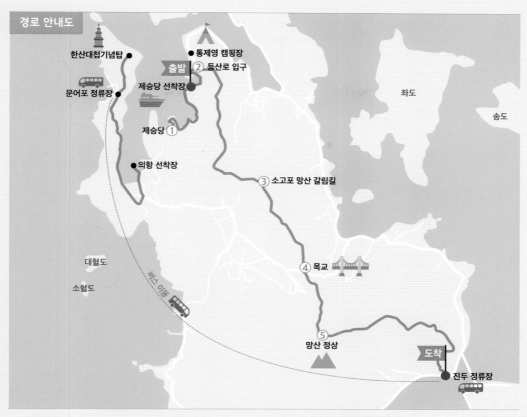

경로 안내도

한산대첩기념탑
문어포 정류장
통제영 캠핑장
출발
② 등산로 입구
제승당 선착장
제승당 ①
의항 선착장
③ 소고포 망산 갈림길
④ 목교
⑤ 망산 정상
도착
진두 정류장
좌도
송도
대혈도
소혈도
버스 이동

걷는 거리는
총 **10.5**km이고

상승 고도는 **565**m에 달하며
이는 불암산을 오르는 것과
비슷하며

그중 가장 높은 곳은 해발
293.5m에 있는 망산 정상이다.

고도표

START 제승당 선착장		① 제승당 (충무사)		② 등산로 입구		③ 소고포 망산 갈림길		④ 목교		⑤ 망산 정상		FINISH 진두 정류장
	0:43m		1:28m		2:02m		2:17m		2:52m		3:40m	

전적지 순례

征倭紀功圖卷

〈정왜기공도〉는 왜교성전투 당시의 현장을 명나라 종군 화가가 그린 그림이다.

"잊힌 전쟁 사로병진작전의 전장을 찾아나서다. 수백 년의 시간이 흘렀어도 검단산성과 왜교성은 서로 대치하는 형국이다. 왜성의 성벽은 지금도 시퍼렇게 날이 서 있다."

모두 **6,143보**를 걷게 되며

2시간 15분이 걸리고

5분간의 고강도 운동 구간이
포함된 여정

임진왜란 당시 일본군은 경상도 해안 지역을 중심으로 30여 개의 성을 쌓았다. 대부분은 폐허로 변해서 자취를 감추었고 이제 남은 곳은 얼마 되지 않는다. 순천왜성은 울산 서생포와 함께 원형이 잘 유지되고 있는 왜성 중 한 곳이다. 전라도에 세워진 최초의 왜성이었으며 전쟁 막바지에 세워진 적군 최후의 교두보였다. 성의 규모는 예상외로 거대하다. 10만 평 정도의 넓이에 최대 1만 3천의 왜군이 주둔하고 있었다고 한다. 1598년, 조명연합군은 사로병진작전을 펼쳐 일본군을 몰아내고 7년간 이어온 전쟁을 끝내려고 했다. 이때 순천에서 벌어진 전투를 왜교성전투라고 한다. 이 전투에 전쟁의 주연급 인물이 총 출동한다. 조선 수군의 이순신, 육군의 권율, 명 육군의 유정, 명 수군의 진린이 공격자로 한 팀을 이뤘고 왜성의 사령관은 전쟁 첫날 동래읍성을 쑥대밭으로 만든 고니시 유키나가였다.

개전 후 7년 만에 공수가 뒤바뀐 설욕의 기회가 찾아온 셈이다. 당시 전장은 순천왜성이었다. 조명연합군의 눈으로 전황을 이해해 보려면 사령부가 있었던 검단산성을 올라가야 한다. 높이가 100여m에 불과한 까닭에 정상으로 오르는 길은 동네 뒷산을 타는 양 가볍다. 정상에는 확 트인 개활지가 나타나는데 이는 산성이 있던 자리다. 정상을 둘러싼 성벽의 길이는 400m로 아담하다. 오히려 마주 보이는 왜성은 지금도 거대해 보인다. 왜성은 해안가에 만들어졌다. 그들은 바다를 건너왔기에 보급과 탈출을 위해 성의 한쪽 면은 항상 바다를 끼고 있어야 했다. 지금은 간척 사업으로 지형이 바뀌었다. 바닷가를 메우고 산업단지가 들어와 당시를 이해하려면 약간의 상상력이 필요하다. 장도로 불리던 섬은 육지와 연결되면서 산업단지 속 낮은 언덕으로 남아 있는데 이순신 장군은 먼저 이 섬을 점령해 적의 퇴로를 차단했다. 적을 독 안에 든 쥐새끼 꼴로 만든 셈이다. 동래읍성의 원한을 풀어주길 기원했던 바람과 달리 이번에는 육군이 문제였다. 결론적으로 연합군은 성 함락에 실패한다. 명나라 유정의 소극적인 공격과 낯선 성의 구조를 패인으로 꼽는다. 이곳뿐만 아니라 연합군은 전쟁이 끝날 때까지 단 한 곳의 왜성도 무너뜨리지를 못했다.

　　도대체 얼마나 영악하고 튼튼하게 만들었길래 단 한 번도 함락시키지 못했는가에 대한 궁금증이 생긴다. 한편으로는 유유자적하게 이곳을 빠져나갔을 적장의 모습을 생각하니 얄밉기가 그지없다. 복원되지 않는 유적지의 모습을 상상 속에 그려낸다는 것은 쉽지 않은 일이다. 다행스럽게도 이곳에서는 〈정왜기공도征倭紀功圖〉라 불리는 명나라 종군화가의 그림에 도움을 받을 수 있다. 현장에는 내성의 흔적만 남아 있지만 그림에는 육지 쪽 외성과 바다 쪽 내성이 명확하게 구분돼 있다. 아무것도 의지할 것 없는 평지였기에 적들은 해자를 깊게 파고 물길을 끌어들여 방어선을 구축했다. 해자의 흔적을 따라 들어가자 얼마 지나지 않아 문지에 도착한다. 외성과 내성을 연결해주는 출입문인데 드디어 성의 실물과 마주하는 것이다. 손이라도 베일 것 같은 날카로운 모서리, 아래가 넓고 위로 올라가면서 좁아지는 식으로 쌓은 성벽의 모양은 전형적인 왜성의 축성법이다. 왜성은 문을 정면에 만들지 않고 기역 모양으로 입구를 틀어놓았다. 문지에 들어서도 다시 벽과 마주하는 셈이다. 이런 문지 두 개를 통과해야 서문에 도착한다. 침입자들은 미로 속을 헤매는 것 같은 느낌이 들었을 것이다. 서문을 통과하면 가장 안쪽 천수각 자리에 도착한다. 지금은 밑

단의 주춧돌만 남았지만 당시에는 3층 건물 높이의 망루가 세워져
바다 쪽의 이순신 장군과 검단산성 주변의 조명연합군의 동태를 살
피고 있었을 것이다. 왜성 안으로 들어와 적의 시선으로 주변을 살펴
본다. 맞은편 장도에서 지지부진한 공방전을 지켜보고 있었을 이순
신 장군의 답답한 심정이 느껴지는 듯하다. 이곳에서 마무리를 지었
더라면 얼마나 좋았을까? 육지에서 끝을 보지 못한 까닭에 전장은 다
시 바다로 무대를 옮긴다. 몇 주 뒤 벌어진 노량해전에서 이순신 장군
은 전사하고 그 틈을 타서 고니시 유키나가는 본국으로 도망간다. 이
때 순천왜성을 함락시켰다면 장군의 죽음은 막을 수 있었을 것이다.
장군과 함께 싸웠던 진린과 달리 싸우는 시늉조차 하지 않은 유정이
못내 원망스러운 까닭이다.

　　순천시에서는 왜성 가까운 곳에 폐교를 개조해 순천정유재란
기념공원을 만들었다. 이곳에 한중일 삼국 장수의 동상을 세울 예정
이었다고 한다. 이순신, 권율, 등자룡, 진린, 고니시 유키나가까지 다
섯 명의 동상이 들어설 계획이었다. 원망스러운 유정을 빼버리고 대
신 등자룡을 넣었다. 이 계획은 고니시의 동상 설치 문제로 한바탕 홍
역을 치른 뒤 유야무야됐다. 왜성은 왜성대로 사적으로 보전하기도
뭐하고 방치하기에도 애매해 계륵 같은 존재로 남았다. 수백 년의 세
월이 흘렀건만 왜교성전투는 명분과 역사라는 무대로 자리를 옮겨
아직까지 계속되고 있는 셈이다.

1 형체조차 남지 않은 외성과
　달리 내성은 비교적 온전히
　남아 있다.
2 천수기단의 규모는 지금 봐
　도 웅장하다.
3 왜성 맞은편으로 보이는 언
　덕은 간척되기 전 장도라
　불리는 섬이었다.
4 왜성 인근 충무사는 전투
　이후 왜군들이 죽어 귀신이
　되어 떠돌자 이순신 장군을
　모신 사당을 지은 것이다.
5 충무사에는 일제 시대 일본
　인들이 왜성에 세운 소서행
　장비가 옮겨와 있다.

길머리에 들고 나는 법

✦ 자가용

1. 검단산성 입구(순천시 해룡면 성산리 산37-2)에 주차한다. 정식 주차장은 아니고 임도 입구 경사면에 몇 대 주차할 만한 공간이 있다. **2.** 정유재란역사공원(순천시 해룡면 쟁골길2) 주차비 무료. **3.** 순천왜성 주차장(순천시 해룡면 신성리 116-1) 주차비, 입장료 무료.

✦ 대중교통

용산역에서 순천행 KTX가 수시로 출발한다. 2시간 30분 소요, 첫차는 05:07부터. 순천역에서는 14번, 53번, 88번, 21번 버스가 검단산성까지 운행한다. 노선에 따라 20~30분 소요. 이 중 21번 버스가 역사공원을 거쳐 순천왜성까지 운행. 단 하루 5회 운행으로 배차 간격이 길다. 왜성은 순천역에서 10km 거리로 택시 이용 시 12,000원 정도.

궁리하다 1

순천의 성곽을 돌아본다면 순천시에서 운행하는 시티투어 성곽투어버스를 이용하면 편리하다. 매주 수요일 10:30 순천역 출발, 17:30 순천역 도착. 요금 성인 5,000원, 순천시 예약홈페이지에서 예약 가능(www.suncheon.go.kr/yeyak), 문의 1522-8139

순천역 ▶ 낙안읍성 ▶ 정유재란역사공원/순천왜성 ▶ 검단산성 ▶ 순천역 순서로 운행

길라잡이

안내표지 있음, 네이버 지도, 두루누비 상 경로 표시 없음, 반려견 동반 가능
산성, 역사관, 왜성까지 3곳의 전적지를 둘러보는 코스다. 도보 이동 거리는 3.5km에 불과하나 각 장소를 찾아다니는 수고로움이 필요하다. 먼저 검단산성은 정상까지 500m, 왕복 1km의 코스다. 코스는 단순하고 왔던 길로 되돌아 내려온다. 해발 55m에서 시작해 139m 정상까지 오른다. 이날 최고 난이도의 구간이다. 산성에서 역사공원까지는

2km 남짓이지만 찻길에 별도의 인도가 설치돼 있지 않아 도보 이동은 추천하지 않는다. 역사공원과 왜성은 500m 거리로 도보로 이동 가능하다. 왜성에서는 해자를 따라 들어가서 1문지, 2문지, 동문을 거쳐 천수기단으로 올랐다가 서문으로 내려오면 된다. 답사 전 안내판에 있는 성곽의 구조를 머릿속에 그려넣고 돌아보는 것을 추천한다.

궁리하다 2

인근 장도도 찾아가보자. 이순신 장군이 선제적으로 점령해서 적의 퇴로를 막았던 장도는 현재 간척으로 인해 산단 속 공원으로 남았다. 율촌장도공원(여수시 율촌면 율촌산단2로241-55) 안에는 이순신 장군의 장도해전참전기념비가 세워져 장군을 기리고 있다.

식사와 보급 그리고 숙소

각 전적지에는 식사나 보급을 받을 만한 곳이 전혀 없다. 순천 시내의 식당과 숙소 정보는 조계산 천년불심길(444p)을 참고한다.

탐방가이드

산성, 역사공원, 왜성에 관광안내소나 해설사가 배치돼 있지 않다. 문화관광해설을 원한다면 시티투어버스 이용이 답이다. 시티투어 상품 이용객에게는 당일(관광지 2곳, 식당 1곳) 이용 시 1인당 10,000원, 숙박(관광지 3곳, 식당 1곳) 이용 시 1인당 20,000원의 인센티브가 지원된다. 여행 종료일로부터 15일 이내에 신청하고 신청 시 필요한 증빙과 절차는 순천시청 홈페이지www.suncheon.go.kr 공고란을 참고한다.

경로 안내도

출발/도착 · 검단산성 입구

검단산성 정상 ①

차량 이동 2km

충무사 ●

정유재란 역사공원 ●

출발/도착 · 왜성 주차장

해자 ②

1문지 · 2문지 ③

④ 천수기단

서문

걷는 거리는 총 **3.5km**이고

상승 고도는 **135m**에 달하며 이는 응봉산 팔각정을 오르는 것과 비슷하며

그중 가장 높은 곳은 해발 **138m**에 있는 검단산성이다.

고도표

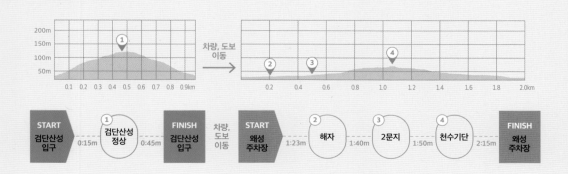

전적지 순례

315

성곽의 도시 울산을 걷다,

울산성곽 탐방

서생포왜성 그리고 학성공원에서   병영성까지 →

하늘에서 바라본 서생포왜성. 맞은편으로 진하해
변이 보인다.

"중공업의 도시 울산에서 성벽
길을 따라 걷는다. 서생포의 왜성은
웅장함이, 도산성에는 전쟁의
치열함이 남아 있다. 그래도 가장
좋았던 것은 역시 우리의 병영성을
걸었을 때다."

모두 **11,407보**를 걷게 되며

2시간 10분이 걸리고

3분간의 고강도 운동 구간이 포함된
산책 같았던 여정

317

울산은 사실 놀랄 만한 성곽의 도시다. 1960년대 한국 중공업의 심장으로 다시 태어나기 이전부터 이곳에는 수많은 성이 존재했다. 알려진 것만 27곳에 달하는데 읍성, 산성, 병영성, 마성, 왜성까지 종류도 다양하다. 울산에 성이 많았던 이유는 이곳이 왜구와 대치하는 최전선이었기 때문이다. 신라 시대에 울산이 뚫리면 수도 서라벌이 위태로웠고 그 지정학적 중요성은 조선 시대에도 변함없었다.

성은 전쟁에서 존재의 가치를 증명하기 마련이다. 임진왜란 당시 병영성의 상황은 우리가 짐작하는 바와 같았다. 전쟁 개시 이틀 만에 절도사가 줄행랑을 치는 바람에 변변한 저항 한 번 못하고 무용지물이 되었다. 오히려 울산왜성이 세워질 때 일본군이 이곳의 돌을 빼서 썼다고 한다. 무너진 것도 모자라 제 살까지 적에게 내준 성은 얼마나 치욕스러웠을까? 일본군은 그들만의 축성 방식으로 다시 성을 쌓았다. 백성들과 함께 거주하며 홑겹의 방어막을 친 우리 성과 달리 사무라이 성은 외성과 내성으로 나뉘어 병사와 지휘관이 있는 공간을 분리하고 입구를 미로같이 만들어 수성전에 대비하며 내부를 판판하게 다져서 병력의 집결과 운영을 편리하게 했다. 하지만 완벽해 보이는 외관과 달리 치명적인 약점을 갖고 있었는데 그것은 바로 마실 물의 부재였다.

울산에는 울산 중심지와 서생포, 두 곳에 왜성이 있다. 조명연

합군과 두 차례에 걸쳐 치열한 전투가 벌어진 곳은 울산 시내 쪽이고 성의 외관이 가장 온전하게 남아 있는 곳은 서생포 쪽이다. 여행자의 입장에서는 역사보다는 백문이 불여일견인지라 서생포로 걸음이 향하기 마련이다. 서생포는 울산 간절곶 인근 진하해변을 끼고 있는 한적한 바닷가 마을이다. 울산 시내에서 30km 정도 되는 거리인데 일본군은 봉화로 통신할 수 있을 정도의 간격을 두고 거점을 확보했다고 한다. 높이가 133m밖에 되지 않는 나지막한 산이지만 길은 꽤나 가파르다. 내성 주변의 성벽은 제법 날카롭게 날이 서 있으며 박스 모양의 공간이 만들어져 있는 되형 출입구의 형태도 남아 있다. 천수각이 세워져 있었을 천수대의 형태도 볼 수 있다. 이 성이 이렇게 멀쩡할 수 있었던 것은 주변에 도시화가 진행되지 않았고 전쟁 후에도 조선 수군이 사용했기 때문이다. 침략자의 거점이자 울산을 향해 비수를 겨눈 형국이지만 적의 수괴가 머물렀던 내성 주변은 고즈넉하기

1 왜성 내부에 있는 굴립주 터. 굴립주는 주춧돌 없이 기둥을 박아 세운 것을 말한다.
2 천수기단에서 보이는 진하해변.
3 성벽의 모서리는 지금도 날카롭다.

그지없다. 편백과 벚꽃나무가 하늘을 가리며 작은 옥상 공원 같은 분위기가 연출된다. 게다가 진하 앞바다의 눈부신 풍경까지 더해지니 적개심과 신기함 사이에서 방황하던 감정은 후자 쪽으로 기울어진다.

왜성의 실체를 확인했으니 이제 치열했던 전적지로 향한다. 한적했던 서생포와 달리 울산왜성은 복잡한 시내 한복판에 자리 잡고 있다. 주변에 빼곡하게 들어찬 건물 탓에 성의 자취는 온데간데 없다. 사람들도 더 이상 이곳을 성이 아닌 학성공원이라 부른다. 그나마 높은 곳에 있던 내성의 흔적은 아직까지 남아 있는데 판판하게 다져놓은 마루는 아이들이 뛰어노는 운동장이 된지 오래다. 정유재란 당시 권율과 마귀가 이끄는 조명연합군 5만 명이 공격하자 가토 기요마사는 이곳에 틀어박혀 수성전을 펼쳤다. 이때 일본군을 죽음으로 몰고 간 것은 방어력의 부족함이 아닌 우물의 부재였다. 이들은 식수가 없어 원군이 도착하기 전까지 오줌과 말 피를 받아 마시며 버텼다고 전해진다. 공원의 가장 높은 곳 본환이라 불리는 자리에 올라선다. 앞으로는 태화강, 옆으로는 동천강을 끼고 있으니 언양과 경주를 동시에 노릴 수 있는 기가 막힌 자리다. 성을 함락시키지는 못했으나 이곳에서 갈증과 배고픔으로 고통받았을 침략자들의 모습을 떠올리며 소소한 위안을 삼아본다. 가토 기요마사는 고국으로 돌아간 뒤 구마모토성을 축성한다. 그 성에는 우물을 120여 개나 파놓았다고 한다. 울산에서의 경험이 다시는 떠올리기 싫은 트라우마로 남았던 모양이다.

본환으로 오르는 계단 주변으로는 읍성과 병영성에서 가져왔다는 돌의 흔적을 확인할 수 있다. 돌을 빼앗기고 무너져버린 우리 성은 지금 어떤 모습일까? 궁금증과 연민을 품고서 머지 않은 곳에 있다는 병영성으로 걸음을 옮겨본다. 병영동이란 지명에서 알 수 있듯 이제 성은 기능을 잃고 주거지로 변해버렸지만 다행히도 성벽의 흔

1 학성공원 입구에는 조명연합군의 동상이 세워져 있다.
2 울산왜성의 내성은 아직도 형체를 유지하고 있다.

1

2

적은 남아 있다. 동문에서 북문을 거쳐 서문까지만 이어지는 반쪽짜리 성벽이지만 이마저도 반갑다. 동문지에서 성벽 위로 올라서 본다. 울퉁불퉁하게 지형을 따라 오르내리며 마을을 감싸안은 익숙한 풍경이 펼쳐진다. 산책 나온 동네 주민 틈에 섞여 뉘엿뉘엿 저물어가는 노을을 바라보며 함께 걷는다. 전적지를 찾아다니느라 하루 종일 날이 서 있던 감정도 석양 속으로 함께 사그라든다.

1 본환으로 가는 길은 동백터널을 통과한다.
2 왜성은 울산 병영성에서 빼온 돌로 축성되었다.
3 학성공원 맞은편의 충의사는 왜구와 맞섰던 선조들을 추모하는 공간이다.
4 병영성은 동문지에서 북문을 거쳐 서문지까지 일부 구간이 복원되었다.

✦ 자가용

학성공원 공영주차장(울산 중구 학성동196-1)에 주차한다. 주차비 무료. 출발지로 돌아갈 때는 병영성사거리 정류장에서 시내버스를 이용한다. 2.5km로 두 정거장 거리이며 수시로 차편이 있다.

✦ 대중교통

서울에서 울산 통도사역까지 KTX가 운행한다. 05:12부터 열차가 있고 2시간 20분 소요. 기차역에서 학성공원까지는 5003번 울산역 순환버스로 갈 수 있다. 평일 배차 간격은 40분이고 50분 소요. 요금은 3,900원. 학성공원역에서 하차한다.

궁리하다

자동차로 이동한다면 차량은 숙소에 놓고 오자. 학성공원 공영주차장은 협소해서 자리가 없을 확률이 높다. 주변에 주차 가능한 곳으로는 학성나무학교 주차장(울산 중구 학성 공원길18-3)이 있다. 학성공원 입구는 메인, 북, 남, 동 4곳이 있는데 메인 출입구는 주차장이 있는 북서쪽이다. 공원 상세 지도 참고.

길라잡이

성벽 구역에는 안내표지 있음, 네이버, 두루누비상 경로 표시 없음, 반려견 동반 가능

학성공원 북서쪽 공영주차장 맞은편에 있는 입구로 들어선다. 바로 계단을 따라 오르면 중간중간 평평한 공간을 깎아 놓았는데 가장 높은 곳을 본환, 그 아래를 순서대로 이지환, 삼지환이라 부른다. 탐방로를 따라 정상으로 가는 길에 한 바퀴 둘러보면 된다. 학성공원을 둘러본 뒤에는 맞은편에 위치한 충의사로 이동한다. 왜성을 마주 보는 학성산에 위치한 이곳은 울산 지역 의사 242분의 위패가 모셔져 있는 사당이다. 이후 구교로를 따라서 병영성사거리를 지나 성안으로 진입한다. 성곽은 동문지에서 시작되는데 외솔기념관을 이정표 삼아 찾아가면 된다. 성벽길은 이곳에서 시작해서 북문지를 거쳐 옹성의 흔적이 남아 있는 서문지까지 이어진다.

◆ 학성공원에서 병영성까지 2km 구간은 평범한 도심길이다. 버스를 이용해서 점프하는 것을 추천한다.

식사와 보급

도심을 관통하는 코스라 보급이나 식사에는 부담이 없다. 병영성 안 막창골목이 유명하다. **원조대구막창일번지**(052-297-5856, 울산 중구 곽남1길35) 대기가 있는 인기 식당으로 돼지막창(11,000원/1인)이 유명. 부산과 대구의 중간 즈음에 위치한 울산은 막창뿐 아니라 중앙시장에 꼼장어골목 같은 곳도 있다. **대왕곰장어**(052-243-5928, 울산 중구 번영로325) 이곳의 터줏대감. 양념구이(12,000원/1인)가 유명하고 3인분 주문이 기본이다. 서생포왜성 인근 **유정국수**(052-237-3332, 울산 울주군 서생면 진하길26) 멸치국수(5,000원)와 매운김밥(3,500원)이 맛있다.

숙박

울산 시내에는 다양한 숙소가 있다. 그중에서도 고속버스 터미널과 KTX역이 있는 삼산동 인근에 주요 호텔이 모여 있다. 병영성에서 여정을 마무리한다면 **호텔다움**(052-297-3701, 울산 중구 번영로538)이 도보 거리에 있어 편하다. 관광객이 주로 이용하는 2성급 호텔이다. 서생포왜성 인근에는 진하해수욕장에 펜션과 모텔급 숙소가 밀집되어 있다. 해안선을 따라 해파랑길 4코스가 지나가는 까닭에 연계해서 트레킹을 즐기기에도 좋다.

탐방가이드

학성공원 주차장에 **문화관광해설사의 집**이 있다. 병영성에 별도의 관광안내소는 없으나 인근 **외솔기념관**에 해설사가 상주한다. 운영 시간 10:00~17:00 | 울산관광 홈페이지 tour.ulsan.go.kr 참고 | 문의 052-229-3855

경로 안내도

북문지

서문지 ⑤

외솔기념관 ④

동문지

7

도착

병영성 곱창골목

병영성사거리

③ 구문공원

울산종합운동장

충의사 ②

출발

학성공원 공영주차장

P

① 본환

공영주차장
관광안내소
메인 출입구
삼지환
이지환
본환
북측 출입구
동측 출입구
남측 출입구

걷는 거리는
총 6.5km이고

상승 고도는 126m에
달하며 이는 응봉산
팔각정에 오르는 것과
비슷하며

그중 가장 높은 곳은
해발 55m에 있는
본환 정상이다.

고도표

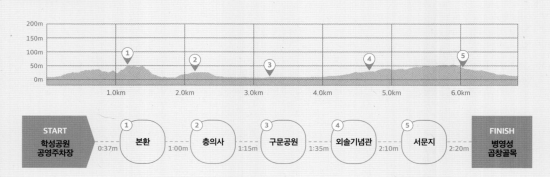

START 학성공원 공영주차장		① 본환		② 충의사		③ 구문공원		④ 외솔기념관		⑤ 서문지		FINISH 병영성 곱창골목
	0:37m		1:00m		1:15m		1:35m		2:10m		2:20m	

PART 3 역사 탐방 순례길

324

3

귀향지를 따라 걷는 길
유배지 순례

어라연의 산신이 된 단종의 마지막 여정,
단종유배길

만덕산에 꽃핀 다산의 학풍과 우정,
다산초당에서 백련사 가는 길

유배지에서 완성된 괴이한 글씨체,
추사유배길 중 집념의 길

강화도령, 섬 처녀와 사랑에 빠지다,
강화도령 첫사랑길

유배를 가던 단종은 배일치재에서 한양을 향해 절을 올렸다.

"유배지로 떠나는 16세 단종의 길동무가 되어 왕의 마지막 여정을 함께한다. 옥녀봉, 선돌, 청령포까지 서강의 아름다운 풍경에서 벌어진 잔혹한 역사의 현장을 둘러본다."

모두 **25,447**보를 걷게 되며

4시간 20분이 걸리고

70분간의 고강도 운동 구간이 포함된 고된 여정

327

길을 걸을 때 사용하는 신체 부위는 두 다리가 전부지만 길에 따라 눈으로 걸어야 하는 길이 있고 머리로 걸어야 하는 길이 있다. 그중 유배길은 마음으로 걸어야 하는 길이다. 유배지로 떠나는 주인공의 마음을 헤아려보며 걸어야만 그 심정은 물론이고 그의 눈높이에서 세상과 마주할 수 있다.

조선 시대에는 수많은 이가 유배형에 처해졌다. 대부분 유배지에서 생을 마감하는 비극이었기에 복권될 수 있었던 다산과 추사의 이야기는 그나마 해피엔딩에 속한다. 그들은 유배라는 시련에 처했지만 그 시간을 이용해 학문과 저작에 집중하면서 후대에 길이 남는 작품을 남길 수 있었다. 그러나 왕은 그 처지가 달랐다. 왕에서 하루아침에 죄인의 신분으로 뒤바뀐다는 것은 상상할 수 없을 만큼 큰 고통의 나락으로 떨어지는 일이었다. 그들에게 복권이라는 기회는 찾아오지 않았다. 조선 시대에는 세 명의 왕이 폐위되어 유배를 떠났

1 단종의 유배지 청령포. 나룻배가 관광객들을 실어 나른다.

2 유배길은 울창한 산속을 가로지른다.

3 마지막 고개를 넘으면 서강에 홀로 서 있는 옥녀봉과 마주한다.

4 옥녀봉에서 징검다리를 건너 맞은편으로 넘어간다.

다. 단종은 청령포로, 연산군은 교동도로, 광해군은 강화로 갔다가 병자호란 때 제주로 옮겨졌다. 세 명의 왕은 모두 비극적인 결말을 맞았지만 열두 살에 왕위에 올라 열여섯 살에 유배형에 처해진 단종의 사연은 가장 슬픈 이야기임에 틀림없다.

　　세종대왕의 장손이자 문종의 장자였던 단종은 적장자 승계 원칙이 당연했던 유교 국가 조선에서 어떤 임금보다도 확고한 정통성을 지니고 있었다. 어린 나이에 왕위에 올랐지만 할머니 소헌왕후도, 어머니 현덕왕후도 없는 혈혈단신이었기에 수렴청정의 보호조차 받지 못했다. 그는 숙부 수양대군에게 왕위를 빼앗기고 유배길을 떠났고 목적지인 영월 청령포와 관풍헌에서 머물다가 불과 4개월 뒤에 사약을 받는다. 이 모든 이야기를 이미 알고 있었기에 단종유배길을 걷는 마음은 어린 왕을 향한 측은지심으로 가득하다.

　　실제 유배길은 장장 240km에 달한다. 광나루에서 이포나루까지는 배로 이동했고 그곳에서부터는 육로로 목적지까지 이동했다. 왕이 지나간 흔적은 영월 곳곳에 지명으로 남았다. 왕의 이동을 행차라 하는데 이 지역에는 행幸치라 이름 붙여진 고개만 세 곳이 존재한다. 왕이 물을 마셨던 우물은 어御음정이 됐고 왕이 쉬었던 정자는 단端정이 됐으며 왕이 올랐던 고개는 군君등치가 됐다. 영월에는 솔치재에서 시작해 청령포까지 이어지는 세 개 구간의 유배길이 존재하는

데 배일치마을에서 시작되는 3코스는 유배길의 대미를 이룬다. 코스는 단종이 지는 해를 보며 서쪽을 향해 절을 올렸다는 배일치재에서 시작한다. 신하가 왕궁을 향해 절을 올렸다는 '이배재'라는 고개는 들어봤어도 왕이 엎드려 절을 올렸다는 고개는 처음 본다. 이야기꾼들은 사육신을 생각하며 절을 올렸을 것이라 추측하지만 어쩌면 그는 유배길의 마지막 고개를 넘는 자리에서 자신의 처지를 받아들이고 어렴풋이나마 다가올 미래를 떠올렸을지도 모를 일이다.

　　고개를 넘어 내려오면 유배길은 서강과 만난다. 강과 맞닿은 지점에 작은 산봉우리 하나가 단종을 맞아주는 듯 서 있다. 단종도 같은 마음이었을까? 그는 이 봉우리가 한양 영도교에서 헤어진 아내 정순왕후의 모습을 닮았다고 생각해 옥녀봉이라 이름 지었다. 전국에 있는 수많은 옥녀봉 중에서 왕후를 빗댄 이름을 가진 봉우리는 이곳이 유일할 것이다. 이제 길은 서강의 물줄기를 따라간다. 얼마 지나지 않아 강 옆에 깎아지른 듯 서 있는 뾰족한 돌기둥 모양의 선돌을 지나가게 된다. 석회암의 주상절리가 갈라져 나와 만들어진 장관이지만 화강암으로 이루어진 암봉 아래에서 평생을 살아온 열여섯 살의 왕

1　전망대에서 내려다본 선돌.
2　청령포에 있는 소나무 중 관음송이라 불리는 이 나무만이 단종을 알현하였다.
3　소실된 단종어소가 있었음을 알리는 단묘재본부시유지비. 영조 때 세워졌다.
4　단종의 어소는 최근에 복원되었다.

에게는 처음 보는 희한한 광경이었을 것이다. 왕의 일행은 아래로 지나갔겠지만 여기까지 왔으니 서강의 풍경을 한번 내려다보고 가라는 것인지 유배길은 선돌 위 뻥대절벽을 오르내리도록 만들어져 있다.

서강의 물길을 따라 걷다 보면 어느새 최종 종착지인 청령포에 도착한다. 유배길은 나루터에서 끝나지만 여정은 강 건너편으로 이어진다. 이전까지의 여정은 청령포에 극적으로 도달하기 위한 준비에 불과했을지도 모른다. 삼면을 강이 휘감고 지나가는 반도 뒤로는 절벽이 버티고 있어 육지 속의 섬을 만들어놓았다. 수많은 소나무가 도열해 있지만 그중 단종을 알현했던 것은 관음송이 유일하다. 이곳에서 단종은 어떻게 지냈을까 궁금하지만 그가 청령포에 머물렀던 기간은 두 달이 채 되지 않는다. 홍수로 물이 넘치자 단종은 영월관아의 객사로 거처를 옮긴 뒤 얼마 지나지 않아 죽음을 맞이한다.

이 잔인한 이야기에 영월 사람들은 단종을 향한 연민의 끈을 놓지 못했던 모양이다. 단종은 이 지역에 전해 내려오는 야사와 전설 속에서 태백산의 산신으로 다시 태어나 있었다. 출생이 왕이었으니 그보다 높은 지위는 신밖에는 없을 것이다. 비록 어린 나이에 왕에서 쫓겨난 뒤 죽음을 맞이했으나 그는 조선의 왕 중에서 유일하게 백성들에 의해서 신으로 모셔졌다.

길머리에 들고 나는 법

✦ 자가용

영월역 공영주차장(영월군 영월로2106)에 주차한다. 주차비 무료. 500m 거리의 덕포시장 입구 정류장에서 50번 시내버스를 타면 배일치마을까지 간다. 하루 9회 차편이 있다.

✦ 대중교통

갈 때 서울동서울터미널에서 영월로 가는 차편이 1시간 30분 간격으로 출발한다. 첫차는 07:00부터 있고 2시간 소요된다. 영월버스터미널 맞은편 정류장(터미널사거리)에서 주천행 50번 시내버스를 이용해서 배일치마을까지 이동한다. 청량리역에서 영월역까지 평일 5회, 주말 6회 기차가 있다. 첫차는 07:34에 출발하고 2시간 30분 소요.

올 때 청령포에서 영월 시내(영월군청, 영월역)로 가는 버스가 하루 5회 있다. 거리는 2.5km이고 택시 요금은 4,500원 정도.

궁리하다

배일치마을로 가는 50번 시내버스 배차 시간에 맞춰 계획을 짜는 것이 좋다.

서울 출발	기차 도착	덕포 시장	버스 도착	터미널 사거리	배일치 마을
-	-	06:34	-	06:35	06:55
-	-	07:44	-	07:45	08:05
-	-	08:34	-	08:35	08:55
07:00 버스	-	10:04	09:00	10:05	10:25
07:34 기차	10:41	11:24	-	11:25	11:45

청령포 출발	
08:09	◆ 시간표는 평일 오전 기준이며 터미널사거리 발 50번 버스는 13:45, 16:05, 17:25, 19:15에도 있다.
10:26	
14:06	
16:46	
18:11	

길라잡이

안내표지 있음, 두루누비상
경로 표시 있음(단종대왕유배길 3코스 인륜의 길), 청령포 내 반려견 동반 금지
영월군에서 관리하는 트레일이나 관리 상태가 그리 좋다고 할 수는 없다. 안내판이 있으나 몇몇 지점에서는 길이 헷갈리고 서강의 수위가 높아지는 시기에는 우회해야 하는 구간도 있다. **헷갈리는 지점1** 옥녀봉을 올라갔다가 반대편으로 내려와서 징검다리를 건너게 설계돼 있으나 내려가는 길이 잘 보이지 않고 하천의 수위가 높아지면 징검다리로 건널 수 없다. 옥녀봉을 우측에 놓고 차도를 따라 우회한다. **헷갈리는 지점2** 선돌 아래쪽으로 지나가게 돼 있으나 역시 잘 보이지 않는다. 절벽 위로 올라 넘어간다. **헷갈리는 지점3** 선돌교 아래에서 고수부지 쪽으로 안내하지만 강이 범람하면 통행이 어려워진다. 이때는 선돌길로 우회한다. 차량 통행은 거의 없는 구간이다.

식사와 보급

코스 주변으로 보급이나 식사할 만한 곳이 마땅치 않다. 옥녀봉 우회 구간에 편의점(gs25 영월삼거리점)이 영업한다. **솔잎가든**(033-373-3323, 영월군 영월읍 청령포로48-5) 청령포주차장에서 800m쯤 떨어진 곳에 위치한 식당. 임금님께도 진상되었다는 어수리나물 솥밥정식(14,000원)이 별미다.

탐방가이드

청령포 매표소 건물 안에 문화관광해설사가 상주하고 있다. 운영 시간 10:00~17:00 | 영월군 문화관광 홈페이지 www.yw.go.kr/tour 참고 | 청령포 입장료 성인 3,000원 | 개방 시간 09:00~18:00

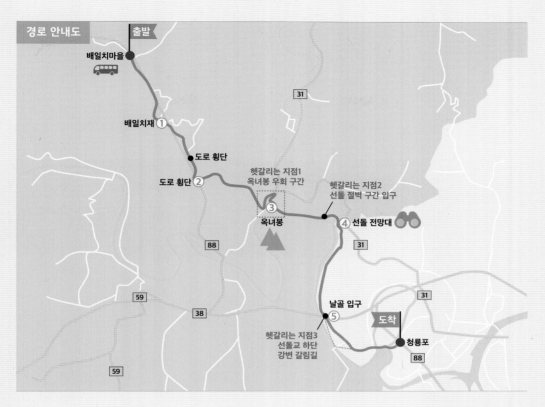

경로 안내도

출발

배일치마을

배일치재 ①

도로 횡단

도로 횡단 ②

헷갈리는 지점1
옥녀봉 우회 구간

③

옥녀봉

헷갈리는 지점2
선돌 절벽 구간 입구

④ 선돌 전망대

날골 입구

⑤

헷갈리는 지점3
선돌교 하단
강변 갈림길

도착

청룡포

걷는 거리는
총 **14.5km**이고

상승 고도는 **401m**에
달하며 이는 삼성산을
오르는 것과 비슷하며

그중 가장 높은 곳은
해발 **386m**에 있는
옥녀봉이다.

고도표

START 배일치마을		① 배일치재		② 도로 횡단		③ 옥녀봉		④ 선돌 전망대		⑤ 날골 입구		FINISH 청령포
	0:25m		1:09m		1:50m		2:42m		3:30m		4:20m	

백련사 만경루에서 보이는 백일홍이 햇살을 받아
눈부시게 빛난다.

"먼 곳에서 친구가 찾아온다면
어찌 즐겁지 아니한가? 백련사의
동백과 백일홍은 왜 이리도 눈이
시리게 빛났을까? 천리타향에서
벗을 만나러 가는 다산의 경쾌한
발걸음이 느껴진다."

모두 **9,652보**를 걷게 되며

2시간 30분이 걸리고

15분간의 고강도 운동 구간이 포함된
초반이 가팔랐던 코스

다산에게 유배 생활은 여느 죄인과 다름없이 고난한 시기였다. 주막 문간방에서 시작된 강진살이는 절집 한 귀퉁이에 있는 산방으로, 다시 제자 집에서의 더부살이로 이어졌다. 다산초당은 7년간 이곳저곳을 전전하던 다산이 마침내 정착한 안식처였다. 그는 해배될 때까지 11년을 이곳에서 머물렀다. 거소가 안정되자 그는 본격적으로 제자 양성과 집필에 몰두했다. 그 결과 유배 기간 중 열여덟 명의 제자를 길러냈고 500여 권의 저서를 남기는 학문적인 성취를 이룩할 수 있었다. 만덕산 자락에 위치한 이 작은 초가집은 이런 연유로 다산실학의 성지로 추앙받는다.

원래 초당은 다산의 외가 해남 윤씨 집안의 산속 정자였다. 유배지를 돌아볼 때는 변방으로 밀려난 자에 대한 연민이 앞서기 마련이지만 이런 사연을 알고 가는 탓에 초당으로 향하는 발걸음은 한결 가볍다. 실학의 거성이 학문 혼을 불태웠던 장소를 찾는다는 생각에 호기심과 경외감마저 느껴지는 것이다. 귤동마을에서 초당으로 가는 길은 짧지만 예상외로 고난한 여정이다. 만 가지 덕德을 베푼다는 푸근한 산 이름과는 달리 돌산이며 경사가 가파른 악산이기 때문이다. 탐방로 바닥에는 삼나무와 소나무 뿌리들이 울퉁불퉁한 핏줄같이 지표로 튀어나와 있다. 일명 뿌리의 길로 불리는 이 구간은 암반으로 깊게 뿌리내리지 못한 나무들이 무엇이라도 움켜잡고 버티려고 얽히고 설켜 있다. 특히 삼나무는 천근성 수종이라 뿌리를 깊게 내리는 대신 옆으로 펼쳐 인근의 삼나무와 서로 의지한다.

마침내 도착한 초당은 남향이라 숲속에 파묻혀 있으면서도 밝은 기운이 감돈다. 세속과 단절돼 아늑해 보이는 이 자리는 초록의 청량감이 휘감아 도는 듯하다. 이곳에 오기 전 저잣거리에 있는 사의재를 먼저 들렀던 터라 그 정숙함이 더욱 돋보인다. 초가집이었던 초당은 기와지붕의 목조건물로 번듯하게 다시 세웠다. 초당에는 4경이라

불리는 장소들이 있는데 바위에 새겨놓은 정석^{丁石}이라는 글자와 차를 달일 때 썼다는 '다조'라는 반석, 샘물 나오는 '약천' 그리고 작은 연못인 '연지석가산'을 말한다. 이는 군더더기 없던 다산의 성품을 그대로 드러내 보이는 소품이다. 동암을 지나 조금 더 걸어가면 천일각이라 불리는 정자에 닿게 된다. 이곳은 다산이 돌로 대를 쌓아놓고 아침저녁으로 올라 조수를 굽어보던 자리였다고 한다. 이곳에서는 강진만 좁은 틈을 따라 만입된 남해바다가 보인다. 좁고 긴 수로인지라 마치 강물이 흘러내리는 물줄기 같기도 하고 그의 고향 인근 수종사에서 내려다봤던 북한강의 모습과도 비슷해 보인다.

삼나무의 판근이 길게 뻗어나가 또 다른 나무에 닿듯 길은 고갯마루를 넘어 인근에 있는 백련사로 연결된다. 낯선 땅에서 의지할 버팀목이 필요했던 다산의 뿌리도 벗을 찾아 사방으로 뻗어나갔다. 다산과 혜장은 실학자와 불제자로 그 출신은 달랐으나 결국 초록은 동색인 양 어울렸다. 초당과 백련사를 오가는 1km 남짓한 이 길을 사람들은 두 사람의 사연을 따서 '인연의 길'이라 부른다. 꽤나 경사진 오르막을 올라 고개를 넘어가는 수고로움이 필요하지만 이런 이야기 때문이 아니어도 한번 걸어볼 만한 가치가 있다. 이 적막강산 같은 산속에 차 한잔을 같이 나눌 수 있는 벗이 지척에 있다는 사실이 얼마나 큰 위안이며 복이었을까? 친구의 절집으로 놀러 가는 한 사내의 들뜬 마음으로 이 길을 걸어본다. 고개를 넘어가면 가장 먼저 닿게 되는 것

1 천일각에서는 강진만의 물길이 내려다보인다.
2 백련사로 가기 위해서는 고개를 넘어야 한다.
3 백련사의 부도전은 동백숲에 자리 잡았다.
4 삼선각 앞의 백일홍에도 꽃망울이 열렸다.
5 백련사 대웅보전.

은 백련사를 감싸안은 동백나무숲이다. 기름기 머금은 잎사귀가 따사로운 남도의 햇살을 받아 반짝이며 눈을 간질이는 듯하다. 숲속에서 마주하는 원형의 부도탑은 일주문을 대신해 절집에 도착했다는 이정표가 된다. 발걸음은 물 흐르듯 자연스럽게 다도 체험을 할 수 있는 만경루로 향한다. 일행과 차담을 나누며 잠시나마 다산과 혜장이 되는 것이다. 누각에서 보이는 구강포 앞바다의 풍광도 수려하지만 이보다 더 시선을 끄는 것은 앞마당의 배롱나무다. 이제는 병에 걸려 예전같이 붉은 꽃을 피우지 못하나 황금빛으로 빛나며 촘촘하게 자란 나뭇가지들은 그것만으로도 눈이 부실 정도로 화려하다. 배롱나무의 가지는 100일간 차례대로 꽃을 피우고 떨궈내야 했기에 뿌리의 길 나무들이 그랬듯 하늘을 향해 최대한 펼쳐나간 것이다.

이 길 위로는 대학자라는 무게감에 가려져 있던 다산의 인간적인 면모가 엿보인다. 산중 거처는 소박했지만 곳곳에서 그의 소소한 취향을 알 수 있는 장소였다. 인연의 길을 걷는 내내 느껴졌던 마음도 산중독거인의 사람을 향한 그리움이었다. 그랬기에 백련사에서 마주했던 모든 것이 그렇게도 밝고 반짝이는 형체로 보였는지 모를 일이다.

길머리에 들고 나는 법

◆ 자가용

다산박물관(강진군 도암면 다산로766-20) 주차장에 주차한다. 더 위쪽에 주차 공간(다산초당길68)이 있지만 장소가 협소하다. 주차료, 다산초당 입장료 무료.

◆ 대중교통

서울센트럴시티터미널에서 강진으로 가는 차편이 하루 4회 있다. 첫차는 07:50에 출발하고 4시간 50분 소요. 강진버스터미널에서 다산초당 입구로 운행하는 버스가 하루 9회 있다. 강진버스터미널에서 다산초당까지는 망호, 옥전행 농어촌버스를 이용하면 된다.

강진->만덕	만덕->강진
06:35	07:05
07:35	08:10
09:40	10:15
10:30	11:00
12:00	12:40
14:10	14:50
15:40	16:30
17:20	17:50
18:35	19:20

궁리하다

강진에서 숙박할 때는 푸소 프로그램을 이용하자.

푸소(FUSO)는 강진군청에서 지원하는 농촌민박체험 프로그램이다. 일반형은 2인 이상 신청 가능하며 기간은 1박 2일, 2박 3일 중 택할 수 있다. 1인 1박 2일 58,000원 | 1인 2박 3일 116,000원 | 조식, 석식 제공 | 문의 061-430-3317 | 강진푸소 홈페이지www.fuso.or.kr 참고

길라잡이

안내표지 있음, 두루누비상 경로 표시 있음(남도

유배길 2코스), 백련사 경내 반려견 동반 금지

다산박물관에서 초당을 거쳐 백련사로 넘어가는 것이 스토리텔링상 일반적인 방법이다. 단, 난이도를 고려한다면 백련사에서 초당으로 걷는 것이 덜 힘들다. 난이도가 부담스럽다면 이 방법도 고려해 보자. 마지막 주차장에서 초당까지 500m 구간, 초당에서 백련사로 넘어가는 600m 구간이 특히 가파르다. 백련사에서 돌아올 때는 왔던 길로 되돌아가도 되지만 아래쪽 덕산마을로 내려와서 박물관 쪽으로 찾아가는 것이 훨씬 편하다. 백련사 주차장에서 차도를 따라 내려오다가 신평 버스정류장 사거리에서 우회전해서 백련사로 따라가면 된다.

◆ 해당 코스는 남도유배길 2코스 15km 중 다산박물관에서 초당과 백련사를 돌아보는 일부 구간을 소개한다.

식사와 보급

마을을 벗어나면 코스 주변으로 보급이나 식사할 만 곳이 없다. 백련사에서는 당일형 다도 체험을 할 수 있다. 3인 이상 신청 가능하여 참가비는 1인/20,000원. 문의 010-5831-0837. 백련사 홈페이지www.baekryunsa.net에서 템플스테이 신청. 강진 읍내에는 다산이 유배 초기에 머물렀던 사의재가 복원돼 있다. **동문주막**(061-433-3223, 강진군 강진읍 사의재길27) 다산이 즐겨 먹었다는 아욱국이 나오는 다산밥상(26,000원/2인)을 판매한다. 병영성 인근에는 캐주얼한 한정식에 연탄불고기를 내놓는 식당이 모여 있다. **설성식당**(061-433-1282, 강진군 병영면 병영성로92) 그중 터줏대감 격이다. 기본상(26,000원/2인)이 있다. 9~10월에는 주말에 병영오일장에서 '불금불파'라 불리는 야외 불고기 축제도 열린다.

탐방가이드

다산박물관 건물 안에 문화관광해설사가 상주하고 있다. 운영 시간 10:00~17:00 | 강진군 문화관광 홈페이지 www.gangjin.go.kr/culture 참고 | 박물관 입장료 성인 2,000원 | 개방 시간 09:00~18:00

④ 백련사 만경루

부도전
동백숲 입구

● 백련사 주차장 P

③ 고갯마루 정상

다산초당

● 천일각

② 윤종진 묘소

P ① 마지막 주차장

덕산마을회관

신평 버스정류장 ⑤

출발/도착
● 다산박물관 주차장
P 🏛

걷는 거리는
총 5.5km이고

상승 고도는 261m에
달하며 이는 남산을
오르는 것과 비슷하며

그중 가장 높은 곳은
해발 185m에 있는
고갯마루다.

고도표

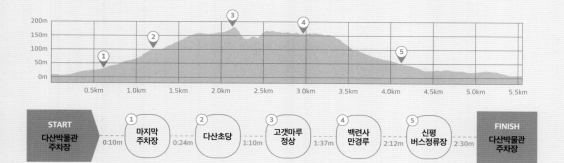

유배지에서 완성된 괴이한 글씨체,

추사유배길 중 집념의 길

제주추사관에서　　　　　　　방사탑을 거쳐　　　　　　　대정향교까지

단산과 방사탑. 단산은 박쥐가 날개를 펼친 모습이다.

"귤중옥에 유배되었던 추사의
제주살이를 더듬어본다. 박쥐를
닮았다는 오름은 그 생김새부터
괴이하다. 아무리 보고 걷고 올라도
단산과 추사체의 관계는 여전히
미스터리하다."

모두 **18,076**보를 걷게 되며

3시간 **30**분이 걸리고

35분간의 고강도 운동 구간이 포함된
땡볕 아래라 꽤나 고난한 여정

대정성지는 제주의 3대 읍성 중 한 곳이었다. 한라산을 중심에 두고 제주, 정의, 대정까지 세 개의 성이 둘러싸며 제주 수호의 삼각 편대의 역할을 수행했다. 군사, 행정 목적으로 세워졌지만 이곳은 한양에서 귀향 온 죄인들의 수용 장소로도 활용됐다. 조선 시대에는 총 700여 명이 유배형에 처해졌는데 이 중 3분의 1에 달하는 260여 명이 제주로 보내졌다. 그중에는 대정읍성으로 유폐된 추사 김정희도 있었다.

이곳은 모슬포를 지척에 두고 있는 바닷가 평지다. 대정大靜이라는 이름에서 추측할 수 있듯 적막강산의 아주 고요한 마을이다. 비가 많이 내리고 습한 것은 물론이요, 어디 하나 의지할 곳 없이 사방이 뚫려 있는 탓에 거센 바람 또한 고스란히 받아내야 하는 제주 안에서도 척박하기로 손꼽히는 지역이었다. 추사는 총 8년 3개월 간을 대정에서 머물렀는데 이 시기에 자신만의 고유한 서체인 추사체를 완성해 냈다.

대정읍성 곳곳에는 추사의 흔적이 남아 있다. 그의 유배 생활을 따라 걷는 총 세 개의 둘레길이 조성돼 있는데 그중 1코스에 해당하는 집념의 길이 대정읍성을 중심으로 주변을 돌아보도록 설계돼 있다. 실학의 성지로 대접받는 다산초당과 달리 대정에서 추사의 발자취는 그리 잘 알려져 있지 않다. 이런 연유로 추사유배길을 걷는다는 것은 무엇과 마주하게 되고 어떤 것을 느끼게 될지 알지 못하는 미지의 세상으로 발을 내디딘 듯하다. 단, '추사의 서체가 어떻게 만들어졌는가에 대한 단서를 조금이나마 알 수 있지 않을까?'라는 기대감을 품어본다.

대정읍성의 둘레는 약 1.4km에 달한다. 성읍민속마을을 둘러싼 정의읍성만큼은 아니지만 꽤나 선명하게 성벽이 복원됐다. 성벽 안으로 들어서는 것은 마치 조선 시대로 되돌아간 듯 몰입감을 높여

1 추사유배길은 대정읍성에서 시작된다.
2 제주추사관은 〈세한도〉 속 전각을 닮았다.
3 추사는 강도순의 집에서 모거리라 불리던 별채에 기거했다.
4 추사의 동상.
5 굴중옥이라 불렀던 추사 적거지.

준다. 역시나 가장 먼저 마주하게 되는 것은 제주추사관이다. 전시관으로 사용되는 이 건물은 추사의 걸작인 〈세한도〉 속의 전각을 모티브로 삼아 설계됐다. 이 그림이 그려진 장소 또한 이곳이었을 터이니 정선이 선열대에 올라 〈내연산삼용추〉를 그린 것처럼 그가 어디서 무엇을 봤을까 생각하며 주변을 두리번거리지만 이는 부질없는 짓이다. 이 그림은 실제 장소가 아니라 추사의 사의寫意를 표현해 놓은 상상 속 모습이기 때문이다. 추사의 거소는 전시관 바로 옆에 자리 잡고 있다. 그는 강도순이란 지역 유지의 집에서 제주말로 모거리라 불리는 별채에서 기거했다. 섬으로 유배 보내는 것을 절도안치, 집 안에만 머무르게 하는 것을 위리안치라 했는데 추사는 이 두 가지 경우에 모두 해당했다. 다산과 같은 개인적인 공간도, 혜장과 같은 기댈 벗도 없던 그에게는 대정살이는 더 고난한 세월이었을 것이다. 그는 스스로 거처를 귤나무 속의 집인 귤중옥이라 칭했다.

　　유배길은 뜬금없이 서문 밖으로 나아가 정난주 마리아의 묘소를 다녀오라 안내한다. 이는 추사와는 관련 없는 천주교 성지순례길인데 여기에는 다산과의 관계가 고려된 듯하다. 추사는 다산의 아들들과 교류하며 그를 존경했던 것으로 전해지는데 정난주는 정약용의 조카다. 그녀는 신유박해 때 추자도에서 갓난쟁이 아들과 생이별한 뒤 대정현의 관노로 귀향살이를 했다. 정난주는 추사가 오기 2년 전에 세상을 떠났다. 묘소로 가는 길은 귤밭을 한참을 가로질러야 한다. 귤중옥이란 말은 성문 밖을 벗어나서야 비로소 체감되는 것이다. 거대한 야자수가 반겨주는 묘소는 꽤나 인상적이다. 시각적으로는 추사의 적거지보다 오히려 이쪽이 더 성지같이 느껴진다.

　　유배길의 절반 가까이를 돌아봤지만 고난함만이 느껴질 뿐 추사체 탄생의 비밀에 대해서는 여전히 감조차 오지 않는다. 마지막 단서를 찾아보고자 이번에는 동문을 통해서 추사가 제자들을 가르쳤다

1 정난주 마리아의 묘소.
2 대정향교는 추사가 제자들을 가르친 곳이다.
3 단산에서 바라본 대정읍의 풍경.

는 대정향교 쪽으로 걸음을 옮겨본다. 이번에는 황량한 마늘밭을 가로지른다. 인적 드문 길을 터벅터벅 걸어가다 보면 이곳에서 유일하게 돌출된 지형인 단산을 지나가게 된다. 박쥐를 닮았다 해 바굼지오름이라 불리는 이 오름은 제주의 오름 중에서도 파격적인 모습을 하고 있다. 분화구가 깨져나간 것 같은 뾰족뾰족 튀어나온 능선은 둥글둥글한 오름의 세상에서 더욱 이질적이다. 바로 옆에 이웃하고 있는 산방산과 같이 보면 그 차이는 너무나 극명하다. 단산의 나쁜 기운을 막기 위해 액막이용으로 세웠다는 방사탑의 존재 또한 흥미롭다. 향교는 그 단산을 등에 지고 모슬포를 바라보는 곳에 자리 잡고 있다. 유배길을 걷는 동안 유일하게 선비의 기운이 느껴지는 공간이었다.

추사의 글씨를 괴怪이한 미학이라 말한다. 굵고 가늘기의 차이가 크고 각이 지고 비틀어진 듯한 파격의 조형미라고도 한다. 잘 썼겠거니 하면서도 따라 할 수조차 없는 탓에 어쩌면 추사는 이 단산의 모습에서 영감을 받은 것이 아닐까 상상의 나래를 펼쳐본다. 그것조차 아니라면 눈에 보이는 것 중에서는 연결 지을 만한 것이 없기 때문이다. 더구나 추사는 명필 이전에 돌에 새겨진 비문을 연구하는 금석학의 대가였기에 이 주장은 더욱 그럴듯하게 들린다.

길머리에 들고 나는 법

✦ 자가용
제주추사관 주차장(서귀포시 대정읍 안성리1640)에 주차한다. 주차비는 무료.

✦ 대중교통
제주국제공항 4번 승강장에서 151번 급행버스를 이용한다. 평일 24회 차편이 있고 1시간 소요. 보성초등학교에서 하차하면 된다. 요금은 3,000원. 서귀포시에 가려면 직행은 없고 1회 환승해야 한다. 약 1시간 소요된다.

궁리하다

단산을 오를 때는 북측 계단길로 왕복하자.
언뜻 보면 서측 단산사에서 능선을 따라 오른 뒤에 북쪽 계단으로 하산하는 것이 정석같이 보이기도 한다. 허나 하절기에 능선길은 가파르기도 하고 수풀이 우거져 등산로가 잘 보이지도 않는다. 재미 없어 보이더라도 계단길을 추천한다.

길라잡이

안내표지 있음, 네이버지도, 두루누비상 경로 표시 없음. 제주추사관, 추사 적거지, 대정향교 내 반려견 동반 금지
현장에 추사유배길에 대한 안내표지는 있으나 현재는 관리 없이 방치되고 있는 트레일이다. 안내표지를 따라간다고 생각하지 말고 주요 지점까지 알아서 이동한다고 생각하는 것이 좋다. 경로가 지도 앱에 표시되지 않기 때문에 일일이 지점을 검색해서 찾아다녀야 하는 번거로움은 있으나 경로는 단순한 편이다. 제주추사관-추사 적거지-서문돌하르방 순서로 둘러본 뒤 정난주 묘소로 향한다. 묘소까지는 왕복 4km에 달하고 가는 길에 볼거리가 없기 때문에 이쪽 방향 답사를 생략하거나 나중에 차량으로 이동하는 것도 상황에 맞춰 고려해 본다. 동계 정온 선생 유허비는 보성초등학교 정문 안쪽에 있다. 남문지를 지나서는 향교로를 따라서 대정향교까지 이동한다.

◆ 전 구간에 거의 그늘이 없는 코스다. 단산을 제외하면 오르막길도 거의 없지만 이런 이유로 하절기에는 꽤나 고된 걸음이 된다. 햇빛을 가려줄 모자와 팔 토시는 필수다.

식사와 보급

마을 주변에는 관광객이 거의 없는 소위 현지인 맛집이 존재한다. 이동 경로상(보성초교 교차로)에 위치한 **고을식당**(064-794-8070, 서귀포시 대정읍 일주서로2258) 돔베고기(16,000원)와 고기국수(8,000원)가 대표 메뉴다. 식당 바로 옆에 매점(정상회슈퍼)이 있어 보급받기에도 좋다. 인근 모슬포 앞바다는 방어의 주산지다. 방어잡이는 빠르면 10월부터 시작되며 11월에 포구 인근에서 방어축제가 열린다. 매월 1일, 6일에 항구 주변에서 열리는 대정오일장은 제주 서부에서 최대 규모다.

탐방가이드

제주추사관에는 문화관광해설사가 상주하고 있다. 10:00, 11:00, 13:00, 14:00, 15:00, 16:00에 정기해설이 진행된다. 제주추사관 운영 시간 09:00~18:00 | 매주 월요일 휴관 | 관람료 무료 | 문의 064-710-6865 | 해설 예약 및 안내 제주추사관 홈페이지www.jeju.go.kr/chusa 참고

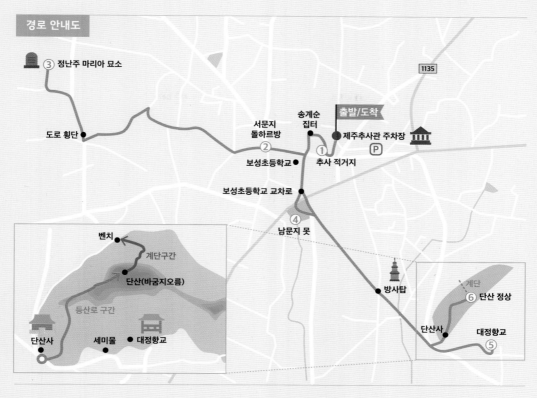

경로 안내도

- ③ 정난주 마리아 묘소
- 도로 횡단
- 서문지 돌하르방 ②
- 송계순 집터
- 출발/도착
- ① 추사 적거지
- 제주추사관 주차장 P
- 보성초등학교
- 보성초등학교 교차로
- ④ 남문지 못
- 방사탑
- 벤치
- 계단구간
- 단산(바굼지오름)
- 등산로 구간
- 단산사
- 세미물
- 대정향교
- 단산사
- ⑥ 단산 정상 계단
- 대정향교
- ⑤
- 1135

걷는 거리는
총 **10.3**km이고

상승 고도는 **148**m로
응봉산 팔각정을
오르는 것과 비슷하며

그중 가장 높은 곳은
해발 **158**m의
단산이다.

고도표

START 제주추사관 주차장	① 추사 적거지	② 서문지 돌하르방	③ 정난주 마리아 묘소	④ 남문지 못	⑤ 대정향교	⑥ 단산 정상	FINISH 제주추사관 주차장
	0:10m	0:24m	1:38m	2:15m	2:33m	2:59m	3:30m

한옥 양식의 강화성공회성당은 읍성에서 가장 인상적인 건축물이다.

"섬으로 유배 온 나무꾼이 왕이 되어 귀환하다. 드라마보다 더 드라마틱했던 철종의 연애 장소를 엿보러 간다. 이 기회를 빌어 강화성공회성당, 고려궁지까지 강화원도심을 속속들이 들여다본다."

모두 **18,603보**를 걷게 되며

4시간 11분이 걸리고

8분간의 고강도 운동 구간이 포함된 여정

강화도령
첫사랑길

　　강화의 걷기길에는 나들이라는 이름이 붙어 있다. 서해의 바닷물이 들고 나는 모습에서 모티브를 따왔다고 한다. 그 명칭만큼이나 이 섬에는 많은 사람이 들고 나기를 반복했다. 고인돌을 만든 선사 시대 사람부터 한민족의 시조인 단군할아버지를 필두로 고려 시대에는 몽고의 침략을 피해서 고려 왕조가 다녀갔으며 조선 시대에는 개항을 요구하는 외세의 함선이 치고 빠지기를 반복했다. 강화나들길을 걷는다는 것은 이 섬을 다녀갔던 수많은 사람의 사연을 따라 걷는 여정인 셈이다.

　　섬이 품고 있는 다양한 이야기 중에서도 가장 드라마틱한 것을 하나 꼽는다면 이곳으로 귀향을 왔다가 5년 뒤 왕이 되어 돌아간 철종 이원범에 대한 이야기다. 그는 세계사를 통틀어서 가장 극적인 신분 상승을 했으며 동시에 신분을 뛰어넘는 러브스토리의 주인공이기도 했다. 그는 사도세자의 증손자로 왕족의 혈통이었으나 이복형이 역모에 가담했다는 혐의로 강화도로 귀향 온 역적의 신분이었다. 섬으로 유배를 왔다는 것은 사약을 받을 날을 기다리거나 언제 다른 곳으로 옮겨질지 모른다는 불안 속에서 하루하루를 사는 것이다. 그러나 그는 영조의 혈손이라는 이유만으로 자신도 모르게 왕으로 추대됐다. 그를 모시려는 행차가 다가왔을 때 그와 작은형 이욱은 자신

들을 잡아가는 것인 줄 알고 산으로 도망쳤고 그때 이욱은 다리가 부러졌다.

　　나들길에는 모두 20개의 코스가 있는데 그중 14코스는 강화도령 첫사랑길로 불린다. 당시 철종의 거처에서 시작해서 그가 봉이라는 여인을 만나서 데이트를 했다는 약수터를 지나 철종의 외가까지 이어진다. 한 치 앞을 알 수 없는 불안한 삶을 살고 있을지언정 피끓는 10대 청년에게 사랑은 피할 수 없는 운명이었나보다. 궁궐 밖에 살던 사람이 왕이 되면 그가 살던 장소를 잠저潛邸라고 부르는데 나들길은 철종의 잠저였던 용흥궁에서 시작된다. 지금이야 규모는 좀 작아도 안채와 사랑채가 분리된 번듯한 기와집의 형태지만 원래 초가집이었고 그가 왕이 된 이후에 중건한 것이다. 당시 비루했던 강화도령의 삶과 현재 거주지 사이에는 우리의 상상력을 방해하는 상당한 차이가 존재하는 셈이다.

　　나들길은 바로 왕의 데이트 장소를 향해서 걸어가라고 안내하지만 이왕지사 강화읍성의 중심부까지 왔는데 주변을 돌아보지 않을 이유가 없다. 바로 옆에는 강화성공회성당이 있다. 1900년에 세워졌다는 역사적인 의미를 차치하고라도 바실리카 양식으로 지어진 한옥성당의 모습은 그 독특한 내외관만으로도 읍성 내에서 가장 이국적

1 용흥궁은 철종이 머물렀던 거소다.
2 외규장각은 고려궁지 안에 있다. 조선 왕실의 부속 도서관 역할을 했다.
3 철종첫사랑길은 읍내를 벗어나 남산근린공원으로 접어든다.
4 사랑의 공원 조형물.

인 건축물이다. 내친 김에 고려의 궁궐터이자 조선 시대 행궁과 강화 유수부가 위치했던 고려궁지까지 둘러본다. 강화 원도심을 돌아보는 짧은 투어는 대략 마무리되고 이제야 본격적인 나들길이 시작된다.

　　　원범과 봉이가 만나서 데이트 즐겼다는 장소는 청하동약수터로 알려져 있다. 읍내를 벗어나면 강화남산으로 오르는 산길에 접어든다. 이 일대를 남산근린공원이라 부르는데 약수터는 산의 북쪽 계곡 깊숙한 곳에 위치하고 있다. 이런 위치 탓인지 두 사람의 연애 장소는 생각보다 어둡고 음침하다. 이곳에서 조금만 더 올라가면 남산 능선을 따라 세워진 강화산성의 성벽과 마주하게 된다. 산성에는 모두 네 개의 비밀통로가 있는데 그중 하나였던 남암문을 통해서 성벽을 통과한다. 이후에는 반대쪽인 남측 산사면을 따라 하산하는데 이 때부터는 특별할 것 없는 평이한 시골 풍경이 펼쳐진다. 강화의 논두 렁길을 따라가기도 하고 선행천이라 불리는 냇가를 따라 걷기도 한다. 혈구산에서 이어져 내려온 동쪽산 줄기를 한번 더 넘어가는데 잣나무 가득한 이 고개의 이름을 찬우물고개라 부른다. 고개 너머에는

1

역시 원범과 봉이의 데이트 장소로 알려진 찬우물약수터가 나온다. 이 물을 부부가 나눠 마시면 금슬이 좋아진다는 양념 같은 이야기를 뒤로하고 걷다 보면 철종 외가라 불리는 고택에 도착한다. 당시 이곳에는 원범의 외삼촌이 살고 있었다. 번듯한 사대부 가옥의 형태를 하고 있는데 출발지였던 용흥궁보다 이쪽이 더 위세가 있어 보인다. 귀향살이하던 원범 형제에게 외삼촌은 버팀목이 되는 존재였을 것이고 이 길을 따라 자주 왕래했을 것이다.

　　강화도령의 행적을 따라 걷는 코스는 이곳에서 마무리된다. 동화보다 더 동화 같은 이야기였기에 철종에 관한 이야기는 드라마와 영화로 빈번하게 창작됐다. 어쩌면 이 길은 누군가에게는 심심한 길이었을 테고 이 스토리를 아는 사람에게는 창작물 속 캐릭터를 떠올리며 주인공의 실존 사실을 확인해 가는 흥미진진한 여정이었을 것이다. 동화 속의 이야기는 항상 해피엔딩으로 끝나지만 철종의 첫사랑은 그렇지 못했다. 왕이 된 후에도 철종은 봉이를 그리워했다는데 둘은 다시 이어지지 못한다. 신분의 차이가 워낙 커서 그랬다는데 야사에 의하면 당시 외척 세력이던 안동 김씨에 의해서 봉이가 죽임을 당했다고도 하고 혹자는 철종이 죽은 후 찬우물약수터에서 자살했다고도 한다. 어른들의 잔혹동화 같은 슬픈 엔딩이었던 까닭에 그들의 러브스토리는 길을 걷는 내내 더욱 애잔하게 다가왔던 것인지도 모르겠다.

1 남산을 빠져나오면 논두렁 길로 접어든다.
2 찬우물약수터를 지나면 작은 고개를 하나 더 넘어간다.
3 목적지인 철종 외가.

길머리에 들고 나는 법

✦ 자가용

용흥궁 공영주차장(강화군 강화읍 관청리405)에 주차한다. 주차비 1일 6,000원.

✦ 대중교통

갈 때 신촌현대백화점에서 3000번 광역버스가 합정, 발산, 마곡, 개화를 거쳐 강화터미널로 운행한다. 신촌 기준 1시간 45분 소요. 이 버스가 지나지 않는 지역에서 출발한다면 김포에서 1회 환승. 터미널에서 용흥궁까지는 도보 20분 거리.

올 때 철종 외가에서 500m 거리에 있는 대장간마을 정류장에서 읍내로 군내버스가 수시로 운행한다. 용흥궁 주차장으로 간다면 수협에서 하차하고 터미널로 간다면 강화행복센터에서 하차 후 도보로 이동한다.

궁리하다

강화읍성을 둘러볼 때는 강화원도심 도보해설투어에 참여하자.

강화군 문화관광해설사가 진행하는 투어프로그램으로 하루에 2회 10:30, 13:30에 진행된다. 집결지는 용흥궁 해설사 대기소(강화읍 동문안길21번길 16-1)이고 참가비는 무료. 1시간 20분 소요. 용흥궁-성공회성당-독립만세비-고려궁지-노동사목 표지석-이화견직-김상용순절비 순서로 돌아본다. 신청은 네이버 예약을 통해서 한다. '용흥궁 해설사 대기소'로 검색. 오전에 원도심 투어에 참여하고 점심 식사를 한 뒤 오후에 첫사랑길을 걷는 것도 좋은 방법이다.

길라잡이

안내표지 있음, 네이버지도, 두루누비 비상 경로 표시 있음(강화나들길 14코스), 사적지 내 반려견 동반 금지

강화읍성 내 사적지와 강화도령 첫사랑길을 연계해서 걷는 코스다. 주요 사적이 공영주차장 주변에 모여 있어 둘러보기 편하다. 용흥궁-성공회성당-고려궁지 순서로 돌아보고 14코스를 걷는 여정을 시작하면 된다. 조양방직은 경로에

서 벗어나 있으나 한옥관광안내소에서 400m 거리로 그다지 멀지 않다. 마을과 산길을 번갈아가며 통과하는 코스라 경로가 한눈에 명확하게 들어오는 트레일은 아니다. 지도 어플에 경로를 띄워놓고 현재의 위치를 확인하며 따라가는 방법을 추천한다. 초반 남산과 후반 작은 고개를 넘어가는 산길이 오르막일 뿐 난이도가 부담스럽지는 않다.

식사와 보급

계속해서 민가를 지나가지만 읍내를 벗어나면 보급이나 식사를 해결할 만한 곳이 의외로 없다. 출발지 인근에 있는 **서문김밥**(032-933-2931, 강화군 강화읍 강화대로 430번길2-1) 당근밥으로 만드는 서문김밥(3,500원)이 유명하다. 출발할 때 챙겨가면 좋다. 읍내에는 돼지갈비와 새우젓을 넣어 끓여내는 젓국갈비가 유명하다. **신아리랑식당**(032-933-2025, 강화군 강화읍 강화대로 409번길4-3) 그중 한곳이다. 젓국갈비+굴밥 세트(40,000원/2인)가 유명. **조양방직**(0507-1307-2192, 강화군 강화읍 향나무5번길 12) 방직공장을 리모델링해서 만든 레트로 감성 카페다. 아메리카노 7,000원.

탐방가이드

용흥궁 안내소에서 문화관광해설사가 상주하고 있다. 근무 시간은 10:00~17:00이며 현장에서 요청 시 해설을 들을 수 있다. 문의 032-930-3568 | 강화군 문화관광 홈페이지 www.ganghwa.go.kr/open_content/tour 참고 | 용흥궁, 성공회 성당은 관람료가 없으나 고려궁지는 입장료 성인 1,200원

걷는 거리는
총 **10.6**km이고

상승 고도는 **344**m로
인왕산을 오르는 것과
비슷하며

그중 가장 높은 곳은
해발 **209**m의 남산
남암문이다.

고도표

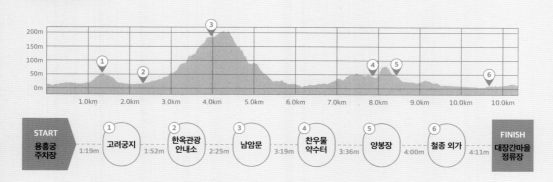

길에서 만나는 믿음과 성찰

종교 성지 순례길

PART 4

한국의 산티아고를 걷는 길

가톨릭 성지 순례

조선 최초의 신부가 된 스물넷 청년의 꿈,
청년김대건길

조선의 카타콤바를 찾아가는,
버그내 순례길

정약용과 약전, 약종 형제들의 고향 마재마을을 둘러보는,
다산길 2코스

갯바위에 내려앉은 신앙과 모정,
제주올레길 하추자도 구간

RELIGIOUS PILGRIMAGE ROU

조선 최초의 신부가 된 스물넷 청년의 꿈,

청년김대건길

은이성지에서   미리내성지까지

은이성지 김가항성당은 김대건 신부가 1845년
사제 서품을 받은 상해의 성당을 복원한 것이다.

"스물넷 청년과 열일곱 소년의
사연을 따라 걷는다. 마침내 도착한
목적지에서 눈시울이 자연스럽게
붉어진다. 묵직한 울림을 갈구하는
순례자들에게 이 길을 걸어보라
말하고 싶다."

모두 **25,272보**를 걷게 되며

3시간 **30**분이 걸리고

41분 동안은 꽤 고됐던
은근히 힘든 여정

363

한국인 최초로 사제 서품을 받은 김대건 신부는 유네스코에서 세계기념인물로 꼽을 만큼 유명한 사람이지만 나이 지긋한 신부님의 이미지와는 무척 다르다. 그는 불과 스물넷에 신부가 됐고 이듬해에 순교했다. 김대건 안드레아는 아주 젊은 신부였으며 너무 짧았던 사제의 삶을 마치고 세상을 떠난 조선의 청년이었다. 성지 순례길을 걷는 이유는 각자 다르겠지만 청년김대건길을 걷는다는 것은 청년 신부의 짧았던 삶의 궤적을 확인해 가는 여정이다.

종교적으로 의미가 있는 장소를 성지sanctuary라고 부른다. 김대건 신부는 그와 관련된 모든 장소가 천주교 성지로 지정돼 있다. 그는 솔뫼성지에서 태어나 은이성지에서 세례를 받았으며 사제가 되고 은이성지로 돌아와 사목 활동을 했다. 그 후 새남터성지에서 순교한 뒤 그의 시신은 왜고개성지에 잠시 안치됐다가 미리내성지로 이장됐다. 청년김대건길은 은이성지에서 미리내성지까지 연결되는 순례길을 말한다. 김대건 신부는 이 길을 살아생전에도 걸어 다녔고 죽어서도 갔다. 물론 죽은 뒤에는 그를 믿고 따르던 교우 이민식 빈센치오가 그의 다리가 되었다.

은이성지에 도착하면 새하얀 성당이 눈에 들어온다. '천주당天主堂'이란 한자 명패가 걸려 있는 이 독특한 성당은 김대건 신부가 사제 서품을 받았던 상해성당을 그대로 복원해서 만든 김가항성당이다. 성당 건물은 그 존재만으로도 주변을 거룩하게 만드는 힘을 느낄 수 있는데 이곳 역시 예외는 아니다. 그는 이곳에서 세례를 받은 후 모방 신부의 눈에 들어 사제 수업을 받기 위해 열여섯에 마카오로 유학을 떠난다. 스물네 살에 신부가 돼 돌아온 청년은 은이성지를 중심으로 주변의 신앙촌과 공소를 돌아다니며 사목 활동을 시작한다. 이 외진 산골에 갓을 쓰고 상투를 튼 최초의 조선인 신부가 나타난 것이다. 그는 미리내로, 한덕골로, 고초골로 그리고 골배마실로 주변의 골

1 은이성지는 청년김대건길의 출발지다.
2 순례길에서 거치는 와우정사의 황금불두상.
3 은이계곡을 따라 걷는 순례길은 마을길을 걷듯 편안하다.
4 십자가의 길 예수상.

짜기를 누비고 다녔다. 이 길 위에서는 열렬한 신앙심과 투철한 사명감으로 불타올랐던 20대 청년 신부의 열정이 느껴지는 듯하다.

'은이'는 숨어 있는 마을을 뜻한다. 천주교 탄압으로 신자들이 숨어들어와 교우촌이 형성된 지역이지만 예상외로 산세는 거칠지 않고 부드럽다. 순례길은 은이계곡의 물줄기를 따라 올라간다. 분명 계곡 상류로 올라가는 길이지만 임도를 따라 걷는 순례길은 나지막한 뒷산을 걷는 양 편안하다. 처음 가는 길을 걷고 있지만 낯설다는 느낌보다는 순례길을 걷는다는 소명의식 탓에 더욱 편안하게 느껴지는지도 모른다. 미리내로 가기 위해서는 세 개의 고개를 넘어가야 하는데 이를 삼덕고개라 부른다. 첫 번째로 만나는 고개 정상에는 신信덕고개란 표지석이 세워져 있다. 천주교에서 말하는 주님을 향한 세 가지 마음 중 그 첫째인 믿음이다. 김대건 신부 생전에는 사목 활동으로 넘나들던 고갯길이었지만 사후에는 그의 시신이 옮겨진 길이었다. 이곳에서부터는 김대건 신부의 발자취 위로 이민식 빈센치오의 고행의 발걸음이 겹쳐진다.

김대건 신부는 이곳에 돌아온 지 13개월 만에 새남터성지에서 순교한다. 미리내에 살고 있던 신자 이민식은 40여 일이 지나서야 간신히 신부의 시신을 수습할 수 있었다. 그는 시신을 안고 업은 채 닷새에 걸쳐 150리 길을 걸어갔다. 당시 그는 17세에 불과했지만 사람들의 시선을 피해서 주로 밤에만 산길을 따라 이동했다. 그와 김대건 신부와의 관계는 정확하게 알지 못한다. 공소에서 처음 만난 조선인 신부는 이 산골 소년에게는 사제를 넘어 영웅이자 우상 같은 존재였을 것이다. 김대건 신부는 사제이기 이전에 일찌감치 신문물을 접하고 5개 국어를 구사했던 글로벌 인재였다. 머리가 떨어져 나간 채 싸늘하게 식어버린 신부의 시신을 업고 은이마을에 도착한 소년의 마음이 어땠을지 상상이 되지 않는다. 그는 공소에 도착했지만 신부

를 이곳에 안장하지 않는다. 그는 시신을 자신의 선산에 모시기 위해서 30리 길을 더 걸어간다. 목적지로 가기 위해서는 고개를 두 개 더 넘어야 한다. 순례길은 마을로, 도로로, 산길로 이리저리 돌아가며 이어지지만 이때부터는 주변의 경관은 눈에 잘 들어오지 않는다. 한시라도 빨리 조상님이 계신 선산에 신부님을 고이 묻어주고 싶었던 한 소년의 애달픈 마음만이 느껴질 뿐이다.

마지막으로 애덕고개를 넘어가면 목적지인 미리내성지에 도착한다. 은이성지보다 훨씬 넓고 거대한 규모지만 제일 먼저 찾게 되는 것은 김대건 신부의 묘다. 그들이 무사히 도착했는지 순례길을 걷는 내내 궁금했던 까닭이다. 신부는 성지 가장 안쪽에 그의 어머니를 비롯한 다른 성인들과 함께 모셔져 있다. 그의 묘에서 얼마 떨어지지 않은 자리에는 신자 이민식의 무덤도 위치하고 있다. 그는 94세까지 천수를 누렸지만 죽어서 김대건 신부 곁에 묻히기를 희망했다. 나란히 묻혀 있는 청년과 소년의 묘를 보고 나서야 비로소 마음이 놓인다. 그들은 비록 이승에서는 짧게 만났지만 저승에서 다시 만나 영원한 삶을 누렸을 것이다.

1 성김대건안드레아신부기
  념성당.
2 성김대건안드레아신부기
  념성당 실내.
3 성김대건안드레아신부 묘소.
4 이민식 빈센치오의 묘소.

길머리에 들고 나는 법

✦ 자가용

은이성지 주차장에서 출발하고 돌아올 때는 셔틀버스를 이용한다. 토요일에만 은이성지와 미리내성지를 왕복하는 셔틀이 운행된다. 주차료, 입장료 무료, 셔틀버스 5,000원.

✦ 대중교통

갈 때 서울고속버스터미널에서 용인터미널까지 약 40분 간격으로 차편이 있다. 터미널에서 은이성지까지는 버스를 이용한다. 10번 버스는 배차 간격은 짧으나 성지 입구에서 내려 2km 도보로 이동해야 한다. 84-1번은 성지까지 들어가지만 배차 간격이 2시간 이상으로 길다.

올 때 안성터미널까지 버스나 택시로 이동해야 한다. 버스는 오후 기준으로 13:50, 14:00, 17:05, 19:15, 19:10, 20:10, 21:25에 차편이 있다. 터미널까지 택시 요금은 25,000원 정도.

궁리하다

토요일에는 대중교통 이용이 가장 편리하다. 미리내성지에서 하루 2번 출발하는 셔틀버스 시간에 맞춰 계획을 짠다. 승차권은 성지 사무실에서 현금으로만 구입, 천주교 신자가 아니라도 이용 가능.

✦ 네 번째 토요일에는 미리내 발 15:50, 은이 발 17:00 차편은 운행하지 않는다.

✦ 문의 미리내성지 031-674-1256~7, 은이성지 031-338-1702

출발지	시간	도착지	시간
미리내	**13:30**	은이	14:30
은이	14:40	미리내	15:40
미리내	**15:50***	은이	16:50
은이	**17:00***	미리내	18:00

길라잡이

안내표지 있음, 네이버지도, 두루누비상 경로 표시됨, 성지 안쪽은 반려견 동반불가

청년김대건길의 공식 거리는 10.3km지만 대중교통을 이용해 성지 입구에서 출발할 경우 총 거리는 14.5km로 늘어난다. 기본적으로 산길과 마을길을 이어서 조성된 트레일이지만 신덕고개와 망덕고개를 넘어갈 때마다 짧지만 인도 구분이 없는 지방도를 이용하거나 횡단해야 하기 때문에 주의가 필요하다.

길이 가장 헷갈리는 구간이기도 하다. 해발 300m 정도의 고개 세 곳을 넘어가는데 암릉 구간을 통과하는 거친 구간은 없다. 가장 높은 오르막길은 두 번째로 넘어가게 되는 망덕고개다.

식사와 보급

이동 경로상에는 와우정사 주변에 식당이 몇 곳 자리 잡고 있다. 이곳을 제외하면 식사할 만한 곳을 찾기 쉽지 않다. **수벌산산채비빔밥**(031-526-9811, 용인시 처인구 해곡로25-6) 산채비빔밥(11,000원)을 판매한다. 용인터미널에서 도보 10분 거리에 용인중앙시장이 위치한다.

순대의 고장 백암면과 이웃하고 있는 만큼 이곳에도 순대거리가 형성돼 있다. **용인순대**(031-332-9615, 용인시 처인구 용문로188) 순대국밥(9,000원) 판매. 상설 시장 주변으로는 5일, 10일마다 오일장도 선다.

탐방가이드

은이성지 기도의 숲 초입에 **문화관광해설사의 집**이 있다. 용인특례시청 문화관광포털 홈페이지www.yongin.go.kr/yitour/index.do 참고 | 매주 월요일 휴무 | 운영 10:00~17:00 | 은이성지 미사 시간 오전 11시(월요일 제외) | 3~11월 매월 넷째 주 토요일 청년김대건길 도보순례 프로그램 진행, 은이성지 홈페이지www.euni.kr 참고 미리내성지에도 문화관광해설사가 상주한다. 안성문화관광 홈페이지www.anseong.go.kr/tour/main.do 참고 | 매주 월요일 휴무 | 문의 031-674-1256 | 미리내성지 순례 프로그램 진행, 미리내성지 홈페이지www.mirinai.or.kr 참고

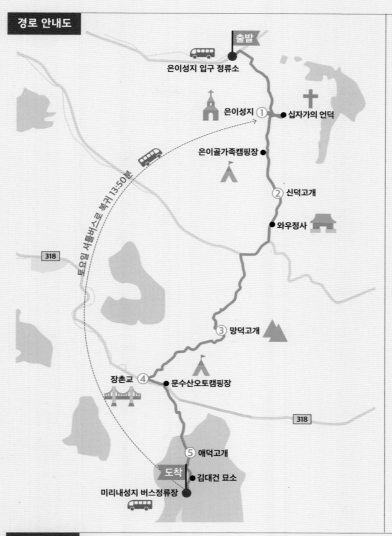

은이성지 입구 정류소

출발

은이성지 ①

십자가의 언덕

은이골가족캠핑장

② 신덕고개

와우정사

토요일 서울버스로 복귀 13:50분

318

③ 망덕고개

장촌교 ④

문수산오토캠핑장

318

⑤ 애덕고개

도착

김대건 묘소

미리내성지 버스정류장

걷는 거리는
총 **14.5**km이고

상승 고도는 **545**m에
달하며 이는 불암산을
오르는 것과 비슷한데

그중 가장 높은 곳은
해발 **315**m에 있는
망덕고개다.

고도표

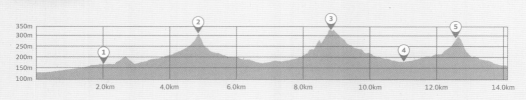

가톨릭 성지 순례

조선의 카타콤바를 찾아가는,

버그내 순례길

솔뫼성지에서   신리성지까지 →

산도 아니고 들도 아닌 비산비야(非山非野)의 지대에 조선의 비밀교회였던 신리성지가 자리 잡고 있다.

"드넓은 내포평야에서 순교의 흔적을 더듬어본다. 무엇 때문에 이리도 많이 죽었을까? 목가적인 풍경 속에 스며 있는 슬픔이 다시 한번 마음으로 저며든다."

모두 **25,448보**를 걷게 되며

4시간 20분이 걸리고

고강도 운동은 **2분** 내외로 오르막은 거의 없었던 여정

산티아고 순례길은 익숙해도 버그내 순례길은 낯설다. 천주교와 관련된 성지 순례길을 생각하면 주로 이스라엘이나 유럽을 떠올리겠지만 우리나라에도 그에 못지않은 순례길이 존재한다. 물론 천주교 신자가 아닌 일반인에게도 걷고 싶은 길이 되기 위해서는 종교적인 의미뿐만 아니라 주변 경관이나 분위기 같은 외적인 요소도 어느 정도 필요하다. 버그내 순례길은 그런 관점에서 양쪽이 잘 믹스돼 있는 코스라고 말할 수 있겠다.

순례길의 출발지는 솔뫼성지다. 소나무산이라 이름 붙여진 이곳은 김대건 신부의 생가 터에 조성된 성지다. 이곳은 2014년에 프란치스코 교황이 방문하면서 대중에게 알려졌다. 최초의 한국인 사제 탄생을 예우하듯 주변은 성역화가 돼 말끔하게 단장됐다. 이곳에는 김대건 신부 집안의 순교 내력이 담겨 있다. 김대건 신부는 물론이고 그의 증조부, 작은 할아버지, 아버지까지 4대에 걸친 천주교 신자 집안이었으며 그들 모두 믿음을 지키다가 순교했다. 신앙의 불모지에서 최초의 신부가 탄생하기까지는 3대에 걸친 순교가 밑거름이 돼야만 했던 모양이다. 그 결실마저 새남터에서 형장의 이슬이 돼 사라져버렸으니 이들 가문의 믿음의 깊이와 단단함은 감히 가늠조차 하지 못하겠다. 여느 순례길이 그러하듯 도착지인 신리성지에서 여정의 클라이막스에 다다를 것이라는 예측과 달리 시작부터 강렬한 사연을 안고 걸음을 시작한다.

버그내는 합덕을 이르는 옛말이자 삽교천으로 흘러가는 물길을 뜻한다. 삽교천 하류에 위치한 이 지역은 예당평야의 일부인 소들평야로 부르기도 한다. 이런 까닭에 길을 걷는 내내 오르막 한 곳 없는 탁 트인 평야를 걸어가게 된다. 산티아고에서는 조개 모양의 문양을 따라 가지만 이곳에서는 물고기 모양이 안내자가 된다. 이 표식을 따라가다 보면 합덕제에 들어선다. 지금은 연꽃 가득한 공원이지만

1 2014년 프란치스코 교황이 솔뫼성지에 방문했다.
2 합덕성당으로 가는 길은 마을과 농로를 가로지른다.
3 솔뫼성지는 한국 최초의 사제 성 김대건 안드레아 신부가 탄생한 곳이다.
4 합덕제 제방길은 봄이면 벚꽃터널로 변한다.

과거에는 이 비옥한 땅에 물을 대주던 조선의 3대 저수지 중 한 곳이었다. 신작로같이 시원하게 뚫린 방파제길을 따라 걷다 보면 합덕성당에 도착한다. 정면에 솟아오른 두 개의 첨탑은 마치 두 팔 벌려 순례객을 맞아주는 듯하다. 예당평야에서 만나는 고딕 양식의 성당은 그 존재감이 아주 또렷하다. 붉은색과 회색의 벽돌을 쌓아 만든 본당 건물은 1929년 프랑스에서 온 페랭 신부가 세운 것이다. 그는 이곳의 본당 신부로 일했으나 6.25전쟁 때 공산군에 의해서 순교한다. 버그내 순례길은 이런 식이다. 평화로워 보이는 목가적인 풍경이 펼쳐지면서 그 안에 담겨 있는 순교의 아픔을 담담하게 풀어놓는다. 죽음은 분명 비극적인 사실이지만 그들에게 죽음은 끝이 아닌 영원한 삶을 의미하기에 그들이 토해내는 슬픔은 절제돼 있다. 순교의 장면은 이 길을 걷는 내내 끊이지 않고 이어진다. 원시장, 원시보의 우물에서도 무명 순교자의 묘소에서도 최종 목적지인 신리성지에서도 죽음에 관한 슬픈 이야기가 절제된 톤으로 우리에게 전해진다.

신리성지에 도착하기 직전 무명 순교자의 묘소에 도착한다. 멀끔하게 단장돼 있는 다른 곳과 달리 녹슨 안내판만이 이곳이 순교자들의 무덤임을 알려준다. '목이 없는 시신 32구', '손자선 가족 순교자의 묘 14기' 합장된 봉분 앞에 이름 없이 꽂혀 있는 나무십자가가

1 합덕제에서 자전거를 타는 사람들.
2 묘비도 없는 무명 순교자의 묘소
3 합덕성당의 풍경.

더욱 쓸쓸하다. 신리에서는 또 어떤 일이 벌어졌던 것일까? 성전의 현장을 찾아가는 심정으로 목적지를 향해 발걸음을 내디딘다.

멀리서 보이는 신리성지는 나지막한 언덕 위에 첨탑 같은 건물이 세워져 있다. 고딕 양식의 건물은 아니지만 설계자는 등대 같은 이정표의 형상을 구현하고 싶었던 것 같다. 신리성지 주변으로는 삽교천이 흐른다. 이 지역은 더 크게 보면 내포 지역의 중심이기도 하다. 내포內浦는 육지 속에 있는 포구를 말한다. 삽교천 방조제가 없던 시절에는 서해에서 이곳까지 배를 타고 들어올 수 있었다. 평범해 보이는 이 농촌 마을은 중국의 파리외방전교회와 연결돼 있는 선교사들의 비밀 입국 루트였다. 이런 이유로 이곳에는 조선의 카타콤바(로마 시대 비밀교회)로 불리는 최대 규모의 교우촌이 형성돼 있었다. 당시 400여 명에 달하는 신리마을 사람 전부가 신자였다고 한다. 중국에서 온 프랑스 선교사가 도착할 때쯤이면 마을 사람 모두 포구로 나와 열렬히 반겼다고 하니 이 외진 마을은 뜨거웠던 천주교 전파의 최전선이었던 셈이다. 1866년 병인박해로 많은 신도가 체포되고 순교했다. 앞서 들렀던 무명 순교자의 묘소도 그 여파의 증언인 셈이다.

중간중간에 마주한 성지의 모습은 화려하지는 않지만 그곳이 품고 있는 순교의 이야기는 불쑥불쑥 튀어 오르며 가슴을 여민다. 절제된 슬픔의 기록 탓에 감정이 북받치지는 않았지만 그 여운을 오래도록 곱씹게 만드는 순례길이었다.

길머리에 들고 나는 법

✦ 자가용

솔뫼성지에 주차하고 돌아올 때는 버스나 택시를 이용한다. 주차료, 입장료, 셔틀버스 없음.

✦ 대중교통

갈 때　서울남부터미널에서 당진합덕터미널로 하루 8회 차편이 운행된다. 첫차는 06:38, 1시간 40분 소요. 합덕터미널에서 솔뫼성지까지는 버스로 3정거장, 도보 15분 거리. 배차 간격은 1일 총 7회.

올 때　신리성지에서 터미널까지 버스는 오후 시간 기준으로 14:05, 16:10, 17:10, 20:30에 있다. 택시 요금은 12,000원 정도.

궁리하다

버그내 순례길 구간에는 당진시에서 운영하는 스탬프 투어가 있다. 참여 방법은 솔뫼성지 해설사의 집에서 스탬프북을 수령해서 거점마다 설치된 도장을 찍으면 된다. 순례길을 완주하면 기념 배지를 준다. 모바일에서 '버그내순례길' 어플을 다운받아서 참여할 수도 있다. 아이폰은 불가하고 안드로이드만 가능하다.

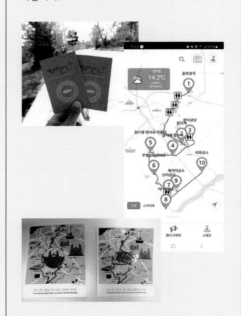

길라잡이

안내표지 있음, 네이버지도상 경로 표시, 성지 구역을 제외한 외부는 반려견 동반가능

탁 트인 들판을 걷는 코스다. 14km를 걷는 동안 그늘이 있는 구간은 거의 없다. 하절기에는 모자, 팔토시, 선크림 등은 필수다. 오르막이라고 할 만한 구간이 없기 때문에 난이도는 평이하나 계속 같은 풍경이 반복돼 지치게 만드는 코스다. 특히 합덕제에서 합덕성당으로 들어갔다 돌아 나오는 구간도 번거롭게 느껴진다. 합덕제 수변공원 구간을 통과할 때도 둑방길, 아래길 등으로 여러 갈래 나눠지지만 어떤 길로 걷던 성당으로 가게 된다.

식사와 보급

합덕 읍내를 벗어나면 식사는 물론이고 보급받을 곳이 전혀 없다. 식수는 충분하게 챙겨서 움직이는 것이 좋다. **길목**(041-363-5505, 당진시 우강면 덕평로616) 순례객이 애용하는 솔뫼성지 인근 식당이다. 서리태 콩탕과 수육이 나오는 꺼먹지 정식(15,000원/2인 이상 주문 가능)이 대표 메뉴다. 솔뫼성지 주차장에는 카페와 밤빵(중 5,000원)을 파는 빵집이 영업한다. 간식으로 챙겨도 좋다.

탐방가이드

솔뫼성지 입구에 **문화관광해설사의 집**이 있다. 당진문화관광 홈페이지www.dangjin.go.kr/tour.do 참고. 매주 월요일 휴무이며 10:00~17:00 운영된다. 이와 별도로 천주교에서 진행하는 성지 순례 프로그램과 단체 식당도 있다. 솔뫼성지 홈페이지www.solmoe.or.kr 참고(041-362-5021). 미사는 매일 오전 7시, 11시에 있다.

십자가의 언덕
출발
솔뫼성지
70
길목
① 합덕터미널
② 합덕시장
70
615
70
622
③ 합덕성당
원시장·원시보의 묘
④
무명 순교자의 묘 ⑤
32
도착
신리성지
버스정류장

걷는 거리는
총 **14.5**km이고

상승 고도는 **120**m에
불과한데 이는 거의
평지를 걷는 것이며

칼로리 소모는
1,197kcal에 달하여
지구력이 요구되는
코스다.

고도표

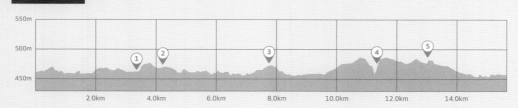

START
솔뫼성지 ---1:19m--- ① 합덕터미널 ---1:35m--- ② 합덕시장 ---2:26m--- ③ 합덕성당 ---3:19m--- ④ 원시장·원시보의 묘 ---3:40m--- ⑤ 무명 순교자의 묘 ---4:20m--- FINISH 신리성지

가톨릭 성지 순례

정약용과 약전, 약종 형제들의 고향 마재마을을 둘러보는,

다산길 2코스

능내역에서 　　　　　　　　　 다산유적지를 거쳐 　　　　　　　　　 마재성당까지

마재마을은 북한강과 남한강 그리고 경안천이 만나 휘감아 돌아가는 세물머리다.

"천재들의 고향, 마재마을에는 뭔가 특별한 것이 있다. 한강이 휘감아 돌아가는 이곳에는 항상 청명한 기운이 가득하다. 마을 한편에 자리 잡은 성가정성지는 숨어 있는 보석과도 같다."

모두 **7,898보**를 걷게 되며

2시간 5분이 걸리고

고강도 운동은 **3분** 내외의 산책 같았던 여정

별호別號, 또는 호라 불리는 것은 이름 외에 따로 지어 부르는 별명을 뜻한다. 조선 시대 선비들은 대부분 호를 사용했는데 스스로 만들어 쓰기도 했고 주변 사람이 붙여주기도 했다. 재주 많고 덕망 높은 사람일수록 사용하는 별호가 많았다고 한다. 성리학의 대가였던 정약용 선생은 그 명성과 재주에 걸맞게 20개가 넘는 별호를 사용했다. 호라는 것은 자신을 투영하는 분신과 같은 상징성을 갖기에 시기별로 사용했던 별호를 보면 당시 선생이 처했던 상황을 조금이나마 이해할 수 있는 단서가 된다.

선생의 별호 중에서도 대중에게 널리 알려진 것은 강진에서 18년간 유배 생활 기간에 사용했던 다산茶山이다. 정약용을 대표하는 일종의 브랜드가 된 셈인데 선생은 차를 좋아했을 뿐만 아니라 머물렀던 만덕산 기슭에 차가 많이 자라기도 했던 까닭이다. 유배를 끝내고 고향 남양주 능내리로 돌아온 선생은 주로 열수洌水라는 호를 사용했다. 열수는 한강을 이르는 옛말로 해배 이후 자신을 열수옹, 열수산인이라 칭하며 고향에 대한 애정을 드러내곤 했다.

마재옛길, 또는 다산길 2코스로 불리는 걷기길은 정약용 선생을 비롯해 정약현, 정약전, 정약종까지 걸출한 4형제를 배출한 명문가의 자취를 둘러보는 길이자 다산에서 열수옹, 한강변의 노인으로 되돌아온 정약용 선생의 노년을 엿보는 길이다. 엄밀히 말하면 이 길은 다산길보다는 열수길로 고쳐 부르는 것이 더 안성맞춤이겠다. 마재마을은 선생 고향의 옛이름이다. 현재는 능내연꽃마을이라는 별칭을 갖고 있다. 팔당댐이 생기면서 느려진 물길 덕에 물가 주변에는 연꽃이 군락을 이루며 자란다. 지척에 있는 세미원의 규모에 비할 바는 아니지만 인적이 드문 탓에 연꽃과 어울리는 호젓한 분위기는 이쪽이 오히려 한 수 위다. 두물머리에서 남한강과 북한강이 합쳐진 한강 줄기는 선생의 고향마을 앞에서 다시 한번 경안천과 합류하며 더욱

1 마재마을로 가기 위해서는 다솜울타리라 불리는 초록 터널을 지나야 한다.

2 수변길에서는 팔당댐이 마주 보인다.

3 토끼섬 주변은 인적이 드물고 고요하다.

4 소래나루 전망대는 나지막하다.

5 정약용 생가.

6 다산의 생가에는 여유당이란 당호가 붙어 있다.

7 성 정하상 바오로와 가족의 초상.

세를 키운다. 팔당댐이 없던 때도 이곳을 휘감고 흘러가는 물길은 장대했을 것이다. 한강변을 따라 오고 가던 중앙선 옛 철길도 이곳에서는 물과 떨어져서 양수리로 직행한다. 유원지 같은 분위기의 능내역을 벗어나면 주변은 금세 고요해진다. 철길, 찻길, 자전거길에서 떨어져 있는 관계로 단언컨대 한강 주변의 수변길 중에서도 가장 조용하다. 경안천 물길이 들어오는 것이 마주 보이는 자리에 위치한 고요한 동네 분위기도 정씨 형제의 면학 분위기에 분명 영향을 미쳤을 것 같다. 머리가 청명해지고 생각이 깊어지는 차분한 기운은 마을을 걷는 내내 주변을 맴돌고 있다.

생태공원을 지나 마을로 접어들면 얼마 지나지 않아 선생의 생가에 도달한다. 생가 주변은 선생의 업적에 걸맞게 실학박물관과 기념관, 그리고 문화관 등으로 이루어져 있다. 이곳에서는 생가의 당호이자 선생의 또 다른 별호로 쓰였던 '여유당'이라는 현판 속의 세 글자와 마주한다. 한강의 물줄기같이 천천히 흐르는 여유餘裕를 가지라는 뜻을 의미하는 줄로만 알았다. 선생은 관직을 내려놓고 고향으로 돌아온 다음 당호를 지을 때 "여與여! 겨울의 냇물을 건너는 듯하고, 유猶여! 사방을 두려워하는 듯 하거라"라는 노자의 말을 타산지석으로 삼았다고 한다. 당쟁과 정적의 모함이 극심해지던 시기라 사납고 혐오스러운 세상을 체념했던 선생의 심경이 묻어나는 듯하다.

1

열수의 생가를 벗어나면 말이 넘어다니던 고개, 마재라 불리던 나지막한 고개를 넘어간다. 내리막길을 걷다 보면 한옥 건물과 아담한 정원이 눈에 띄는 소박한 성당에 도착한다. 이곳은 순교한 정약용의 형, 정약종 아우구스티노와 그의 가족을 기리기 위해서 조성된 천주교 성지다. 천주교를 서학으로만 받아들였던 다른 형제와 달리 정약종은 세례를 받고 믿음에 귀의한다. 그는 명도회라는 평신도 단체를 만들어 전교에 힘썼으며 최초의 한글 교리서를 편찬했다. 그를 비롯해 그의 아내 류씨와 아들 정철상, 정하상, 딸 정정혜는 모두 신유박해와 기유박해를 거치며 순교했다. 그들 다섯 명은 한국 천주교 역사에 있어 가장 큰 족적을 남긴 가족이 됐다. 성지에서 몇 걸음만 떼면 다시 출발지였던 능내역에 도착한다.

팔당호를 끼고 도는 걷기길은 평온하고 고요하나 이 길에서 마주한 정약용과 형제들의 운명은 그러하지 못했다. 그는 모든 것을 내려놓고 고향으로 돌아갔으나 선생과 둘째 형 약전은 유배형에 처해졌고 셋째 형 약종과 조카 철상은 형장의 이슬로 사라졌다. 그는 해배된 지 14년 뒤 칠순을 이틀 앞두고 여유당에서 세상을 떠났고 생가 뒤에 묻혔다. 천주교 신자의 입장에서 이 길은 천주교 성인으로 시복, 시성된 정약종 일가의 발자취를 따라가는 순례길이 되는 것이다.

1 마재성지는 여느 곳과 달리 아담하다.
2 마재성지 한옥성당에서는 매일 미사가 봉헌된다.
3 출발지인 능내역.
4 하늘에서 내려다본 정약용 생가.

길머리에 들고 나는 법

◆ 자가용

능내역 옆에 있는 주차장을 이용한다. 네비 검색 시 '능내역레일바이크주차장'으로 검색한다. 인근 토끼섬카페 옆에도 공터가 있다. 주소는 남양주시 조안면 능내리 233. 두 곳 모두 주차료 무료.

◆ 대중교통

팔당역에서 능내역으로 운행하는 58-3번 일반, 63번 마을버스가 있으나 배차 간격이 길다.

궁리하다

이 주변이 초행이라면 경기옛길 평해길 3코스(정약용길, 마재옛길)를 걸어보자. 평해길 3코스는 팔당역에서 출발해 남한강 자전거길을 따라 능내역까지 이동하고 다산길 2코스를 둘러본 뒤 다시 자전거길을 따라 운길산역에 도착해서 마무리된다. 대중교통 이용 시 고려해 볼 만하다. 해당 구간의 자전거길은 인도가 구분돼 있고 경관이 수려한지라 걸어볼 만하다. 총 거리는 12.9km, 소요 시간은 4시간, 난이도는 쉽다.

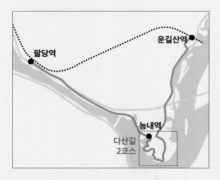

길라잡이

안내표지 있음, 네이버지도, 두루누비상 경로 표시됨(경기옛길 평해길 3코스), 반려견은 성당과 유적지 출입 불가, 나머지는 동반 가능

안내표지는 잘돼 있는데 같은 길을 부르는 이름이 너무 많아서 오히려 헷갈린다. 능내역에서 출발하면 토끼섬카페까

지 이동한 뒤 주차장 맞은편 길 건너 강변으로 접어들면 된다. 여기까지가 가장 헷갈리는 구간이다. 이후 수변길을 따라 생태공원까지 이동한다. 이곳에서부터는 안내표지에 연연하지 말고 다산유적지-마재성당-능내역 순서로 가면 된다. 성당으로 넘어가는 언덕이 유일한 오르막인데 인도 구분 없는 차도를 걸어야 한다. 차량 통행은 거의 없다.

식사와 보급

식당은 다산유적지 부근에 모여 있다. 능내역 맞은편에 위치한 **역전집**(031-576-8243, 남양주시 조안면 다산로526번길 25-74) 잔치국수(5,000원)나 파전(7,000원) 같은 가벼운 요깃거리를 맛볼 수 있다. 평해길 3코스를 걷는다면 팔당역 쪽에서 옛 철길이 시작되는 지점에 있는 **팔당초계국수 본점**(031-576-0330) 초계국수(11,000원)가 라이더들 사이에서 유명하다. 종착지가 되는 운길산역 주변으로도 식당이 다수 있다.

탐방가이드

정약용유적지 입구에 **문화관광해설사의 집**이 있다. 해설 30분 내외 | 남양주시문화관광 홈페이지www.nyj.go.kr/culture/index.do 참고 | 매주 월요일 휴무 | 운영 10:00~17:00 | 문의 031-590-4766 | 유적지 입장료 무료 | 매주 월요일 휴무 | 마재성지 개방 시간 08:30~16:30, 월요일 휴관 | 별도의 해설 프로그램은 없음 | 미사 시간 매일 11:00

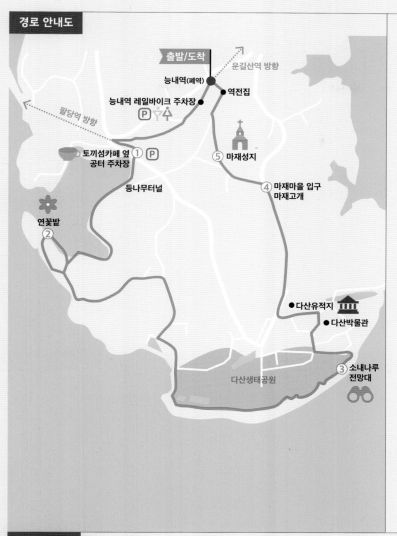

출발/도착

운길산역 방향

능내역(폐역)

역전집

능내역 레일바이크 주차장

팔당역 방향

토끼섬카페 옆 ① P
공터 주차장

⑤ 마재성지

등나무터널

④ 마재마을 입구
마재고개

연꽃밭
②

다산유적지

다산박물관

③ 소내나루
전망대

다산생태공원

걷는 거리는
총 4.9km이고

상승 고도는 108m에
불과한데 이는 거의
평지를 걷는 것이며

가장 높은 곳도
해발 70m에 불과한
가벼운 산책 코스다.

250m								
200m								
150m								
100m	①		②				③	④ ⑤
	0.5km	1.0km	1.5km	2.0km	2.5km	3.0km	3.5km	4.0km	4.5km

START 능내역 — 0:11m — ① 토끼섬카페 옆 공터 — 0:25m — ② 연꽃밭 — 1:12m — ③ 소내나루 전망대 — 1:50m — ④ 마재고개 — 1:55m — ⑤ 마재성지 — 2:05m — FINISH 능내역

갯바위에 내려앉은 신앙과 모정,

제주올레길 하추자도 구간

추자항에서   통곡의 십자가까지

정난주 마리아가 제주도로 귀향 가는 길에 아들 황경한을 놓고 갔던 갯바위에는 통곡의 십자가가 세워져 있다.

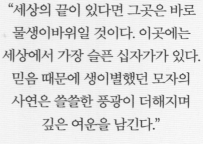

"세상의 끝이 있다면 그곳은 바로 물생이바위일 것이다. 이곳에는 세상에서 가장 슬픈 십자가가 있다. 믿음 때문에 생이별했던 모자의 사연은 쓸쓸한 풍광이 더해지며 깊은 여운을 남긴다."

모두 **27,554보**를 걷게 되며

5시간 23분이 걸리고

36분 간의 고강도 운동을 포함한 만만치 않은 여정

추자도는 전라도와 제주도 사이 제주해협이라 불리는 바다 중간에 위치하고 있다. 행정구역상 제주도에 속하지만 구한말에는 완도에 속한 적도 있다. 예로부터 추자도는 육지에서 제주를 오갈 때 거쳐가는 피항처이자 경유지였다. 이 섬을 거쳐갔던 사람 중에는 남편을 여의고 젖먹이 아들과 함께 제주도로 귀향을 가야 했던 기구한 여인의 이야기도 담겨 있다.

정난주 마리아는 정약용의 큰형 정약현의 딸이다. 남편 황사영 알렉시오는 백서 사건으로 능지처참되고 두 살배기 아들 황경한과 함께 제주 관노로 유배를 간다. 유배길에서 그녀는 집안의 대가 끊어지는 것을 막기 위해 아들을 추자도 갯바위에 놓고 간 것으로 알려져 있다. 아들은 어부인 오씨 내외가 거두어 길렀다고 한다. 이런 연유로 추자도에서는 오씨와 황씨는 결혼하지 않는다. 바람과 파도가 매서운 하추자도의 동쪽 끝자락에는 신앙 때문에 모정을 끊어내야 했던 애절한 사연이 담겨 있다. 그곳에서 자라 천수를 마친 경한은 갯바위가 내려다보이는 절벽 위에 묻혔고 아이가 발견된 장소에는 통곡의 십자가라 불리는 조형물이 설치되었다.

추자도 여행은 상추자와 하추자로 나뉜다. 첫째 날은 탐험가가 돼 상추자를 둘러보고 둘째 날은 순례자가 되어 하추자로 건너가는 것이다. 하도가 상도보다 훨씬 더 크지만 사람은 상도에 더 많고 웬만한 편의시설도 이곳에 다 있다. 항구 주변은 배에서 막 하선한 여행객의 설렘으로 가득하다. 다무래미로 불리는 섬의 북쪽 끝에서 마주한 풍경은 마치 소매물도에서 등대섬으로 넘어가는 열목개 같았다. 이 맑은 바닷물 속에서 투명하게 일렁거리는 몽돌을 본 순간 고된 여정의 피로감은 사라져버리고 답답했던 숨통은 시원스럽게 터진다. 용둠벙 전망대에서 바라본 나바론절벽은 사진보다 더 거대했다. 서풍을 막아주는 해안 절벽은 다른 섬에서도 본 적이 있지만 거의 수직

1 다무래미로 가는 길은 노란색 야생화가 만발하다.
2 다무래미에서는 물이 빠지면 건너편 섬으로 들어갈 수 있다.
3 하늘에서 본 나바론절벽.
4 나바론 하늘길의 풍경.
5 추자등대 가는 길.

으로 깎여 내려가는 긴장감은 가히 최고조다. 그 뾰족한 모서리 끝을 따라 걷는 트레일은 오금이 저릴 정도로 아찔하고 벼랑 끝에서 마주한 망망대해는 눈이 시리도록 푸르다.

　다음 날 하추자로 가는 길은 어제와 달리 쓸쓸하다. 올레길에서 어렵지 않게 마주했던 관광객은 하도에서는 잘 보이지 않는다. 해변가를 위주로 돌아다녔던 어제와 달리 올레길은 돈대산 자락의 호젓한 산길로 순례자들을 밀어 넣는다. 산길을 돌아 나와 신양항에서 다시 바다와 만났지만 제주를 바라보는 남쪽의 먼바다는 북쪽과 달리 거칠다. 상도에 사람이 더 많았던 이유는 이곳에 불어대는 바람과 파도를 보니 알 것 같다.

　섬의 동쪽 끄트머리에 있는 예초리로 들어서면 풍경은 더욱 쓸쓸해지고 얼마 걷지 않아 황경한의 묘지에 도착한다. 그의 묘지와 인근에 있는 통곡의 십자가는 제주올레와 별도로 천주교 순례길로 지정돼 있다. 그가 발견된 물생이바위는 그의 무덤에서 얼마 떨어지지 않은 곳에 있다. 땅줄기가 바다로 삐죽하게 튀어나오고 주변의 파도는 섬의 동쪽 끝자락과 부딪치며 쉴 새 없이 흰색 포말을 일으키며 부서진다. 이곳은 추자도에서도 물살이 빠르기로 유명한 곳이다. 바위에는 철탑 십자가 세워져 있는데 이를 통곡의 십자가라 부른다. 땅끝 끄트머리에 외롭게 서 있는 십자가의 모습은 추자도에서 봤던 어떤 풍경보다도 강렬하다. 십자가가 세워진 갯바위로 내려가는 길은 가파르다. 탐방로는 바위 언저리까지만 만들어져 있다. 십자가가 있는 곳까지 기어이 가보려면 뭐 하나 잡을 곳 없는 맨 바위를 타고 올라야 한다. 세차게 몰아치는 바닷바람이 가뜩이나 휘청거리는 발걸음을 더욱 불안하게 만든다. 그 십자가 바로 아래에는 배냇저고리를 입은 채 발견된 아기의 모형이 만들어져 있다. 이 거친 장소에 아이를 놓고 간 어미의 마음은 어떤 것이었을까? 이렇게 해서라도 자유인으로

1 추자성당의 풍경.
2 황경한의 묘소.
3 정난주 마리아가 제주도로 귀향 가는 길에 아들 황경한을 놓고 갔던 갯바위에는 아기의 모형이 있다.
4 추석산 초입에 있는 엄바위 장승.

살아 남으라는 필사적인 바람이었을까?

　　그녀는 이후 평생을 관노비의 신분으로 살다가 제주 대정읍성에서 생을 마감했다. 모자는 각자 살아갔으나 생전에 한 번도 다시 만나지 못했다. 아이와 함께하지 못한 그녀의 선택이 옳은 것이었는지 의구심을 품는 사람도 있다. 애초부터 황경한의 유배지는 제주가 아니라 추자도였다는 말도 있다. 그녀의 선택이 자의든 타의든 이들 모자에게 있어 당시 천주 신앙과 모정이라는 것은 양립할 수 없는 것이었다. 우리는 이렇게 현세에서 함께하지 못한 그들의 처지를 안타까워하지만 뒤이어 이곳을 찾은 수녀님들은 모자의 영원한 안식을 위한 기도를 올린다. 이승에서 이루지 못한 모자의 정을 내세에서 누리고 있을 것이기 때문이다.

길머리에 들고 나는 법

◆ 추자도 가는 배편

추자도행 여객선은 진도, 해남우수영, 제주항 세 곳에서 출발한다.

출발지	배편	출발 시간	도착 시간	소요 시간	요금	톤수
진도 팽목항	산타모니카	08:00	8:45	45분	38,500	3,321t
해남우수영	퀸스타 2호	14:30	16:00	1시간 30분	38,000	552t
제주항	퀸스타 2호	09:30	10:30	1시간	14,500*	552t

◆ 요금은 평일 편도 이코노미석 기준이며 제주발 배편의 경우 추자도 방문 지원금 50%가 적용된 요금.

◆ 운행 시간과 투입 선박은 변경될 수 있으며 예약 시 씨월드고속훼리 홈페이지www.seaferry.co.kr에서 확인.

궁리하다

상추자도와 하추자도를 모두 보고 나오려면 1박 2일의 일정으로 계획을 잡는 것이 좋다. 이 경우 오후에 출발하는 해남우수영 배편은 선택지에서 제외되고 진도발, 제주발 배편 두 개의 선택만 남는다.

출발지	1일차 출발	1일차 상추자 도착	2일차 상추자 출발	2일차 복귀
진도 팽목항	08:00	08:45	17:35	16:20
제주항	09:30	10:30	16:30	17:30

선택한 배편의 시간에 맞춰서 답사 일정을 짜면 된다. 1일차 상추자, 2일차 하추자를 돌아보는 것이 좋다. 섬 안에는 마을버스가 운행한다. 07:00부터 20:30까지 매시 정각에 상추자항(대서리)에서 출발해 하추자도의 묵리항, 신양항, 예초항 순으로 들어 갔다가 다시 나온다. 요금은 1,000원, 종점인 예초리까지 편도 25분 소요.

길라잡이

안내표지 있음, 네이버지도, 두루누비상 경로 표시됨, 반려견 동반가능

이 책에서 안내하는 코스는 과거 제주올레길 18-1코스를 기본으로 한다. 현재 코스는 예초리를 거쳐 신양항으로 가는 18-1코스와 하추자도 남쪽 끝을 돌아보는 대왕산 황금길이 추가된 18-2코스로 나뉜다. 본 코스는 하추자도 북쪽을 반시계 방향으로 돌아보는 경로이며 길은 신양슈퍼를 지나서 갈라진다. 남쪽 황금길을 돌아보고 신양항으로 가려면 5km 더 걸어야 한다. 이 코스는 남하하지 않고 바로 신양항으로 향한다. 체력과 시간을 고려해 경로를 선택하면 된다. 황경한의 묘를 지나서 북쪽으로 올라가다 보면 우측으로 통곡의 십자가 표지와 만나게 되는데 이곳에서 갯바위 쪽으로 내려간다. 계단은 꽤나 가파르고 십자가로 접근하는 것은 난이도가 있으니 전망 데크에서 관람하는 것을 추천한다.

식사와 보급, 숙박

대부분의 식당과 숙소는 상추자항 인근에 모여 있다. 숙소는 대부분 민박 형태이며 2인 기준 5만 원 선이다. 요청 시 아침과 저녁을 제공하며 1인 10,000원이다. 횟감은 문의하면 별도로 마련해 준다. 항구 맞은편에 있는 **다미네민박**(064-742-9971, 제주시 추자면 추자로32) 평이 좋은 숙소 중한 곳이다. **오동여식당**(064-742-9086) 굴비정식(13,000원), 물회(15,000원)로 식사하기 좋은

곳이다. 인근 **오드리 분식**에서는 김밥(3,000원) 포장이 가능하다. 트레킹 전에 챙겨가자. 하추자도 신양항 주변에도 식당과 카페가 영업하고 있다.

탐방가이드

항구 인근에 **추자도여행자안내센터**(070-4060-0685)가 운영되고 있다. 이곳에서 관광지도와 올레길 안내지도를 구할 수 있다. 올레 패스포트(20,000원)도 판매한다. 운영 08:30~17:00

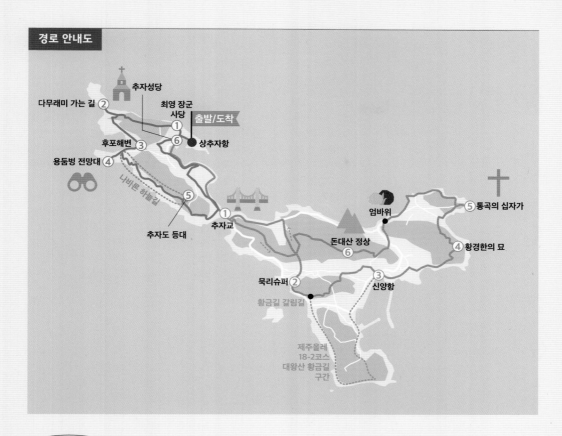

추자성당

다무래미 가는 길 ②

최영 장군
사당
① 출발/도착

⑥ 상추자항

후포해변 ③

용둠벙 전망대 ④

나바론 허릴길

⑤

추자도 등대

추자교 ①

엄바위

⑤ 통곡의 십자가

돈대산 정상
⑥

④ 황경한의 묘

묵리슈퍼 ②

③ 신양항

황금길 갈림길

제주올레
18-2코스
대왕산 황금길
구간

하추자도

걷는 거리는
총 **15.6**km이고

상승 고도는 **596**m에 달하는데 이는
수락산을 오르는 것과 비슷하며

최고봉은 해발 **164**m에
불과한 돈대산으로 업다운이
많은 코스다.

고도표

START 상추자항		① 추자교		② 묵리슈퍼		③ 신양항		④ 황경한의 묘		⑤ 통곡의 십자가		⑥ 돈대산 정상		FINISH 상추자항
	0:22m		0:51m		1:40m		2:40m		2:55m		4:00m		5:23m	

상추자도

 모두 **15,795보**를 걷게 되며

 5시간 15분이 걸리고

 37분 간의 고강도 운동 구간을 포함하고 있어 짧지만 만만치 않은 여정.

 걷는 거리는 총 **9km**이고

 상승 고도는 **334m**에 달하는데 이는 남산을 오르는 것과 비슷하며

 최고봉은 해발 **124m**의 나바론절벽이다.

개요

상추자도의 넓이는 1.3Km² 이고 하추자도는 4.15Km²로 하추자도가 3배 정도 더 크지만 대부분의 관광객은 상추자도에 몰려 있다. 여객선이 드나드는 탓이 크겠지만 이곳에 추자도 관광의 랜드마크라 할 수 있는 나바론절벽이 있기 때문이다. 서고동저의 지형인 상추자도는 서쪽으로 1km 길이의 깎아지른 듯한 절벽이 도열해 있어 장관을 이룬다. 능선의 높이는 해발 100m 정도에 불과하지만 수직으로 떨어지는 기울기와 망망대해의 풍경 탓에 아찔한 경험을 선사한다. 하늘길에서 마주하는 말머리, 거북이 모양의 바위와 등대의 모습도 이국적이다. 섬의 북쪽 끝 맞은편 다무래미로 넘어가는 좁은 해협에서는 간조 시마다 바다 갈라짐 현상이 일어난다. 소매물도 등대섬으로 건너가는 열목개같이 맑은 물속에서 찰랑거리는 자갈이 몽환적인 분위기를 연출한다. 최영 장군이 지나간 길을 기리는 사당과 아담한 추자성당도 섬을 돌아보는 길에 들러야 할 곳이다. 시간은 많고 코스는 길지 않으니 평소보다 여유롭게 쉬엄쉬엄 걸어보는 것이 좋겠다.

길라잡이

항구에서 시작해 섬을 반시계 방향으로 돌아본다. 상당 부분 제주올레길 18-1코스와 겹치지만 몇몇 지점에서는 올레길에서 이탈해야 한다. 추자초등학교를 지나 최영 장군 사당까지는 올레길 표시를 따라가지만 봉골레산으로 가는 갈림길에서는 다무래미 쪽으로 방향을 튼다. 물이 빠지면 반대편 섬으로 넘어갈 수 있다. 다시 돌아 나와 후포해변을 거쳐 용둠벙 전망대에서 나바론절벽의 모습을 감상한다. 둠벙은 바닷물이 고인 웅덩이를 뜻한다. 맞은편 계단을 이용해 2.5km 길이의 하늘길로 올라선다. 계단이 가파르고 오르내리는 구간이 많아 짧지만 꽤나 긴장되는 구간이다. 다행히 밧줄을 잡고 네 발로 기어야 할 정도의 난이도 있는 구간은 없다. 등대를 지나 추자교까지 내려갔다가 다시 마을 안쪽에 있는 추자성당을 들렀다가 항구로 되돌아오면 1일차 여정은 마무리된다.

고도표

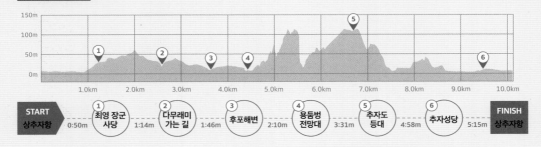

2

천년 고찰과 암자를 이어 걷는 길
불교 사찰 순례

차향보다 숲 내음이 더 그윽했던,
대흥사 다도의 길

아름다운 길, 그리움의 길, 아쉬움의 길을 걷다,
서해랑길 42코스 중 선운사 구간

순례자가 바치는 오체투지의 발걸음,
봉정암 순례길

문수보살을 만나러 가는 천년 옛길,
오대산 선재길

금강계단을 지나 극락암으로 향해가는,
통도사 암자순례길

홍류동 맑은 물소리를 따라가는,
가야산 소리길

아름다운 꽃절을 지나 승보종찰로 향해가는,
조계산 천년불심길

차향보다 숲 내음이 더 그윽했던,

대흥사 다도의 길

장춘숲길을 거쳐   **대흥사에서**   **일지암까지** →

대흥사로 가는 숲길은 이곳의 봄이 하도 길고 좋다 하여 구곡장춘이라 이름 붙었다.

"불교의 선과 차는 하나다. 선다일여의 사상이 확립된 차의 성지로 향한다. 구곡장춘길은 생명의 활기로 가득하다. 이 길을 걷는 것만으로도 선사의 차향이 어디서 비롯된 것인지 알 수 있다."

모두 **16,268보**를 걷게 되며

3시간 30분이 걸리고

가파른 구간도 있어 **20분** 간의 고강도 운동을 포함한 여정

397

끽다거喫茶去는 '차나 한잔 마시고 가라'라는 뜻이다. 당나라 때 조주선사라는 고승이 썼던 말이다. 그는 누가 찾아오거나 어떤 질문을 받을 때마다 이 말을 반복해서 썼다고 한다. 일종의 선문답인 셈인데 불교에서는 이렇게 차茶를 마시는 것과 선禪에 들어서는 수행이 다르지 않다 여겼다. 지금도 차를 마시는 것을 다도라 하지만 선인에게 있어 차는 기호식품을 넘어 의미 있고 멋스러움이 느껴지는 행위였다.

땅끝 해남, 그곳에서도 남쪽 끝자락 두륜산에 자리 잡은 대흥사, 여기에서 더 깊숙하게 들어가야 하는 일지암은 차의 성지로 여겨진다. 이곳에서 한국의 다성茶聖으로 추앙받는 초의선사가 40여 년의 세월을 수행하다 입적했기 때문이다. 그는 끽다를 통해 다산, 추사와 같은 당대의 거장과 교류했으며 시서화에도 능통해 남종화의 거장인 소치를 키웠다. 그는 다양한 다서도 편찬해 조선 후기 쇠락해 가던 차문화를 부흥시켰다는 평가를 받는다.

대흥사 매표소에서 출발해서 일지암까지 이르는 코스를 대흥사 다도의 길이라 칭한다. 그중에서도 출발지에서 대흥사 일주문에 이르는 3km 구간을 구곡장춘길이라 한다. 굽이굽이 아홉 번 휘감아 가는 물줄기를 따라간다 해서 '구곡九曲', 봄이 하도 길고 좋다 해서 '장춘長春'이란 이름이 붙었다. 숲길은 매표소 옆 샛길에서 시작된다. 길은 금당천을 사이에 두고 차도와 나란히 올라간다. 절집 가는 길에 흔히 볼 수 있는 다소 뻔한 전개지만 마주하는 풍경은 뻔하지 않다. 이곳은 '숲이 짙다', '깊다' 같은 상투적인 말로는 표현하기 어렵다. 나무의 밀도가 높은 단순한 빽빽함이 아닌 복합적이고 다채로운 모습을 품고 있기 때문이다. 이는 걷는 사람을 활기차게 만들어주는 힘을 갖고 있다. 이는 숲을 이루고 있는 다양한 식생이 불어넣는 생명의 기운인 것이다. 일찍이 서산대사가 이곳은 전쟁을 비롯한 삼재가 미치

1 장춘숲길은 울창한 편백나무 군락지를 지나간다.
2 대흥사 일주문.
3 대흥사의 부처는 두륜산을 베고 편히 누웠다.

지 않는 것은 물론이요, 만년 동안 훼손되지 않을 땅이라 칭했다. 그 말을 증명이라도 하듯 이곳에는 800여 종이 넘는 식물이 뿌리내리며 자리 잡고 있다. 자로 잰 듯 하늘을 향해 도열해 있는 편백나무, 삼나무, 대나무는 물론이요, 햇빛을 향해 두 팔 벌리고 있는 서어나무, 이리저리 뒤틀리며 자라난 단풍나무처럼 수형도 제각각이요, 외피가 너덜거리는 새우나무, 줄기에 가시가 박힌 것 같은 머귀나무까지 그 질감 또한 각양각색이다. 한 시간 남짓 걷는 동안 시시각각 변하는 숲의 모습은 잠시도 지루할 틈이 없이 들뜨게 한다. 또한 금당천계곡은 우리에게 익숙한 화강암을 근간으로 이루어졌기에 이질적이거나 낯설지 않다. 계곡을 흘러내리는 무색무취의 맑은 물줄기는 암자 어딘가에서 맛있는 차를 우려내는 돌 샘물에서 기원했을 것이다.

1 침계루의 현판은 원교 이광사의 글씨다.
2 무량수각의 현판은 추사 김정희의 글씨다.
3 산신각의 현판은 초의선사의 글씨다.
4 경내에는 초의선사의 석상이 세워져 있다.
5 선사가 머물던 일지암은 초가지붕으로 복원되었다.
6 인근에 있는 해창주조장 정원은 아름답기로 유명하다.

　숲길은 일주문에 도착하면서 막을 내린다. 이제 다도의 길 후반으로 접어드는 것이다. 기나긴 봄길에서 빠져 나와 햇살이 눈부시게 쏟아져 내리는 경내로 들어선다. 대흥사의 부처는 사찰 뒤에 두륜산을 베고 누워 있다. 와불의 편안한 모습과 남도의 따스한 기운이 어우러지니 모든 것이 여유롭기만 하다. 아름다운 산지 승원에 들어온 것만으로도 차 한잔을 즐길 여유로움이 생겨난다. 경내에서는 전각에 걸려 있는 현판들을 주의 깊게 살펴본다. 원교 이광사의 침계루, 추사의 무량수각, 초의의 산신각까지 당대 명필의 서체를 감상하는 것 또한 끽다만큼이나 멋스러운 일이다.

　대흥사 경내를 벗어나 일지암으로 오르는 길은 여느 사찰의

산중 암자로 가는 길과 별반 다르지 않다. 임도를 포장해 놓은 콘크리트의 우툴두툴한 감촉과 딱딱하며 가파른 경사는 꽤나 숨이 차게 만든다. 일지암은 정확히 두륜산 중턱에 자리 잡고 있다. 전각은 모두 근대에 와서 중창된 것이지만 암자와 스님의 살림채였던 자우홍련사만큼은 당시의 모습을 찾아 복원해 놓았다. 초의艸衣, 풀 옷을 입은 스님이라는 그의 법명과 초가지붕이 어우러지며 묘한 연상작용을 일으킨다. 일지一枝란 나무 끝 한 가지 같은 작은 장소란 뜻이다. 그는 이곳을 거점으로 다선일여, 불교의 선과 차가 하나라는 사상을 확립했다. 이제는 작은 차밭과 어디선가 솟구친 돌 샘물을 받아내는 돌물확만이 이곳이 차의 성지임을 알려주고 있을 뿐 인적 드문 암자에는 누구하나 차 한잔 마시고 가라고 권하지 않는다. 선사의 제다법으로 만든 초의차를 마셔본 적은 없으나 이 길을 걸어보니 그 맛은 상상할 수 있을 듯하다. 그의 차는 다양한 향과 맛이 우러나는 블랜디드blended한 형태였을 것이다. 두륜산 장춘숲길의 다채로운 기운은 물론이요, 시서화를 아우르는 멋스러움까지 첨가됐을 것이기 때문이다.

길머리에 들고 나는 법

◆ 자가용

대흥사 매표소 통과 직전에 있는 식당가 주차장(해남군 삼산면 대흥사길322)에 주차하고 도보로 왕복한다. 주차료, 입장료 무료. 주차 요금 3,000원을 내면 매표소를 통과해 바로 일주문까지 차로 진입할 수 있지만 이렇게 가면 구곡장춘길을 건너뛰게 된다.

◆ 대중교통

서울센트럴시티터미널에서 해남터미널까지 평일 하루 4회, 토요일 5회 직행버스가 운행한다. 첫차는 07:00, 4시간 50분 소요. 해남터미널에서 대흥사까지 군내버스가 06:30~19:40 사이 30분 간격으로 운행, 25분 소요.

궁리하다

해남에서 숙박할 때는 땅끝마실 프로그램을 이용하자.

농촌체험과 숙박이 포함된 관광프로그램이다. 1박 2일에서 6박 7일까지 민박 이용 시 이용 요금의 40%와 조식과 체험프로그램 참가비를 해남군에서 지원한다. 땅끝마실에 참여하는 민박집의 리스트는 해남문화관광 홈페이지www.haenam.go.kr/tour에서 확인할 수 있다. 숙소를 고른 후 해당 업소에 문의하면 예약 여부와 참여 방법을 알려준다. 농촌체험 프로그램은 다육이 심기, 텃밭 체험같이 간단한 것이 대부분이다.

길라잡이

안내표지 없음, 두루누비상 경로 표시됨(자료실>걷기여행길>'대흥사 다도의 길'검색), 반려견 동반 가능(사찰 내부는 금지)
다도의 길을 안내하는 표지는 잘 보이지 않지만 길을 찾아 걷는 것은 어렵지 않다. 매표소에서 우측 숲길로 접어들면 데크길과 야자매트가 깔린 산책로를 따라서 대흥사 일주문까지 계속 따라가면 된다. 대웅전은 가람 배치가 특이한데 천왕문을 통과해 정면으로 보이는 것이 대웅전이 아닌 천불전이다. 사찰은 금당천을 기준으로 남원과 북원으로 나뉘는데 추사, 원교, 초의의 현판을 보려면 침계루를 지나 북원으로 들어서야 한다. 사찰 투어를 마치면 표충사를 지나

임도로 접어드는데 꽤나 가파른 길을 걸어야 한다. 길이는 1.5km 정도로 이 코스에서 가장 재미없고 힘든 구간이다. 도착지인 일지암을 둘러본 뒤에는 왔던 길을 따라서 그대로 되돌아가면 된다.

식사와 보급 그리고 숙박

주차장 주변으로 식당이 모여 있는데 그중 **태웅식당**(061-533-5848, 해남군 삼산면 대흥사길174) 착한 가격 업소로 가성비 좋은 음식을 제공한다. 쌈밥정식(10,000원) 추천. 해남은 닭 코스 요리가 유명하다. **정든가든**(061-533-1199, 해남군 삼산면 고산로549-5) 대흥사 인근 현지인이 즐겨 찾는 식당이다. 구이, 주물럭, 백숙이 차례로 나오는 토종닭 코스가 70,000원(3~4인 기준). 반려견 동반 가능. 해남매일시장 안에는 치킨집이 모여 있는 통닭골목이 있다. 그중 **중앙닭집**(061-533-4224) 일반통닭(23,000원)은 프랜차이즈 치킨의 2~3배의 양을 담아준다. 질기지 않고 부드럽다.
대흥사에서는 다양한 템플스테이 프로그램을 운영한다. 문의 061-535-5775 | 대흥사 홈페이지www.daeheungsa.co.kr 참고
해마루 힐링숲(010-2322-6303, 해남군 북평면 동해길108-35) 이 지역에서 찾기 힘든 반려견 동반 가능 숙소. 문간방 80,000원이고 땅끝마실 신청 시 48,000원.

탐방가이드

대흥사 경내에는 문화관광해설사가 근무한다. 운영 시간 10:00~17:00 | 연중무휴 | 예약 해남 문화관광 홈페이지 www.haenam.go.kr/tour 참고 | 문의 061-530-5918
장춘숲길 중간 주차장 부근에는 별도로 숲해설사가 근무 중이다. **숲해설사의 집** 위치는 경내 매점 인근 주차장 맞은편에 있다.

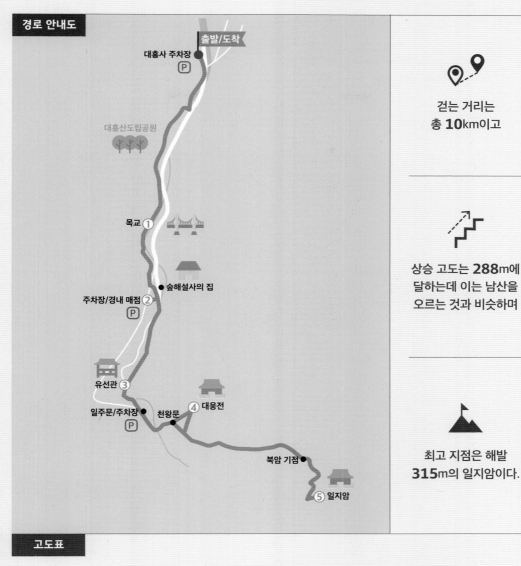

출발/도착
대흥사 주차장 P

대흥산도립공원

목교 ①

숲해설사의 집

주차장/경내 매점 ②
P

유선관 ③

일주문/주차장 P
천왕문
④ 대웅전

북암 기점
⑤ 일지암

걷는 거리는
총 **10km**이고

상승 고도는 **288**m에
달하는데 이는 남산을
오르는 것과 비슷하며

최고 지점은 해발
315m의 일지암이다.

고도표

START 대흥사 주차장		① 목교		② 주차장		③ 유선관		④ 대웅전		⑤ 일지암		FINISH 대흥사 주차장
	0:19m		0:27m		0:37m		1:12m		2:07m		3:30m	

아름다운 길, 그리움의 길, 아쉬움의 길을 걷다,

서해랑길 42코스 중 선운사 구간

선운사에서   도솔암을 거쳐   천마봉까지

선운사에는 세상에서 가장 아름다운 부도전이 있다. 추사의 백파율사비도 이곳에 있다.

"대자대비하신 지장보살을 친견하러 가는 순례길. 추사와 미당의 글도 도솔천을 따라 낙엽과 함께 흘러 내려간다. 아름다운 풍경 속에 님과 꽃을 향한 아쉬움과 그리움이 사무친다."

모두 **19,305보**를 걷게 되며

5시간 5분이 걸리고

짧은 등산 구간도 있어 **19분** 간의 고강도 운동을 포함한 여정

고창 선운사에서 시작해 도솔암 내원궁으로 이르는 숲길은 불자 사이에도 걷기 좋기로 손꼽히는 곳이다. 목적지 내원궁에는 금동 지장보살좌상이 모셔져 있어 지장보살이 상주하는 지장성지로 여겨진다. 지장은 지옥에서 고통받는 중생을 구제하는 보살이다. 이 길은 선운산 자락의 봉우리 중 하나인 천마봉으로 오르는 등산로인 동시에 대자대비하신 지장보살을 만나러 가는 순례길이기도 하다.

매번 모습을 바꿔가며 나타났다 사라지길 반복하는 문수보살의 괴팍해 보이는 심성과 달리 항상 중생을 용서하고 베푸시는 지장보살인지라 마치 할머니 댁에 놀러 가는 양 마음이 편안하다. 본찰에서 산중 암자로 이어지는 산길이지만 그 마음만큼이나 걷기에도 편안하다. 서해와 맞닿아 있는 주변의 산세가 나지막한 까닭에 천마봉의 높이도 해발 336m에 불과하다. 순례길의 길이도 10리가 채 되지 않는다. 비록 낮고 짧은 길이지만 이 길이 품고 있는 스토리와 아름다운 풍광은 여느 명산대천의 사찰과도 비교할 수 없을 정도로 풍부하고 조밀하게 배치돼 있다.

선운사가 자리 잡은 땅에서 나고 자라는 것 중에는 유명한 것이 참 많다. 선운사 앞을 흐르는 계곡을 선운천이라고도 하고 도솔천이라고도 하는데 이는 서에서 동으로 흐르다 남에서 북으로 흐르는 인천강과 만나서 곰소만으로 흘러간다. 바다와 강이 만나는 지점을 풍천이라 하는데 이곳에서 잡힌 장어를 풍천장어라 한다. 선운산의 산딸기와 짝을 맞춰 보양 음식의 대명사가 됐다. 선운사 영산전 뒤쪽에서 군락을 이룬 삼천 그루의 동백나무와 사찰 주변에 퍼져 있는 꽃무릇은 초봄과 초가을에 만개하며 이 시기 산사의 아름다움은 절정을 이룬다.

이 아름다운 사찰 순례길에는 아름다운 글도 많이 담겨 있다. 사찰로 들어가는 초입에는 미당이 지은 〈선운사 동구〉라는 시비가 세

1 천연기념물 송악은 순례길 초입 도솔천 맞은편에 있다. 높이 15m에 달하고 이곳이 북방한계선이 된다.
2 미당 서정주의 시비.
3 백제가요 선운산가 노래비.
4 산사에 가을이 내려앉았다.
5 선운사 천왕문의 현판은 이광사의 글씨다.
6 추사의 백파율사비.

워져 있다. 선운사에 동백꽃을 보러 왔으나 시기가 일러 보지 못하고 돌아가는 시인의 아쉬움이 묻어나는 문장이다. 일주문을 따라 올라가면 세상에서 가장 아름다운 모습의 부도전을 지나간다. 이곳 백파율사비에는 추사가 쓴 걸출한 문장이 한 편 남겨져 있다. 추사는 선운사의 고승 백파와 서찰로 치열한 논쟁을 주고 받았으나 스님이 입적한 후에는 고인을 위한 추모의 글을 남겼다. 일필휘지의 문장 속에는 백파와 살아생전에 만나지도 화해하지도 못했던 추사의 아쉬움이 담겨 있는 듯하다.

　　도솔암을 지나 등산로를 따라 오르면 천마봉의 말 안장같이 넓적한 암릉 위에 올라선다. 산은 낮은데 주변은 온통 바윗덩어리라 기암절벽의 선경 속으로 들어선 듯하다. 봉우리는 동쪽을 향해 달려나가는 말의 모습이지만 서쪽 하늘을 바라보는 장소를 따로 낙조대라 이른다. 이곳은 백제가요 '선운산가'의 무대로 짐작하는 장소다. 선운산가는 글로 남아 있지 않다. 가사도 운율도 없이 그저 존재만이 알려진 무형의 가요로 선운산에 올라 노역 나간 남편을 그리워하는 아내의 심경을 담고 있다는 내용만이 전해진다. 어찌 보면 이 아름다운 산자락은 아쉬움과 그리움에 대한 이야기로 가득 차 있는 셈이다.

　　선운사는 사시사철 아름다운 사찰이지만 그중 가을을 으뜸으로 치는 사람이 많다. 가을을 대표하는 강렬한 이미지는 붉은 꽃무릇이 만개하는 초가을의 모습이지만 꽃이 졌다고 아쉬워할 필요는 없다. 단풍이 깊어지는 늦가을의 경관도 이에 못지 않다. 꽃무릇은 꽃잎이 지고 난 뒤에 잎새가 올라오는 까닭에 서로 만나지 못하고 그리워한다 해서 상사화로 불리기도 한다. 낙엽이 붉게 물드는 만추의 시기가 다가오면 꽃잎이 떨어진 자리에 짙푸른 잎새가 올라와 누렇게 갈변된 세상에 다시 한번 싱그러움을 더해준다. 도솔천의 가을은 울긋불긋한 색감에 초록색까지 더해지며 총천연색으로 완성된다. 이 초

1 도솔암 인근에 위치한 진흥굴.

2 도솔암 나한전과 윤장대.

3 장사송의 나이는 600살로 천연기념물 354호다.

4 선운사 동불암지 마애여래좌상.

5 용문굴에는 용이 지나갔다는 전설이 있다.

록은 꽃무릇의 잎새에서만 나오지 않는다. 동백에 매달려 있는 기름기 번들번들한 나뭇잎에서도, 절간 맞은편 차밭에서도, 대웅전 맞은편 만세루의 다기 안에서도 다시 한번 깊게 우러난다. 사찰 앞을 흐르는 도솔천의 검은 물 위로는 반영까지 드리워지니 이곳에는 한 치의 빈틈도 없이 빼곡하게 가을이 내려앉아 있는 듯하다.

불교에서 내원궁은 미래에 오실 부처인 미륵불이 머무는 천상의 장소를 의미한다. 도솔암에서는 미륵불이 있어야 할 자리에 지장보살께서 머무시는 셈이다. 지장보살은 미륵불이 세상에 내려오기 전에 한시적으로 중생을 구제하시는 분이다. 두 분의 자리가 뒤바뀐 연유는 정확히 모른다. 혹자는 미륵불이 암자 아래쪽 마애불로 나와계셔서 지장보살이 그 자리에 들어가 계시다고 말하기도 한다. 꽃이 진 뒤에도 초록빛을 유지하고 있는 동백과 꽃무릇의 잎새에서 무불無佛의 시대에도 중생을 구제하기 위해 고군분투하시는 지장보살의 모습이 투영되는 듯하다. 이 계곡에 붉은색 꽃망울이 다시 피어날 때까지 그리움과 아쉬움은 계속될 것이고 그 빈자리는 초록빛이 대신 채워줄 것이다.

길머리에 들고 나는 법

◆ 자가용

선운산공원 공영주차장에 주차 후 도보로 왕복한다. 주차 요금 1일 2,000원. 도립공원 입장료 무료.

◆ 대중교통

서울센트럴시티터미널에서 고창흥덕터미널로 1시간 간격으로 차편이 있다. 첫차는 07:05 출발, 3시간 소요. 흥덕터미널에서 선운사까지는 농어촌버스를 이용한다. 1시간 간격으로 차편이 있고 목적지까지 40분 소요. 첫차 도착 이후 발차 시간은 11:20*, 12:25, 13:25, 14:45, 16:35, 18:00, 19:50.

◆ 교통 사정에 의해 놓칠 수도 있음

길라잡이

안내표지 있음, 네이버지도, 두루누비상 경로 표시됨(서해랑길 42코스), 반려견 동반 가능(사찰 내부는 금지)

이 순례길과 겹치는 도보 여행 코스는 서해랑길 42코스다. 이 코스는 선운사-도솔암-천마봉을 거쳐 반대편 심원면으로 넘어간다. 이 책에서는 천마봉에서 돌아오는 코스로 안내한다. 이 길 위에서는 두 눈 크게 뜨고 걸어야 한다. 시작부터 도솔천 맞은편으로 보이는 천연기념물 송악, 미당의 시비, 백제가요비, 부도전 안의 백파율사비, 이광사가 썼다는 천왕문의 현판까지 자세히 봐야 보이는 것들이다. 도솔암으로 올라가는 길에 보이는 진흥굴과 천연기념물인 장사송도 놓치지 말아야 한다. 평탄했던 길은 도솔암에서 급격하게 가팔라진다. 내원궁은 나한전에서 갈라지는 별도의 계단을 따라 올라갔다가 내려오는 수고로움을 감수해야 한다. 왕복하는 코스지만 천마봉에서 내려올 때는 계단을 이용하면 도솔암을 거치지 않고 빠르게 갈 수 있다. 내려와서도 냇가 건너편 오솔길을 이용하면 좀 더 한적하다. 템플스테이에서도 도솔천 건너편으로 걸으면 차밭을 배경으로 운치 있는 길을 걸을 수 있다. 일몰 뒤에는 은은한 조명이 들어와 분위기 있다.

식사와 보급 그리고 숙박

선운사 주변으로는 풍천장어의 고장답게 수많은 장어집이 영업하고 있다. **산장회관**(063-563-3434, 고창군 아산면 중촌길20-5) 주차장에서 가까워 편리하게 이용할 수 있다. 풍천장어(35,000원/1인) 추천. 고창 읍내에서는 **모양성순두부**(063-564-0337, 고창군 고창읍 동리로133-13) 음식이 정갈하다. 순두부(10,000원), 육전(25,000원) 추천.

선운사 템플스테이에서는 다양한 프로그램을 운영하고 있다. 산사에서 1박을 한다면 고려해 볼 만하다. 문의 010-5231-1375, 선운사 템플스테이 홈페이지seonunsa.templestay.com 참고. 고창 읍내에서 숙소를 정한다면 고창읍성과 가까운 **고창읍성한옥마을**이 좋다. 문의 010-2131-1112, 고창읍성한옥마을 홈페이지(www.고창읍성한옥마을.kr) 참고.

탐방가이드

주차장 인근 **선운산관광안내소**(063-560-8687)에서는 탐방 안내뿐 아니라 문화관광해설사가 상주한다. 사찰 해설 예약은 고창 문화관광 홈페이지tour.gochang.go.kr 참고. 고창읍내 읍성 근처에는 관광안내소와 별개로 고창에 정착한 여행 작가가 운영하는 여행자 카페가 있다. **모로가게**(고창군 고창읍 중거리당산로145-1) 카페 맞은편에 있는 할아버지 당산도 이색적이다. 우슬식혜(6,000원)도 맛있다.

걷는 거리는
총 **11**km이고

상승 고도는 **365**m에
달하는데 이는 인왕산을
오르는 것과 비슷하며

최고봉은 해발 **289**m의
천마봉이다.

고도표

250m				⑥		
200m				⑤		
150m		③	④			
100m						
50m	①	②				

1.0km　2.0km　3.0km　4.0km　5.0km　6.0km　7.0km　8.0km　9.0km　10.0km　11.0km

START 선운사 주차장	① 부도전	② 선운사 템플 스테이	③ 진흥굴	④ 도솔암	⑤ 용난굴	⑥ 천마봉	FINISH 선운사 주차장
	0:40m	1:50m	2:19m	2:39m	3:05m	3:28m	5:23m

순례자가 바치는 오체투지의 발걸음,

봉정암 순례길

백담사에서   봉정암까지
                                                    →

봉정암 순례길은 백담사 수렴동계곡에서 시작된다.

"이 길은 중생을 가르친다. 사서
하는 고생이 꼭 어리석은 것만은
아니기에 이 길은 한번 걸어볼
가치가 있다. 희망과 절망이
반복되는 무간지옥에서 무엇인가
깨달음을 얻어 갈 것이다."

등산화
필수

모두 **42,997보**를 걷게 되며

10시간 23분이 걸리고

그중 **128분**의 고강도 운동 구간을
포함한 최고 난이도 코스

고행이란 욕망을 억제하고 깨달음을 얻기 위해 몸을 괴롭게 하는 종교적인 행위를 말한다. 그중에서도 삼보일배와 오체투지는 불교에서 고행을 행하는 대표적인 수행법이다. 삼보일배는 삼독三毒이라 하는 인간의 탐욕, 노여움, 어리석음을 끊어내고자 하는 것이고 오체투지는 부처에게 몸을 맡긴다는 의미로 바치는 큰절이다. 이때 몸의 다섯 부위, 팔꿈치와 무릎 그리고 이마가 땅에 닿도록 한다. 티베트의 승려는 성지 라싸拉薩로 가는 순례길에 오체투지를 행한다.

내설악 백담사에서 봉정암으로 가는 길은 한국 불교의 대표적인 순례길 중 한 곳이다. 봉정암에는 부처의 진신사리를 모셔놓은 사리탑이 있기에 이곳을 다녀온다는 것은 불자에게 있어 성지 순례의 의미를 가진다. 봉정암 순례길이 유명한 까닭은 성지의 의미뿐만이 아니라 그 과정에도 있다. 순례와 고행이 동일시되지 않는 시대에 살고 있지만 그곳으로 가는 과정은 오체투지에 비견될 만큼 고되기 때문이다. 백담사에서 봉정암으로 가는 방법에는 두 가지가 있는데 하나는 수렴동계곡을 따라 오르는 것이고 또 다른 방법은 오세암 쪽으로 돌아가는 것이다. 봉정암 순례길이라 말하는 코스는 후자를 말한다. 불자들이 쉬운 길을 놔두고 굳이 어려운 길을 선택하는 것은 부처를 뵙기 전에 세속에서 지은 죄와 업보를 씻어내는 정화의식을 치르는 데 있다. 이 길을 걷기 위해서는 서둘러야 한다. 하루 안에 다녀와

야 할 거리가 정해져 있으니 출발 시간이 역산된다. 해가 짧아지는 시기에는 백담사행 첫차를 타야 해지기 전에 돌아올 수 있다. 전날 도착해서 새벽부터 준비한 자만이 이 길을 걸을 자격이 있다.

수렴동계곡을 따라 오르는 길은 익숙하고 편안하다. 내설악에서 출발해 소청, 중청, 대청을 찍고 외설악으로 넘어가는 메인 루트기에 산을 좋아하는 사람이라면 한 번쯤 와봤을 코스다. 울긋불긋한 낙엽이 내려앉은 설악의 가을 풍경은 이미 극락정토의 세상이다. 이른 시간 햇빛이 들어오지도 않았건만 수렴동계곡은 신비한 옥빛을 띤다. 등산로와 순례길은 영시암을 지나 갈라진다. 선택의 순간이다. 공단의 안내도에서 두 길의 난이도는 '보통'과 '매우 어려움'으로 표시된다. 이 아름다운 풍경에서 벗어나 다섯 시간 동안 사투를 벌일 생각을 하니 발걸음이 떨어지지 않는다. 그쪽으로 가지 말라는 등산객의 만류까지 더해지니 고행은 포기하고 순례만 하기로 마음먹는다. 수렴동계곡은 점점 고도를 높이다가 기어이 폭포를 만들어내고야 만다. 관음폭포와 쌍용폭포의 우렁찬 물줄기를 역류해 오르자 해탈고개와 만난다. 500m 정도의 깔딱고개 구간이 통과한다. '속세에 찌든 중생에게는 이 정도도 대단한 고행이 아니겠는가'라고 위안 삼으며 어느덧 봉정암에 도달한다. 사리탑은 적멸보궁 맞은편 언덕 위에 자리 잡고 있다. 사리탑에서 50m 정도 오르면 봉정암 탑대에 올라서게 된

1 이른 아침의 수렴동계곡.
2 봉정암으로 가는 길 초입. 영시암을 지나간다.
3 쌍용폭포의 양갈래 물줄기가 합쳐진다.
4 해탈고개 초입. 고개는 500m 정도 이어진다.

다. 이곳에서 이날 가장 드라마틱한 풍경과 마주한다. 좌측으로는 용의 송곳니같이 솟아오른 암봉이 도열한 용아장성이, 우측으로는 공룡의 울퉁불퉁한 등뼈를 연상시키는 공룡능선이 펼쳐진다. 모두가 사리탑을 향해서 도열한 듯하다. 금강산에서 수도하던 자장율사가 봉황을 따라 내려오다가 봉황이 사라진 자리에 탑을 세우고 암자를 지었다는 이야기가 전해진다. 이곳은 굳이 전설을 차용하지 않더라도 명당임은 분명하다.

　　오르막보다는 내리막이 쉬울 거란 생각으로 하산길은 오세암 쪽으로 향한다. 올라왔을 때보다 세 배 정도 더 길고 어려운 깔딱고개 길이 이어진다. 내려가는 것도 만만치 않다. 이제 어려운 구간은 끝났겠지 싶었으나 이 정도로 호락호락한 길이었다면 고행이라는 단어가 붙지는 않았을 것이다. 내리막이 끝나는 곳에서 다시 오르막과 만난다. 이제 편한 길이 시작되겠지 할 때면 어김없이 오르막이 시작된다.

무간지옥이 있다면 이런 곳일까? 저기까지만 가면 고행이 끝날 것 같다는 희망이 몇 번을 무너져 내려야 그것이 헛된 꿈인 것임을 깨닫는다. 일행과 발맞춰 걷던 보조는 틀어져버리고 대화도 줄어든다. 주변의 경관과 사람에게서 멀어지며 자신만의 속도를 찾게 된다. 잡념이 사라지고 오직 걷는 것에만 집중하다 보면 어느 순간 내면으로 침잠해 가는 것을 경험할 것이다.

이 길의 중간에 자리 잡고 있는 오세암에는 매월당 김시습과 만해 한용운의 자취가 남아 있다. 특히 한용운은 이 길을 따라 백담사를 오고 가다 깨달음을 얻은 것으로 알려져 있다. 고행의 각오가 있는 순례자에게만 이 길을 추천한다. 한 번은 등산가의 길로, 한 번은 고행의 길로 번갈아 가보기를 조언한다. 극과 극의 체험에서 무엇인가 깨달음을 얻어갈지도 모를 일이다.

1 사리탑에서 바라본 용아장성.
2 봉정암 진신사리탑의 모습.
3 사리탑에서 바라본 봉정암.
4 봉정암 부처바위.
5 오세암의 풍경.

길머리에 들고 나는 법

✦ 자가용

백담 주차장(인제군 백담로96)에 주차한 뒤 백담사를 오가는 마을버스를 이용한다. 1일 주차료는 8,000원, 입장료 무료. 마을버스는 단풍 시즌 기준으로 30분 간격으로 배차된다. 편도 요금은 2,500원, 계절별로 배차 시간이 조금씩 달라진다. (문의 용대향토기업 033-462-3009)

✦ 대중교통

갈 때 서울동서울버스터미널에서 백담사 입구에 정차하는 시외버스 노선이 운행되고 있다. (이 노선은 백담사를 거쳐서 고성군 대진항까지 운행된다.) 약 2시간 소요, 2시간 간격으로 운행. 첫차는 06:49, 막차는 21:10에 출발. 백담사 입구에서 마을버스 정류장이 있는 백담 주차장까지는 1km 거리다.

올 때 동서울행 버스표는 백담사 입구 정류소 뒤편에 있는 슈퍼(033-462-5817 인제군 북면 미시령로1142)에서 구입. 모바일 어플로는 예매가 불가하다. 버스 출발 30~40분 전에 매표를 시작한다. 상행 오후 차편은 13:00, 15:00, 16:10, 17:00, 18:00, 19:00, 버스 도착 10분 전에 매소소 맞은편 정류소에서 대기한다. 만약 막차를 놓쳤을 경우에는 속초(막차 19:30)나 원통(막차 20:25)행으로 이동 후에 다시 서울행으로 환승한다.

궁리하다

당일치기라면 무조건 첫차를 타야 한다.

백담 주차장	7km 거리 도보 2시간	백담사
상행 첫차 06:00 상행 막차 15:00	⟷ 버스 18분 소요	하행 막차 19:00

◆ 탐방객이 몰리는 상행 첫차와 하행 막차 때는 이용객에 비례해서 차량이 추가 투입되니 대기 줄이 길다고 해서 못 탈까 봐 조바심을 낼 필요는 없다.

길라잡이

왕복 24km에 달하는 장거리 코스. 난이도도 있고 시간도 오래 걸린다. 체력에 맞춰 답사 계획을 세우는 것이 좋다. 체력에 자신 있고 터프한 고행길을 체험해 보고 싶다면 당일치

기로, 부담스럽다면 1박 2일로 계획을 세운다. 이 책에서는 백담사에서 출발해 수렴동계곡으로 올라 오세암 쪽으로 내려오는 당일치기 코스를 안내한다. 이 경우 하루 먼저 도착해서 다음 날 아침 일찍 답사를 시작해야 한다. 코스는 백담사-영시암-수렴동대피소-만수폭포, 관음폭포, 쌍용폭포-해탈고개-봉정암 순서로 올라갔다가 오세암-영시암-백담사 순서로 원점 회귀한다. 완만한 수렴동 코스도 암자 도착 직전 500m 지점에 해탈고개로 불리는 깔딱고개를 넘어가야 한다. 오세암 쪽에서 올라갈 때는 1.5km 길이의 급경사 구간이다. 계곡 쪽으로만 왕복한다면 난이도는 훨씬 수월하다.

◆ 평지보다 해가 훨씬 일찍 진다. 가을 단풍철의 경우에는 3시만 넘어가도 어둡다. 동절기처럼 해가 짧아지는 시기에는 특히 시간 관리에 신경 써야 한다.

식사와 보급

출발지인 백담마을에는 백담사행 첫차 시간(06:00)에 문여는 식당은 없고 매표소 인근 편의점만 영업한다. 마을에는 식당이 몇 곳 있지만 백담사에서 막차가 내려오는 시간 17:30 이후로는 대부분 영업을 종료한다. **백담순두부**(0507-1380-9395, 인제군 북면 백담로19) 2대에 걸쳐 자리를 지킨 곳으로 대표 메뉴는 순두부정식(9,000원). 산행 하루 전 저녁 늦게 도착한다면 미리 식사를 해결하고 산행 당일에도 아침과 점심과 음료를 준비해야 한다. 지나가는 사찰에서 믹스커피, 식수 등을 공양받을 수 있고 대부분의 순례객은 불자 여부와 상관없이 봉정암에서 점심 공양을 받고 하산길에 접어든다. 점심 공양 시간 11:30~12:30.

숙박

하루 먼저 도착해서 당일치기로 탐방한다면 **내설악펜션**(033-462-3405, 인제군 북면 백담로8-3)이 백담마을의 가성비 좋은 숙소 중 한 곳이다. 평일 1박에 5~6만 원. 1박 2일 일정으로 탐방한다면 코스 인근에는 수렴동, 중청대피소가 운영 중이다. 국립공원공단 예약 시스템reservation.knps.or.kr에서 예약해야 한다. 주말 이용 요금은 1인/주말 13,000원. 매달 1일과 15일 오전 10시에 보름 뒤 예약이 시작된다. (ex. 11월 1일 오전 10시부터 11월 15일~11월 30일 예약 시작) 봉정암에서도 하룻밤 묵어갈 수 있다. 템플스테이가 아니라 철야기도를 하는 신도를 위해서 무료로 공간을 제공하는 것이다. 넓은 방에서 20~30명이 같이 잔다. **봉정암 종무소**(033-632-5933)에서 전화로 예약을 받는다. 음주 취사 불가.

← 10.6km 봉정암
Bongjeongam Hermitage

← 0.4km 백담탐방지원센터
Baekdam Information Center

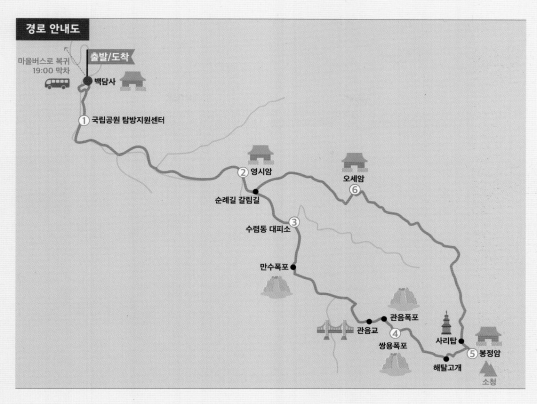

경로 안내도

마을버스로 복귀
19:00 막차

출발/도착

백담사

① 국립공원 탐방지원센터

② 영시암

순례길 갈림길

③ 수렴동 대피소

⑥ 오세암

만수폭포

관음교

④ 쌍용폭포

관음폭포

사리탑

해탈고개

⑤ 봉정암

소청

걷는 거리는
총 **24.5**km이고

상승 고도는 **1,292**m에
달하며 이는 대청봉을
오르는 것보다 더 힘들고

그중 가장 높은 곳은
해발 **1,242**m에 있는
봉정암이다.

고도표

불교 사찰 순례

419

문수보살을 만나러 가는 천년 옛길,

오대산 선재길

월정사에서　　　　　　　　상원사를 거쳐　　　　　　　적멸보궁까지
→

| 월정사 선재길 주변으로 붉은 단풍이 내려앉았다.

"정갈한 전나무 숲길을 지나
오대천을 따라 오른다. 육산의
따뜻한 기운으로 가득한 이곳은
문수보살과의 기연으로 가득하다.
누군가 불쑥 다가와 당신에게 '내가
문수다'라고 말을 걸지도 모른다."

등산화
필수

모두 **23,517보**를 걷게 되며

3시간 47분이 걸리고

그중 마지막 **36분**은 꽤 힘든 여정

오대산 선재길은 월정사와 상원사를 이어주는 사찰 순례길을 말한다. 이곳은 1960년대 상원사까지 연결되는 지방도가 생기기 전까지 스님과 불자들이 양쪽을 오고 가던 유일한 통행로였다. 선재길은 상원사에서 끝나지만 순례자들의 발걸음은 중대사자암을 지나 석가모니의 사리가 모셔진 적멸보궁으로 이어진다. 신라 시대 자장법사는 중국 산서성 오대산에서 문수보살을 친견한다. 문수보살은 부처의 가사와 사리를 전해주며 신라의 오대산을 찾으라는 가르침을 준다. 이에 법사는 이곳에 월정사를 창건하고 사리를 모신 적멸보궁을 조성한다. 이후 오대산은 한국 문수보살의 성산으로서 산 전체가 불교성지로서의 의미를 가지게 되었다.

적멸보궁을 향해가는 순례의 여정은 월정사 일주문에서 시작된다. 그중에서도 금강교까지 1km 남짓한 숲길을 따로 월정사 전나무숲길이라 부른다. 이곳에는 일말의 흐트러짐 없이 하늘을 향해 곧추선 1,800여 그루의 전나무가 모여 숲을 이루고 있다. 사찰로 들어서는 수많은 숲길 중에서 정갈한 분위기만큼은 이곳을 따라올 곳이 없다. 이후 오대천계곡을 따라 이어지는 선재길은 분명 백두대간 깊은 산자락을 걷는 코스이건만 평지를 걷듯 편안하다. 서늘한 기운이 서려 있는 다른 계곡과 달리 밝고 포근한 느낌만이 감돌 뿐이다. 바위가 별로 없는 산을 육(肉)산이라 한다. 계곡 옆 골짜기도 사납게 솟아 있지 않고 동네 뒷산처럼 시야를 가리는 것 없이 둥글둥글한 모양새

1 월정사 전나무숲길은 항상 사람들로 붐빈다.

2 월정사 천왕문.

3 선재길 입구.

4 선재길의 풍경.

다. 불교 신자가 아니더라도 사찰에 쓰여 있는 '오대광명'이란 말의 뜻을 자연스럽게 깨닫게 되는 순간이다. 선재길은 계곡을 사이에 두고 찻길과 나란히 올라간다. 중간중간에 나타나는 버스정류장은 고립과 완주의 압박감을 덜어내는 심리적인 완충 장치의 역할을 해준다.

　　문수보살은 불교에서 지혜의 화신을 상징한다. 보현보살과 함께 석가모니불을 협시하며 한 손에 칼을 쥐고 푸른 사자를 타고 다니는 모습으로 묘사된다. 오대산에 있는 다섯 봉우리 중 가장 중심에 있는 암자의 이름이 사자암인 것에는 이런 연유가 있다. 보살은 때로는 동자의 모습으로 그려지기도 하는데 이는 아이 같은 순수함 때문이라 한다. 상원사를 찾았던 순례자 중에는 조선의 국왕도 있었다. 선재길은 순례길이자 왕의 행차길이기도 했던 셈이다. 상원사 초입에 있는 관대걸이는 세조가 목욕을 할 때 의관을 걸어놨다는 작은 비석이다. 당시 문수동자가 나타나서 등을 밀어줬다는데 그의 고질병이던 피부병이 씻은 듯이 나았다 전해진다. 세조는 그때 본 동자의 얼굴을

기억해 불상을 만들어 바쳤는데 이것이 상원사에 모셔져 있는 목조
문수동자좌상이다. 근엄해 보일 것만 같았던 이미지와 달리 그는 장
난꾸러기 같은 동자의 모습으로 참배객들을 지긋이 바라보고 있다.
세조의 이적은 여기에서 그치지 않는다. 사찰 안에는 그를 자객의 암
살 위험에서 구해줬다는 고양이가 석상으로 만들어져 계단 옆에 놓
여 있다. 세조는 고마움의 표시로 묘전을 내려 고양이들을 돌보게 했
으니 상원사는 가히 세조의 원찰이라 해도 과언이 아니다.

　　상원사에 도착한 등산객들은 출발지로 돌아가는 버스를 타기
위해 서두르지만 오늘 선재동자가 되어 지혜의 스승을 찾아나선 순
례자가 되기로 결심했다면 이곳에서 걸음을 멈춰서는 안 된다. 적멸
보궁으로 가는 계단은 끝이 없는 것처럼 길게 이어진다. 편안한 길을
걸어왔기에 가장 마지막에 만나는 기나긴 오르막 구간은 봉정암 순
례길에서 만났던 고행의 구간 못지않게 힘들다. 비로봉으로 오르는
능선 중턱에 사리탑이 자리 잡고 있다. 마치 세상의 끝에라도 도착한
양 적막한 분위기다. 울긋불긋한 등산복을 입은 단풍철 행락객은 모
두 사라져버리고 자식들이 수능시험을 잘 보기를 기원하는 부모들만
이 그 간절한 심정을 담아 부처에게 기도를 올리고 있다.

　　"내가 문수다." 순례길을 걷는 내내 귓가에 맴돌았던 말이다.

1　선재길의 풍경.

2　선재길은 동네 뒷산을 산책
　하듯 편안하다.

3　세조가 의복을 걸어놨다는
　관대걸이. 상원사 입구에
　있다.

4　상원사의 문수동자좌상은
　세조의 딸인 의숙공주 부부
　가 아들을 낳기를 기원하며
　만든 불상이다. 국보 221호.

5　상원사동종은 신라 시대에
　주조된 현존하는 가장 오래
　된 종이다. 국보 36호.

6　중대사자암에서 적멸보궁
　으로 가는 길은 가파르다.

7　중대사자암의 사리탑은 오
　대산 비로봉과 가까운 곳에
　있다.

전해지는 이야기에 문수보살은 신의 모습으로 나타났던 적이 별로 없다. 주로 평범해 보이는 동자나 노인의 모습으로 나타났기에 사람들은 바로 알아채지 못했다. 그가 이렇게 모습을 바꿔가며 나타난 이유가 어린아이 같은 짓궂음 때문이었는지 아니면 누구나 불성을 갖고 있기에 누구나 부처가 될 수 있다는 것을 알려주기 위한 것인지는 모른다. 선재길을 걷는 동안에는 누군가 불쑥 다가와 "내가 문수다"라고 말해도 이상하지 않을 것 같았다. 이곳은 1만의 보살께서 상주하시는 문수성지이기 때문이다.

길머리에 들고 나는 법

✦ 자가용
월정사 주차장에서 시작하고 출발지로 돌아올 때는 버스를 이용한다. 1일 주차료는 2,000원, 입장료는 성인 5,000원.

✦ 대중교통
서울역에서 진부역으로 KTX가 운행하고 있다. 서울남부터미널과 서울동서울터미널에서 진부터미널로 가는 버스가 있다. 남부에서 하루 3회 차편이 있으며 첫차는 7:40에 출발. 진부터미널에서 월정사를 거쳐 상원사를 왕복하는 버스가 1시간 간격으로 1일 9회 운행.

궁리하다

대중교통 이용 시에는 서울역 KTX 07:00 출발편을 이용하는 것이 좋다. 도착 시간에 맞춰 하루 한 번 진부역에서 바로 출발하는 버스를 이용할 수 있다.

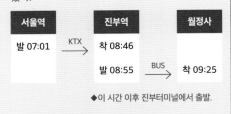

서울역		진부역		월정사
발 07:01	KTX	착 08:46		
		발 08:55	BUS	착 09:25

◆이 시간 이후 진부터미널에서 출발.

길라잡이

선재길은 월정사에서 상원사까지 9km 구간이나 앞뒤로 전나무숲길과 적멸보궁 가는 길을 이어 붙이면 편도 14.5km 거리가 된다. 월정사-상원사 사이의 선재길 구간은 계곡을 사이에 두고 찻길과 나란히 올라간다. 선재길 종료 지점인 상원사 주차장에서 상원사를 거쳐 중대사자암까지 1.5km 거리고 적멸보궁까지는 500m를 더 올라가야 한다. 평지인 전나무숲길, 완경사 오르막인 선재길, 상원사에서 적멸보궁까지 급경사 오르막으로 뒤로 갈수록 점점 더 가팔라진다.

식사와 보급

매표소 인근에 먹거리촌이 있다. **산수명산**(033-333-3103, 평창군 진부면 오대산3길13) 현지에서 평이 좋다. 대표 메뉴는 산채정식(19,000원). **부일식당**(033-335-7232, 진부면 진부중앙로98) 읍내에 위치한 노포로 대표 메뉴는 산채백반(12,000원). 도보 이동 경로상에 번듯한 식당은 없다. 월정사 주차장과 상원사 입구에 매점이 있다. 월정사 점심 공양 시간은 11:30~12:30이다. 상원사 경내에는 **청량다원**이라는 찻집이 있다.

숙박

월정사에서 템플스테이가 운영되고 있다. 전나무숲길과 연계된 명상프로그램이 운영되는 것이 특징이다. 문의 0507-1486-6604~6 | 월정사 홈페이지woljeongsa.org/templestay 참고
인근에는 평창군에서 운영하는 **개방산오토캠핑장**(033-339-9016, 평창군 용평면 이승복생가길160)과 국립공원관리공단에서 운영하는 **소금강오토캠핑장**(033-661-4161, 강릉시 연곡면 삼산리52)도 위치하고 있다.

탐방가이드

월정사 전나무숲에서는 하루 2회 10:30, 14:00에 국립공원관리공단에서 진행하는 숲 해설프로그램이 있다. 프로그램명은 '전나무 숲 가족 이야기'다. 월정사 주차장에 있는 **평창군 관광안내소**에서 사찰 해설을 들을 수 있다. 예약 평창문화관광 홈페이지tour.pc.go.kr 참고 | 매주 월요일 휴무 | 10:00~17:00 운영

걷는 거리는
총 **13.4**km이고

상승 고도는 **637**m에
달하며 이는 관악산을
오르는 것과 비슷한데

그중 가장 높은 곳은
해발 **1,178**m에 있는
적멸보궁이다.

고도표

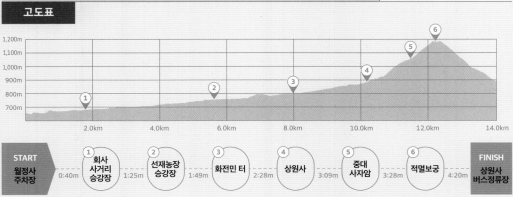

금강계단을 지나 극락암으로 향해가는,

통도사 암자순례길

무풍한송로를 지나   통도사를 거쳐   극락암까지 →

불보사찰로 가는 순례길은 소나무들이 춤추는 무풍한송로에서 시작된다.

"춤추는 소나무숲을 지나 금강계단으로 향한다. 서운암 도자 16만 대장경과 자개 반구대암각화에서는 힙한 감각이 느껴진다. 금와보살과 극락영지까지 불교테마파크를 돌아보는 듯한 즐거움이 있다."

모두 **29,835보**를 걷게 되며

6시간 43분이 걸리고

등산을 하지 않지만 **19분**의 고강도 운동 구간을 포함한 여정

429

자장율사는 조국 신라를 불국토佛國土로 만들고자 중국에서 부처님의 진신사리를 모셔왔다. 사리는 다섯 곳의 사찰에 나뉘어 모셔져 있는데 이를 5대 적멸보궁이라 한다. 부처의 진신사리를 뵈러 가는 순례길에는 일종의 패턴 같은 것이 존재한다. 큰 절집에서 시작해 계곡길을 따라 올라 작은 절집에 도착한다. 이곳에서 다시 한번 가파른 계단을 올라야만 하늘과 맞닿은 곳에 있는 사리탑에 도달한다. 봉정암 순례길과 선재길이 이런 식인데 5대 적멸보궁 중에서도 불보佛寶사찰로 꼽히는 통도사에서는 이 공식이 성립되지 않는다.

이곳에서는 본찰의 중심에 사리가 모셔져 있다. 순례의 목적지가 초입에 위치한 셈이니 걸을 만한 코스가 나오지 않는다. 대신 통도사가 위치한 영축산 자락에는 열아홉 개나 되는 암자가 자리 잡고 있다. 사찰순례길을 걷고자 하는 사람들은 통도사 경내 안에서만 머무는 것이 아니라 이 암자들을 이어 걷는다. 이를 통도사 19암자 순

례길이라 부른다. 이런 연유로 통도사에는 순례길이 있기도 하고 또 없기도 하다. 불교에서 없는 것을 공空이요, 있는 것을 색色이라 하는데 통도사의 순례길은 공이기도 하고 색이도 한 셈이다. 이 순례길에는 딱히 정해진 코스가 없다. 단, 눈에 보이지는 않지만 열아홉 개의 암자를 이어 붙여서 만들어낼 수 있는 무한한 경우의 수만 존재한다.

이런 까닭에 통도사는 이번 순례길의 목적지면서 출발지가 된다. 그 중심에는 부처의 사리를 모셔놓은 금강계단이 존재한다. 계단을 만든 분은 자장율사였다. 지도도 나침반도 없던 시절 설악산에서 오대산으로 다시 영축산으로, 동에 번쩍 서에 번쩍 그분의 발자취는 감히 상상도 하지 못할 만큼 신묘할 따름이다. 출발지에서 통도사 경내까지 이어지는 소나무숲길을 무풍한송로라 한다. 춤추는 소나무숲길이라 불릴 만큼 이곳 소나무들은 역동적이다. 소나무는 절개의 상징으로 대접받는 군자의 나무지만 이곳에서만큼은 그 고고한 모습을 잃어버리고 뒤틀리고 구부러져 있는 세속의 욕망을 온몸으로 표현해내는 듯하다. 소나무숲을 벗어나면 영축총림叢林이라 불리는 스님의 숲으로 들어선다. 물길을 따라 길게 도열해 있는 60여 채의 전각은 사찰이 비좁게 느껴질 정도다. 구석구석 울려 퍼지는 염불 소리는 숲의 깊이와 연륜을 담아내고 있는 듯하다. 금강계단을 돌아보는 탑돌이를 정점으로 불자들의 참배는 클라이맥스에 달하지만 순례자의 발걸음은 이제부터 시작된다.

사람들이 가장 많이 찾는다는 서운암으로 가려면 차가 다니는 아스팔트길을 걸어가야 한다. 이제부터 별도의 탐방로가 존재하지 않는 공의 세상으로 들어선다. 잘 꾸며진 걷기길이 아닌 찻길을 따라 걷다 보면 이게 뭐 하는 일인가 싶기도 하다. 공의 상태에서 코스라는 색色을 만들어내는 것은 분명 쉬운 일은 아닌 듯싶다. 서운암은 고려시대에 창건된 천년 사찰이지만 이곳 주지로 계시던 성파스님의 손

1 통도사 암자순례길은 소나무들이 춤추는 무풍한송로에서 시작된다.
2 통도사 대웅전은 대웅전, 적멸보궁, 금강계단까지 보는 방향에 따라 현판이 다르다.
3 서운암의 나전옻칠 반구대 암각화.
4 서운암 장경각에 모셔진 도자 16만 대장경.

길을 거치면서 다른 사찰에서는 볼 수 없는 진귀한 풍경을 만들어냈다. 경내에 도열해 있는 된장 항아리를 시작으로 도자기로 만든 삼천 불전을 만나고 야생화길을 따라 오르면 도자 16만 대장경이 모셔져 있는 장경각에 도착한다. 목판이 세라믹으로 재해석된 셈이다. 단면으로만 사용돼 그 수가 팔만대장경의 두 배가 됐다. 장경각 안쪽에는 대장경판을 쌓아서 만든 미로 같은 길이 있다. 대장경 속을 걸으며 자연스럽게 참배를 하는 셈이니 이 또한 새로운 경험이다. 전각 앞 연못 속에는 연꽃 대신 자개로 만들고 옻칠을 한 반구대 암각화가 있다. 영축산 자락에 자리 잡은 불국토의 세상은 자장스님이 만들었으나 후예들에 의해 새롭게 리모델링되고 있었다.

다음으로 찾아가 볼 암자는 자장스님이 수행했다는 자장암이다. 서운암에서 내려와 고갯마루를 하나 넘어가야 하는데 이곳에서부터는 차량의 통행도 뜸해지고 인적도 드물어진다. 자장스님은 통도사를 짓기 전에 이곳 본당 뒤에 있는 석벽 아래에서 수행하셨다. 그곳에는 스님이 손가락으로 만들었다는 구멍이 하나 뚫어져 있는데 이를 금와공이라 한다. 그 속에 석간수를 흐리는 개구리 한 쌍을 잡아서 넣어놨다고 한다. 그 개구리가 모습을 바꿔가며 나타났다 사라지기는 신기를 부려 금와보살이라 부른다. 이곳까지 찾아온 불자들은 자장스님의 흔적보다는 금개구리에 더 관심을 갖는다. 구멍 속을 들여다보며 금개구리를 찾는데 이 개구리는 사람에 따라서 보일 수도 있고 안 보일 수도 있다고 한다.

극락암은 영축산 자락 중턱에 자리 잡은 사찰이다. 영축산 정상까지 오르지는 못해도 높은 곳에 있는 암자 한 곳은 가봐야지 하는

1 자장암 금와공 안쪽에는 금와보살이 출현한다.
2 자장암은 자장법사가 수행한 곳으로 알려져 있다.
3 극락암의 극락영지와 홍교를 영축산의 봉우리들이 감싸안았다.
4 극락암으로 가는 길에 지나는 송림도 무풍한송로 못지않다.

마음으로 찾은 곳이다. 올라오는 길에 지나가는 소나무숲은 그 울창함이 무풍한송로 못지않다. 고된 걸음이 숲길을 걸으며 보상받은 셈인데 이곳은 극락영지라 불리는 연못이 아름답기로 유명하다. 영축산 능선을 배경으로 소나무숲에 둘러싸인 사찰과 그 반영을 품고 있는 연못 그리고 그 위에 놓여 있는 무지개다리가 만들어내는 풍경은 극락이라는 암자의 이름이 헛되지 않은 듯싶다. 벚꽃이나 연꽃이 피면 피는 대로 단풍이 지면 지는 대로 아름다움이 더해진다고 하니 계절을 바꿔가며 와보고 싶은 곳이다.

　　이날 둘러본 것은 영축산 불국토의 일부였을 뿐이다. 이 외에도 가장 높은 곳에 있으나 용왕당이 있다는 백운암, 도넛 모양의 바오바브나무가 유명한 비로암, 성연지가 아름답다는 사명암, 은행나무 단풍으로 유명한 백련암까지 특색 있는 암자들이 모여 있다. 이곳을 걷고 싶은 순례자라면 어떤 곳을 보고 어떻게 걸어야 할지 자신만의 색色을 준비해야 할 것이다.

길머리에 들고 나는 법

◆ 자가용

매표소 우측 통도사 주차장(산문매표소 주차장: 양산시 하북면 지산리17-56)에 주차하고 도보로 이동한다. 주차료 무료. 매표소를 통과해 안쪽에도 주차장(주차료 2,000원)이 있지만 이곳에 차를 대면 무풍한송로를 건너뛰게 된다.

◆ 대중교통

서울에서 통도사역까지 KTX가 운행한다. 05:12부터 열차가 있고 2시간 20분 소요. 통도사역과 신평터미널 사이는 13번 버스로 이동한다. 요금은 1,600원이고 30분 소요. 신평터미널에서 산문매표소까지는 도보 10분 거리다.

궁리하다 1

돌아올 때 지산 만남의 광장에서 버스를 타면 약 3km 거리를 줄일 수 있다. 버스는 이곳에서 신평터미널까지 운행하며 오후에는 12시부터 19시까지 매시 55분에 차편이 있다.

◆ 반대 방향에서 올라오는 차편은 매시 20분에 출발한다.

궁리하다 2

불보인 부처님 진신사리가 모셔진 금강계단은 음력 1일, 2일, 3일, 15일, 18일, 24일에만 참배할 수 있다. 공개 시간은 11:00~14:00이고 사진 촬영은 금지. 덧신을 신고 들어가서 반시계 방향으로 돌면서 탑돌이를 한다.

길라잡이

안내표지 있음(사찰 안내), 네이버지도상 경로 표시 없음. 경내 반려견 동반 불가

통도사와 부속 암자들은 영축산 자락 남측에 자리 잡고 있다. 통도사와 19개의 암자를 이어 걷는 방식은 모두 제각각일 뿐 정해진 법칙은 없다. 누군가는 하루에 19곳을 다 돌아보기도 하고 어떤 이는 가고 싶은 곳 한두 곳만 더해서 길을 나서기도 한다. 이 책에서는 사람들이 가장 많이 찾는다는 암자 3곳을 둘러보는 코스로 안내한다. 무풍한송로-통도사-서운암-자장암-극락암 순서로 돌아본다. 통도사 경내를 벗어나면 암자와 암자 사이는 모두 도로로 연결돼 있다. 별도의 보행 공간이 구분되지 않지만 차량으로 스트레스를 받을 정도는 아니다. 서운암 쪽에 통행이 있을 뿐 자장암으로 넘어가면 차량 통행도 드물다. 포장된 임도길을 걷는다고 생각하면 되겠다. 별도의 코스 안내표지는 없지만 가장 높은 곳에 있는 백운암을 제외하면 모두 차량으로 진입할 수 있다. 목적지를 정하고 지도상의 도로를 따라 걸으면 된다.

식사와 보급

매표소를 통과해서 일단 경내로 진입하면 주변에 식사할 만한 곳이 없다. **통도사 점심 공양**(11:30~12:30)을 이용하는 것도 방법이다. 신평터미널과 통도사역 사이에 있는 언양알프스 시장 안에는 국밥집이 모여 있다. **언양옛날곰탕**(052-262-5752, 울주군 언양읍 장터2길11-5) 시장의 터줏대감 격이다. 곰탕(10,000원)이 양도 푸짐하고 맛있다. 태화강막걸리까지 곁들이면 더욱 좋다. **언양기와집불고기**(052-262-4884, 울주군 언양읍 헌양길86) 운치 있는 전통가옥에서 언양불고기(22,000원/1인)를 즐길 수 있다.

숙박

KTX로 당일치기도 가능하나 미리 와서 1박을 한다면 부산이나 울산 시내에 숙소를 구하는 것이 편하다. 신평터미널에서 울산터미널까지는 1시간 걸리고 부산터미널까지는 35분 거리라 오히려 부산이 더 가깝다. 부산에 숙소를 잡는다면 터미널 위치를 고려해 온천장이나 동래 쪽에 머무르는 것이 좋다. 삼보사찰의 위상에 걸맞는 다양한 템플스테이 프로그램이 운영되고 있다. 통도사 홈페이지www.tongdosa.or.kr 참고 | 문의 055-384-7085

탐방가이드

통도사 부도전 맞은편에 있는 **통도사 관광안내소**에서 사찰 해설을 들을 수 있다. 해설 예약 울산관광 홈페이지 tour.ulsan.go.kr 참고 | 운영 10:00~17:00 | 이와 별도로 통도사 신도회에서 진행하는 사찰 해설도 있다. 개인과 가족 단위 탐방객은 일주문 옆에 있는 적멸도량회 사무실에 당일 신청도 가능하다. 문의 055-382-7182 | 운영 10:00~16:00

경로 안내도

비로암 ●
반야암 ●
극락암 ④
지산 만남의 광장 ⑤
버스로 이동 가능 구간
출발/도착
신평터미널
산문매표소
주차장
TICKET P
서축암 ●
통도사
성보박물관
금강계단 ①
자장암 ③
안양암 ●
수도암 ●
보타암 ● P
취운암 ●
영불암 ●
사명암 ●
서운암 삼천불전 ●
백련암 ●
서운암
장경각 ②
35

걷는 거리는
총 **17**km이고

상승 고도는 **495**m에 달하며
이는 불암산을
오르는 것과 비슷하며

그중 가장 높은 곳은
해발 **299**m에 있는
극락암이다.

고도표

START 신평터미널	① 통도사 성보박물관	② 서운암 장경각	③ 자장암	④ 극락암	⑤ 지산 만남의 광장	FINISH 신평터미널
	0:30m	3:45m	4:53m	5:42m	6:17m	6:42m

홍류동 맑은 물소리를 따라가는,

가야산 소리길

대장경테마파크에서   해인사 장경각을 지나   백련암까지 →

국보 52호 해인사 장경각은 750년의 세월 동안
조선 초기 모습 그대로 대장경판을 지켜왔다.

"풍류의 시조께서 말년에 자리
잡은 계곡길을 따라 오른다.
산중 한복판에서 마주한 해인의
의미는 물론이요, 화마로부터
지켜낸 장경각과 장경판의 존재도
신비롭다."

모두 **21,060보**를 걷게 되며

4시간 **8**분이 걸리고

등산을 하지 않지만 **12**분의 고강도
운동 구간을 포함한 여정

팔만대장경을 소장하고 있는 해인사는 삼보三寶사찰 중에서도 법보法寶종찰로 꼽힌다. 대장경판은 부처의 말씀 8만 4천 개를 수록한 불경의 집대성이다. 방대한 규모의 목판을 보관하기 위해서는 장경각이라 불리는 별도의 건물이 필요했고 그 보관과 관리는 까다로울 수밖에 없었다. 대장경판은 원래 강화도에 모셔져 있었지만 조선 태조 때 해인사로 옮겨진다. 지금 이 자리가 화재나 풍수해가 들지 않는 삼재불입지처로 여겨졌기 때문이다.

뒤로는 우두봉이, 앞으로는 남산제일봉이, 서쪽으로는 비봉산이 버티고 있기에 해인사로 가는 길은 홍류동계곡의 물줄기를 따라 오르는 것이 예나 지금이나 최선의 방법이다. 국립공원 입구에서 계곡을 따라 해인사 경내까지 이르는 탐방로를 가야산 소리길이라 부른다. 홍류동의 홍紅은 단풍의 붉은빛이 물에 비친다고 해 붙은 것이다. 이처럼 계곡의 명칭은 시각적인 것에서 모티브를 가져왔으나 막상 그곳을 걷는 길에는 소리라는 청각적인 자극을 강조하고 있다.

계곡의 멋을 즐기는 것을 이야기할 때 풍류風流라는 말을 빼놓을 수 없다. 홍류동 계곡이 특별한 이유는 색과 소리 때문만은 아니다. 다른 곳에는 없지만 이 계곡에만 있는 것은 신라 시대의 대문장가였던 최치원 선생의 발자취다. 그는 풍류라는 개념을 처음으로 제시한 원조 풍류가이자 사후 문창후란 시호를 받은 인물이었다. 그가 말했던 풍류가 오늘날 통용되듯 단순히 멋들어진 곳에서 우아하게 노는 것만을 뜻하는 것은 아니지만 홍류동은 풍류의 시조께서 말년에 자리를 잡았던 유서 깊은 장소다. 그의 자취를 확인할 수 있는 장소는 소리길 중간쯤에 위치한 농산정이다. 인근 제시석이라 불리는 바위에는 당대의 거장이 새겨 넣은 시구 한 소절이 희미하게 남아 있다. 그는 혹시나 세상의 시비가 들려올까 해 물소리로 온 산을 둘러 막아 낸 것이라 했다. 걷는 동안 요란하게 들려왔던 홍류동계곡의 물소리

1 가야산 소리길은 대장경테마파크에서 시작된다.

2 가야산 소리길의 풍경들.

3 농산정은 신라의 대문장가 최치원 선생이 풍류를 즐겼던 장소다.

4 성철스님의 사리탑은 원형의 모습이다.

5 가야 19명소 중 낙화담은 꽃잎이 떨어진다는 곳이다.

는 세상을 등진 은둔자에게는 재액을 막아주는 일종의 방어막과 같이 느껴졌던 모양이다.

소리길을 걸어서 마침내 도착한 해인사는 가야산 한복판, 농산이란 말이 무색하지 않게 산봉우리가 사방을 둘러싼 곳에 자리 잡고 있다. 이제부터는 경내의 가람배치를 따라 걷게 되는데 제일 먼저 마주하는 것은 일주문이요, 오늘 가고자 하는 곳은 경내 가장 높은 곳에 자리 잡고 있는 장경각이다. 분명 가야산의 중심으로 들어왔건만 사찰 곳곳에서 눈에 띄는 것은 산과 숲이 아닌 바다를 빗댄 말씀과 물의 기운을 불러들이는 상징이다. 법보종찰의 정체성은 해인海印이라는 단어 속에 함축돼 있다. 삼라만상을 비출 만큼 맑고 투명한 상태를 의미하는 것이니 방금 전까지 따라 걸었던 홍류동의 좁고 붉은 물줄기는 이곳에 이르러서야 모든 것을 담아낼 수 있을 만한 넓은 바다가 된다. 그렇다고 해서 붉은빛이 완전히 사그라든 것은 아니다. 이곳의 일주문은 그 생김새와 현판의 서체가 아름답기로 유명한데 따로 홍하문이라는 별칭으로 불리기도 한다. 성철스님의 말씀대로 이곳의 붉은 기운은 다시 한번 바다를 뚫고 솟아오르는 태양의 모습을 뜻하는 것이다. 일주문에서 봉황문에 이르는 길은 아주 짧지만 경내에서 가장 아름다운 구간이다. 천 년을 넘게 버텨왔다는 고사목의 자취도 흥미롭지만 더욱 눈길을 끄는 것은 기왓장 밑에 넣어두었다는 소금

의 존재다. 아이러니하게도 해인사는 삼재불입지처라는 말이 무색할 정도로 많은 화재가 발생했다. 대략 큰 불만 일곱 번이 났다고 하는데 이 소금은 마주보는 남산제일봉의 화기를 누르기 위한 일종의 비보책이라 한다. 필사의 노력 때문이었는지는 몰라도 여러 번의 화재에도 대장경을 보관한 장경각만은 무사했다. 불보이자 국보인 대장경판을 보관하고 있는 장경각의 실제 모습은 상상했던 것과는 다를 것이다. 스프링쿨러는 고사하고 문 창살 사이가 뚫려 있어 외기가 마음대로 드나드는 구조다. 이런 곳에서 천 년의 세월을 버텨왔다는 장경판의 내구성도 신기할 따름이다. 이 장경판에도 바다의 기운이 듬뿍 담겨 있다. 대장경은 남해 바닷가에서 제작됐는데 그 재료로 삼은 것은 거제목이라 불리는 자작나무였다. 해풍을 맞고 자란 나무를 다시 바닷물에 3년간 넣어두었다가 다시 소금물에 쪄내는 과정을 거쳤다. 이 정도면 단순한 목판이 아닌 삼라만상이라도 담아낼 수 있는 명경지수의 상태였을 것이다.

마침내 불교의 두 번째 보물까지 발견했지만 이왕 내친 걸음은 성철스님이 기거했다는 백련암으로 향한다. 관람객의 동선에서 완전히 벗어난 탓에 인적은 끊어지고 발자국 소리만이 들리는 무언의 길로 들어선다. 홍류동과 홍하문의 붉은 기운도 잡념을 덮어주던 물소리도 사라져버린 길에는 아무것도 남아 있지 않다. 왜 하필 붉은 색이었을까? 바다의 기운을 빌려서라도 그렇게 지켜내려던 목판과는 상극의 기운이 아니었던가. 혹시나 화(火)기는 모두 밖으로 흘려 내보내고 싶었던 염원의 표현은 아니었을까? 큰 스님들이 주고받던 선문답 같은 물음과 답변이 물소리가 없어진 빈자리에 스멀거리며 차오르고 있었다.

1 일주문에서 봉황문으로 들어가는 길에는 특별한 아름다움이 있다.

2 화재를 막고자 사찰 곳곳 기왓장 아래에 소금을 넣어놓았다.

3 학사대에는 최치원이 꽂아둔 지팡이가 전나무로 자라났다는 전설이 있다.

4 백련암은 성철스님이 입적하시기 전까지 수행하셨던 곳이다.

길머리에 들고 나는 법

✦ 자가용

대장경테마파크 제5주차장(합천군 가야면 야전리996)에 주차하고 움직인다. 주차 요금은 무료. 출발지로 돌아올 때는 해인사 버스매표소에서 출발하는 시외버스를 이용한다. 성인 요금 1,600원.

✦ 대중교통

해인사는 합천군에 있지만 대구 쪽에서 오가는 교통편이 훨씬 편리하다. 서울경부고속버스터미널에서 서대구 고속터미널로 운행하는 차편이 있다. 첫차는 06:00 출발, 40분 간격, 3시간 10분 소요. 대구서부시외버스터미널(서부정류장)에서 해인사행 시외버스를 이용하면 된다. 대장경테마파크에서 하차. 하루 14회 차편이 있으며 약 1시간 30분 소요.

궁리하다

해인사에서 돌아갈 때는 해인사시외버스터미널이 아닌 해인사 버스매표소를 이용한다. 모바일 예매는 불가하고 현장에서 발권한다.

해인사 시외버스 터미널 (남산제일봉 등산 시점, 식당가)	0.5km →	해인사 버스 매표소 (소리길 종점, 해인사 답사 시점)	5.8km →	대장경 테마파크 (소리길 시점, 주차)

해인사발 대구행	
13:00	14:00
14:40	16:00
16:40	18:00
18:40	20:00

길라잡이

안내표지 있음, 네이버지도, 두루누비상 경로 표시 있음. 국립공원지역 반려견 동반 불가
대장경테마파크 맞은편 하천을 가로지르는 다리인 각사교에서부터 소리길이 시작된다. 초반 2km는 계곡 옆 마을길을 따라 걷는 듯 평이한 풍경이 펼쳐진다. 황산주차장에 있는 탐방안내소를 통과하고 나서야 국립공원 탐방로를 걷는 듯 본격적인 트레킹 코스가 펼쳐진다. 분명 계곡을 따라 오르는 길이지만 오르막이 거의 느껴지지 않을 만큼 편안하다. 구곡문화를 즐겼던 선조의 후예답게 가야 19경이라 불리는 명소를 하나하나 확인하며 걷는 재미도 쏠쏠하다. 걸을수록 깊어지는 홍류동계곡의 정취는 4km의 농산정에 이르러 절정에 달한다. 이후 길상암부터는 무장애 탐방로가 시작되며 해인사 경내에 도달할 때까지 길게 이어진다. 장경각을 둘러본 후에는 해인 총림으로 가는 오솔길로 접어든다. 이렇게 하면 회랑대를 거쳐서 백련암에 도착할 수 있다. 백련암으로 오르는 1km가 이 코스에 가장 힘든 급경사 구간이다.

식사와 보급

소리길로 접어들면 경로상에 식사를 해결할 만한 곳은 황산주차장 주변과 종점 인근 성보박물관 맞은편에 있는 상가동뿐이다. **뚱순이소리길쉼터**(055-933-4095, 합천군 무릉동길7) 황산주차장 인근에 있는 탐방로 마지막 식당으로 파전(7,000원), 도토리묵(7,000원) 등으로 간단하게 요기하기 좋다. 해인사에서 점심 공양을 받을 수도 있다. 공양은 11시 15분부터 시작된다.

숙박

해인사에서는 19~39세 남녀를 대상으로 청년 객실을 운영하고 있다. 이용 요금은 무료, 다인실 객실을 사용하게 된다. 문의 055-934-3088. 해인사시외버스터미널 인근으로도 민박, 모텔급 숙소가 있다. 대장경박물관에는 별도로 **오토캠핑장**이 운영 중이다. 비수기 1박은 45,000원이고 동절기에는 휴장한다. 문의 055-933-2058

탐방가이드

해인사에서는 매주 토, 일 10:00, 14:00 2회에 걸쳐 장경각 내부를 관람할 수 있는 팔만대장경 사전예약제를 실시하고 있다. 해인사 홈페이지www.haeinsa.or.kr 참고 | 문의 055-934-3006 | 해인사 경내에 있는 **관광안내소**에서는 문화관광해설사가 상주한다. 매일 10:30, 14:30 상시 해설 | 문의 055-931-8413

경로 안내도

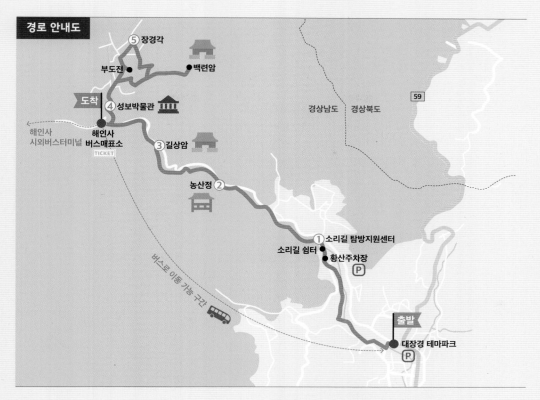

걷는 거리는
총 **12**km이고

상승 고도는 **662**m에 달하며
이는 수락산을 오르는 것과
비슷하며

그중 가장 높은 곳은
해발 **781**m에 있는
백련암이다.

고도표

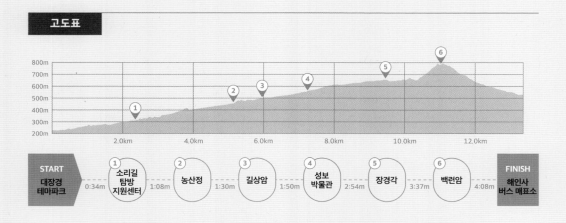

START 대장경 테마파크	① 소리길 탐방 지원센터	② 농산정	③ 길상암	④ 성보 박물관	⑤ 장경각	⑥ 백련암	FINISH 해인사 버스 매표소
	0:34m	1:08m	1:30m	1:50m	2:54m	3:37m	4:08m

아름다운 꽃절을 지나 승보종찰로 향해가는,

조계산 천년불심길

선암사에서   굴목이재를 넘어   송광사 불일암까지
→

법정스님이 기거했던 불일암으로 가는 길은 무소유의 길이라 불린다.

"한국에서 가장 아름답다는
꽃절을 지나 승보사찰로 향한다.
염불보다는 잿밥이라 고갯마루의
보리밥집도 그냥 지나칠 수 없다.
평생을 무소유로 살았던 법정스님의
거처를 돌아보는 것도 뜻깊다."

모두 **23,692보**를 걷게 되며

6시간 36분이 걸리고

50분의 고강도 운동 구간을
포함한 힘든 여정

445

천년불심길은 선암사와 송광사를 이어주는 사찰순례길이다. 조계산을 가운데 두고 동쪽 산자락에 선암사가, 서쪽에 송광사가 위치한다. 두 천년고찰은 굴목이재라 불리는 고갯길을 사이에 두고 이웃한다. 선암사는 태고종의 본산이요, 송광사는 조계종의 승보僧寶종찰이다. 서로 종파가 다른 탓에 본찰과 부속 암자 사이를 걸을 때 느껴지는 끈끈한 유대감이나 연결고리는 보이지 않는다. 대신 이 길을 걷는 순례객들은 서로 다른 개성과 스토리를 지닌 사찰을 연이어서 둘러보고 또 비교해 볼 수 있는 순례길 여행의 즐거움을 누릴 수 있다.

종주 코스를 걸을 때는 어디를 출발지로 삼을지 정하는 것도 꽤나 신경 쓰인다. 순천 시내로 돌아오는 시간이나 난이도를 생각한다면 송광사에서 출발해야 된다는 말이 있다. 허나 이를 아랑곳하지 않고 발걸음은 선암사로 향한다. 유네스코세계유산으로 지정된 이 절집은 우리나라에서도 아름답기로 첫손에 꼽힌다. 각 사찰마다 일주문에서 시작해 해탈문과 불이문을 거치며 본전에 도달하기까지 고유의 도입부가 펼쳐진다. 난이도는 뒷전이고 단지 아름다운 절을 온전히 즐기고 싶은 마음에 조바심이 날 뿐이다.

1

선암사로 가기 위해서는 선암천을 따라 나란히 나 있는 숲길을 20분 정도 걸어야 한다. 부도전을 지나 승선교의 아치가 보이기 시작하면 먼발치에서 익숙한 친구의 모습을 발견한 양 반갑기 그지없다. 무지개 다리 사이로 비치는 강선루의 모습을 바라보고 있노라면 이곳이 신선의 땅인지 부처의 세상인지 구분되지 않는다. 선암매와 겹벚꽃이 피는 봄은 물론이고 배롱꽃 만개하는 여름에서 찻잎에 꽃이 매달리는 늦가을까지 사시사철 아름답기에 이곳은 꽃절로 불린다. 이 중에서 가장 오래된 꽃나무는 600년을 넘게 꽃을 피운 선암매다. 비록 꽃 피는 시절을 놓쳤더라도 고목의 마른 줄기에서 피어날 꽃봉오리를 상상하는 것만으로도 경외심을 느끼기에는 충분하다. 대웅전의 빛바랜 단청은 화려한 원색을 잃어버렸기에 더욱 고귀해 보인다. 와송이라 불리는 소나무는 한 뿌리에서 태어났으나 한 줄기는 서서 자라고 다른 줄기는 누워서 자란다. '깐뒤'로 읽어야 할지 '뒤깐'으로 불러야 할지 모르겠는 독특한 외관의 해우소도 있다. 사찰 안에 소품같이 놓여 있는 장소를 찾아 걷고 있노라면 여느 햇볕 따스한 봄날 고택의 정원을 둘러보고 있는 듯 편안하다.

꽃절에서 벗어나 본격적으로 조계산 자락을 타고 오르는 초입에는 짙푸른 편백나무숲이 자리 잡고 있다. 잠시 이곳의 나무 그네에 앉아 깊은 호흡으로 약수 한 바가지를 들이키듯 쌉쌀한 편백향을 가득 채운다. 큰 굴목이재를 넘어가는 오르막은 꽤나 가파르고 힘들다.

1 승선교의 무지개 다리 사이로 보이는 강선루의 모습이 반갑게 맞아준다.
2 고찰 앞 차밭에는 차꽃이 개화했다.
3 빛바랜 단청에서 고태미가 느껴진다.
4 와송이라 불리는 소나무는 같은 뿌리에서 태어나 한 줄기는 눕고 한 줄기를 올곧다.

송광사 쪽에서 반대로 넘어왔으면 어땠을까? 짧은 후회가 지나간다. 700고지에 자리 잡고 있는 고갯마루를 힘들게 넘어서면 잠시 쉬어 갈 곳이 필요하다. 산중 암자가 있을 것 같은 자리에는 보리밥집이 영업하고 있다. 순례길의 점심 공양은 사찰에서 받는 것이 일반적이지만 이곳에서는 산중 식당이 공양간이 된다. 양은 쟁반에 담겨 나오는 나물과 밥은 절간 음식과 별반 다르지 않지만 평상 위에 걸터앉아 비벼 먹는 한 수저는 유난히 달고 맛나다.

　　　내리막길을 따라 가다 보면 부지불식간에 송광사 경내로 들어선다. 신평천을 따라 내려오다 경내에서 처음 마주하는 것은 고향수라 불리는 고목이다. 이는 보조국사 지눌스님이 꽂아놓은 향나무 지팡이라 한다. 이곳이 승보사찰로 불리게 된 연유는 지눌국사를 필두로 열여섯 명에 달하는 국사가 연이어 배출됐기 때문이다. 송광사에서 국보로 정해진 전각은 국사전이지만 가장 눈에 띄는 건물은 침계루다. 시냇물을 베고 누웠다는 이름처럼 계곡에 맞닿아 세워진 여덟 개의 기둥이 인상적이다. 바로 옆에는 사천왕문이 있으며 그곳으로 넘어가는 무지개다리에는 선암사 승선교와 달리 우화각이라는 지붕이 얹혀져 있다. 총림사찰이라 불리는 이곳의 전각은 잦은 중창을 거쳐왔던 까닭인지 더 조밀하고 정교하게 합을 맞추고 있다.

　　　이곳은 고려 시대 다수의 국사를 배출한 장소지만 정작 만나

1 선암사 경내의 돌물확.
2 천년불심길은 울창한 편백나무숲을 지난다.
3 굴목이재로 넘어가는 고갯길이 가파르다.
4 굴목이재를 넘으면 송광사가 머지 않았다.
5 송광사의 침계루는 시냇물을 베고 누웠다.
6 불일암의 풍경.
7 법정스님이 직접 만들어서 사용했던 작은 의자가 남아 있다.

고 싶었던 승려는 법정스님이다. 그는 승려이기 이전에 작가였으며 무소유의 이론을 알려준 미니멀리스트였다. 탑사에서 스님이 계셨던 불일암으로 오르는 길을 무소유의 길이라 부른다. 대나무가 빼곡하게 심어진 죽림을 통과하면 소담스러운 암자에 도착한다. 세 칸짜리 열네 평 작은 본채와 하사당 그리고 해우소가 전부다. 스님이 직접 만들어 사용했다는 나무의자와 스님의 사리가 모셔졌다는 후박나무 한 그루가 여전히 자리를 지키고 있다. 무소유는 아무것도 가지지 않는 것이 아니라 불필요한 것을 가지지 않는다는 그의 말씀이 거처에 그대로 투영돼 있는 듯하다. 한국에서 가장 아름답다는 사찰과 국사를 가장 많이 배출한 명문 사찰을 거쳐서 도착한 작은 암자는 머물렀던 시간은 가장 짧았지만 가장 마음에 오래 남았다.

길머리에 들고 나는 법

✦ 자가용

송광사에서 선암사로 돌아올 때는 차로 30km 거리이고 대중교통도 불편하다. 차를 이용하는 것은 추천하지 않는다. 선암사 주차장 당일 요금 2,000원, 입장료 2,000원.

✦ 대중교통

갈 때　용산역에서 순천행 KTX가 수시로 출발, 2시간 30분 소요, 첫차는 05:07부터. 순천역에서 선암사까지는 시내버스 1번을 타면 된다. 약 40분 간격으로 배차되고 1시간 정도 소요.

올 때　송광사에서 순천역까지는 시내버스 111번을 타면 된다. 약 1시간 간격으로 배차되고 1시간 30분 소요. 막차는 22:05분까지.

궁리하다

두 사찰만 돌아볼 거라면 순천시에서 운행하는 시티투어 산사투어버스를 이용한다. 금요일 10:30 순천역에서 출발해 17:30 순천역으로 돌아온다. 요금은 성인 5,000원, 순천시 예약 홈페이지 www.suncheon.go.kr/yeyak, 문의 1522-8139.
순천역 ▶ 송광사 ▶ 선암사
▶ 순천역 순서로 운행한다.

길라잡이

안내표지 있음, 네이버지도, 두루누비상 경로 표시 있음(남도삼백리길9코스). 경내 반려견 동반 불가
선암사 매표소에서 승선교까지는 약 1km 거리. 일주문으로 들어가서 경내를 반시계 방향으로 돌아본다. 경내를 빠져나오면 얼마 지나지 않아 편백나무숲을 지난다. 이곳에서 큰굴목재라 부르는 고갯마루까지 2km 거리의 오르막 구간이 시작된다. 한번에 치고 오르는 코스라 꽤나 힘들다. 큰굴목재를 지나면 갈림길에서 코스에서 이탈해 좌측 길로 접어들어야 한다. 300m 정도 걸어가면 식당에 도착한다. 두 곳이 영업 중인데 윗집, 아랫집으로 불린다. 식사 후에는 왔던 길로 돌아가지 말고 윗집을 통해서 오르면 원래 코스로 합류한다. 1km 오르막을 올라 송광굴목재를 넘어가면 내리막의 끝자락에서 송광사에 도달한다. 경내를 둘러

본 뒤 감로암을 거쳐 불일암으로 향하며 주차장 쪽으로 내려오는 800m의 구간을 따로 무소유의 길이라 칭한다.

식사와 보급

경로상 존재하는 유일한 대안이다. **조계산보리밥집 아랫집**(061-754-4170, 전남 순천시 송광면 굴목재길240) 보리밥(8,000원) 추천, 17:00까지 운영. 순천역 인근에 백반을 메인으로 하는 연륜 있는 식당들이 포진해 있다. **흥덕식당**(061-744-9208, 전남 순천시 역전광장3길21) 백반(10,000원), 소고기전골이 포함된 정식(14,000원/1인) 추천. 고속버스터미널 인근 **풍미통닭**(061-774-7041, 순천시 성남뒷길3) 마늘통닭(22,000원)이 맛있다.

숙박

선암사(문의 010-8302-6250)와 송광사(문의 010-8830-1921)에서 다양한 템플스테이 프로그램을 운영 중이다. 선암사 홈페이지www.seonamsa.net와 송광사 홈페이지 www.songgwangsa.org 참고. 순천 시내에 숙소를 구한다면 역 주변에 머무르는 것이 편하다. 이곳에 관광호텔, 모텔급 숙소가 다수 모여 있다.

탐방가이드

불일암 참배 시간은 08:00~16:00 사이다. 늦지 않도록 하자. **선암사와 송광사**에는 문화관광해설사가 상주하고 있다. 휴무 월요일 | 운영 10:00~17:00 | 문의 061-749-5810 | 순천여행 홈페이지www.suncheon.go.kr/tour 참고

남도 삼백리
천년불심길
Namdo Sambaekri
Cheonnyeonbulsimgil road

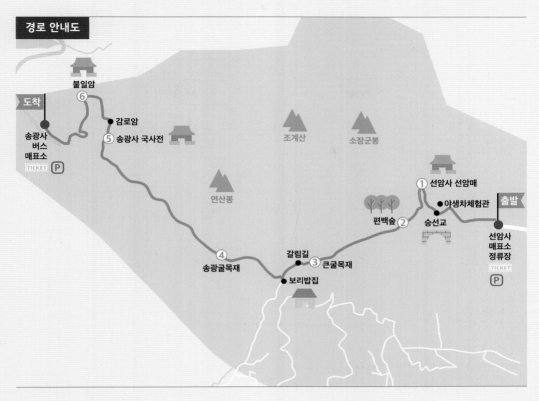

경로 안내도

볼일암 ⑥

도착

송광사
버스
매표소
TICKET P

감로암

⑤ 송광사 국사전

조계산

소장군봉

연산봉

① 선암사 선암매

야생차체험관

편백숲 ② 승선교

출발

선암사
매표소
정류장
TICKET P

④
송광굴목재

갈림길
③ 큰굴목재

보리밥집

걷는 거리는
총 **14**km이고

상승 고도는 **831**m에
달하며 이는 북한산을
오르는 것과 비슷하며

그중 가장 높은 곳은
해발 **720**m에 있는
송광굴목재다.

고도표

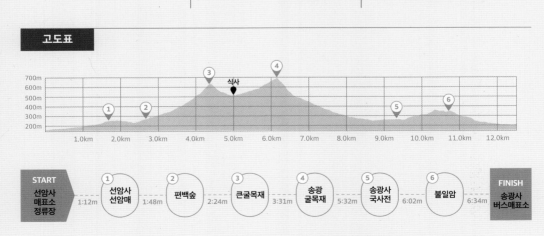

| START 선암사 매표소 정류장 | 1:12m | ① 선암사 선암매 | 1:48m | ② 편백숲 | 2:24m | ③ 큰굴목재 | 3:31m | ④ 송광 굴목재 | 5:32m | ⑤ 송광사 국사전 | 6:02m | ⑥ 불일암 | 6:34m | FINISH 송광사 버스매표소 |

대한민국 순례길 여행

초판 1쇄 발행 2024년 10월 30일

지은이 이준휘
펴낸이 이연숙

펴낸곳 도서출판 덕주
편집주간 안영배
책임편집 김민영
디자인 onmypaper

출판신고 제2024-000061호
주소 서울시 종로구 삼일대로 457 1502호(경운동)
전화 02-733-1470
팩스 02-6280-7331
이메일 duckjubooks@naver.com
홈페이지 www.duckjubooks.co.kr

ISBN 979-11-988146-3-0 03980